第二分册

风电场安全管理

Wind Farm Safety Management

龙源电力集团股份有限公司　编

中国电力出版社
CHINA ELECTRIC POWER PRESS

内 容 提 要

为了提高风电从业人员的职业技能水平，特编写了本套《风力发电职业培训教材》该教材共分四个分册，《风力发电基础理论》《风电场安全管理》《风电场生产运行》《风力发电机组检修与维护》。

《风力发电安全管理》分册共分8章，内容包括风电企业安全管理、电气安全防护技术及应用、安全工器具、危险源辨识及防护、电气安全工作制度、消防安全、现场急救和典型事故案例分析等内容。本教材系统阐述了风电行业各环节的安全知识，对国家法律法规、行业标准规范亦有摘录宣贯，重点对电气安全防护技术及应用、生产过程中的安全管理、安全工器具的使用及管理、危险源辨识及防护、电气安全工作制度、消防安全、现场急救及风电行业典型事故案例分析等方面进行了详细讲解。

本套教材内容丰富，图文并茂，条理清晰，实用性强，编写人员是有丰富经验的行业专家。本套书可作为风电行业新入职员工、安全管理人员、风电场运行检修人员技能培训教材使用，也可供职业院校风电专业师生及从事风电行业的科研、技术人员自学使用。

图书在版编目（CIP）数据

风力发电职业培训教材．第2分册，风电场安全管理/龙源电力集团股份有限公司编．—北京：中国电力出版社，2016.3（2025.4重印）

ISBN 978-7-5123-8974-8

Ⅰ．①风…　Ⅱ．①龙…　Ⅲ．①风力发电-职业培训-教材②风力发电-发电厂-安全管理-职业培训-教材　Ⅳ．①TM614②TM62

中国版本图书馆CIP数据核字（2016）第039939号

出版发行：中国电力出版社
地　　址：北京市东城区北京站西街19号（邮政编码100005）
网　　址：http://www.cepp.sgcc.com.cn
责任编辑：孙　芳（010-63412381）
责任校对：黄　蓓
装帧设计：郝晓燕
责任印制：吴　迪

印　　刷：三河市航远印刷有限公司
版　　次：2016年3月第一版
印　　次：2025年4月北京第九次印刷
开　　本：787毫米×1092毫米　16开本
印　　张：14.75
字　　数：329千字
印　　数：12501—13500册
定　　价：80.00元

编辑委员会

序 言

随着以煤炭、石油为主的一次能源日渐匮乏，全球气候变暖、环境污染等问题的不断加剧，人类生存环境面临严峻挑战。有鉴于此，风力发电作为绿色清洁能源的主要代表，已成为世界各主要国家一致的选择，在全球范围内得到了大规模开发。龙源电力集团股份有限公司是中国国电集团公司所属，以风力发电为主的新能源发电集团，经过多年的快速发展，2015 年 6 月底以 1457 万千瓦的风电装机规模，成为世界第一大风电运营商。

在风电持续十多年的开发建设中，风力发电设备日渐大型化，机型结构和控制策略日新月异，设备运行、检修和管理的标准、规程逐步完善，并网技术初成系统。然而风电场地处偏远、环境恶劣、机型复杂、设备众多，人员分散且作业面广。随着装机容量和出质保机组数量的逐年增加，安全生产局面日趋严峻，如何加速培养成熟可靠的运行、检修人员，成为龙源电力乃至整个行业亟待解决的问题。

为强化风电运行和检修岗位人员岗位培训，龙源电力组织专业技术人员和专家学者，历时两年半，三易其稿，自主编著完成了《风力发电职业培训教材》。该套教材分为《风电场安全管理》《风力发电基础理论》《风电场生产运行》《风力发电机组检修与维护》四册，凝聚了龙源电力多年来在风电前期测风选址、基建工艺流程、安全生产管理以及科学技术创新的成果和积淀，填补了业内空白！

教材的主要特点有：一是突出行业特色，内容紧跟行业最新的政策、标准、规程及新设备、新技术、新知识、新工艺；二是立足岗位技能教育，贴合现场生产实际，结合风电运行、检修具体工作，图文并茂地介绍相应的知识和技能，在广度和深度上适用于各级岗位人员；三是文字通俗易懂，内容详略得当，具有一定的科普性。教材对其他机电类书籍已包含的内容不作详细介绍，不涉及深层次的风电研发、设计理论和推导，便于运检人员阅读和自学。

龙源电力作为国内风电界的领跑者，全球第一大风电运营商，国际一流的新能源上市公司，肩负着节能减排、开拓发展、育人成才的重任，上岗培训教材和其他系列培训教材的陆续出版将为风电行业的开发经营、人才培养起到积极作用！

编 者

前 言

当前，国内风电行业的风电场多位于高山、滩涂、海岛、戈壁、草原等自然条件相对恶劣的地域，热带气旋、洪水、暴雪、冰冻、雷电等自然灾害时有发生，同时风力发电机组布置分散，主要发电设备均安装在高空，风电企业的安全生产管理工作点多面广、难度较大。因此，培养一支安全意识牢固、专业技术娴熟、爱岗敬业的风电安全生产人才队伍，是坚持安全生产观，深入贯彻落实国家《安全生产法》，保障风电行业健康、可持续发展的重要举措。

龙源电力集团股份有限公司作为国内最早从事可再生能源开发的企业，在风电发展规模和安全生产管理等方面持续领跑国内风电行业，形成了一整套较为科学、规范的安全生产管理体系。为进一步提高风电安全生产管理水平，加强企业员工安全生产教育教训工作，龙源电力集团股份有限公司组织长期从事风电安全生产管理工作的技术骨干，精心编写了本套风电企业安全管理培训教材。

本书共八章，内容包括：风电企业安全管理、电气安全防护技术及应用、安全工器具、危险源辨识及防护、电气安全工作制度、消防安全、现场急救和典型事故案例分析等。为便于学习和培训，每章后均附有思考题。本书力求较为全面地宣贯国家对风力发电产业的安全法律法规，细致阐述了风电的安全管理体系及规章制度，许多章节更是融入了编写组成员长期积累的安全管理经验，内容丰富，言简意赅，可作为风电职业技术培训教材使用，亦可作为风电从业人员安全方面学习和工作的参考和指导。希望本书的出版能够对中国风电行业的安全生产管理工作提供一些借鉴和指导，为推动中国风电事业的可持续发展起到积极的促进作用。

本书在龙源电力集团股份有限公司李恩仪、黄群、张宝全等公司领导的亲自指导下，经朱炬兵、胡宾、汤涛祺同志协调成立编写组，多次组织专家审阅校核，才得以如期完成编写任务。本书由邓杰、何灏、何文雄、唐元祥、王延峰、徐海华、张冬平、曾繁礼、庄加利同志完成了初稿编写工作，后经孙浩、郭慧东、吴声声、王贺、杨天宇等同志修订，以及李力怀、夏晖、张敏、张国珍、张海涛同志审核，在征求龙源电力所属内蒙古、浙江、宁夏、陕西、贵州、天津公司意见的基础上编写完成，在此向上述同志和单位表示衷心的感谢！

本书力求准确、详尽，但由于时间仓促，在编写过程中难免有疏漏之处，希望各位读者给予谅解并欢迎不吝指正。

编　者

目 录

风电企业安全管理

1.1 风电企业安全生产概述

安全生产是构建风电企业良性发展的现实需要，是企业不断创新发展的前提和基础。近年来，国内外专家、学者就如何搞好安全生产工作一直不断地探索研究，安全理念、理论在不断地提升，好的安全管理方式、方法也在不断地涌现。

在风电企业中，由于从事行业的专业知识跨度较大，主要安全生产管理人员大多都不是安全相关专业毕业的。因此，加强安全生产管理和培训，帮助从业人员理解安全常识，熟悉安全防护知识和技能，掌握必要的应急处理方法和自救、互救等，就显得尤为重要。

安全生产是指在生产经营活动中，为了避免造成人员伤害和财产损失的事故而采取相应的事故预防和控制措施，把危险控制在普遍可以接受的状态，以保证从业人员的人身安全、生产系统的设备安全，保证生产经营活动得以顺利进行的相关活动。

风电企业安全生产管理的目标是：减少和控制危害，减少和控制事故，尽量避免生产过程中由于事故所造成的人身伤害、财产损失、环境污染以及其他损失。

1.1.1 风电企业安全生产的重要性

安全生产是电力企业永恒的主题，也是企业一切工作的基础。安全生产事故有突发性和破坏性的特点，事故的发生往往伴随人身伤害和财产损失。安全生产是风电企业从业人员最重要和最基本的需求，因违章操作等引起的人身伤亡事故曾给我们带来深刻教训。同样，设备事故必然会引起发电设备不同程度的损坏，影响设备健康和风力资源利用，带来直接和间接的损失，没有安全生产的风电企业无法保证获得预期的经济效益。

随着风电企业装机容量的不断扩大，一旦发生设备事故还容易引起区域电网运行波动，对电网安全造成一定影响。我国的“三北”地区曾多次发生因风电企业安全生产事故引发的风力发电机组（以下简称风电机组）大规模脱网事件，风电企业安全生产工作也引起了社会各界越来越多的关注。

1.1.2 风电企业安全生产的特点

1. 技术要求较高

并网型风电企业一般由升压站、汇流线路、箱式变压器和风电机组等设备组成，涉及电气、机械、自动控制、空气动力、计算机等多个专业和学科，特别是近年来风电机组更新换代速度很快，风电技术更趋多元化和复杂化，对现场人员的安全技能和素质提出了更高的要求。

2. 自然环境较为恶劣

风电企业多位于高山、滩涂、海岛、戈壁滩、草原等自然条件相对恶劣的地域，热带气旋、洪水、暴雪、冰冻、雷电等自然灾害都会对风电企业的安全生产带来不同程度的影响。

3. 点多面广，高空作业多

风电企业的风电机组布置较为分散，大型风电企业分布范围可达十几平方千米，主要发电设备均安装在高空，设备监管难度大，同时升压站又集中布置了电气一次、电气二次、集中监控等设备，还兼有生活、办公等功能，各类生产专业知识要求较高。以上特点给电力的安全生产管理工作带来了新的挑战。

1.1.3 风电企业安全生产的主要任务

风电机组的设计寿命长达 20 年，甚至更长时间，安全生产是机组全世界周期的核心任务。风电企业生产人员必须始终把安全生产放在首位，切实做好保障安全生产的各项措施。风电企业的安全生产重点要做好以下几个方面的工作：

(1) 建立、健全安全生产的规章制度并认真贯彻实施，保持良好的安全生产秩序。

(2) 完善安全生产责任制，层层落实各级人员安全生产责任，共同保障安全生产。

(3) 采取目标管理等现代化安全管理方法，严格考核与奖惩，建立安全生产长效机制。

(4) 编制和完善企业各类操作规程、作业指导手册和工作标准，夯实风电企业的安全生产工作技术基础。

(5) 加强劳动安全保护和作业环境建设，保证从业人员职业安全和健康。

(6) 推广应用先进技术与装备，提高安全技术保障能力。

(7) 加强人员培训和教育，提高人员的安全意识和安全素质，通过现场人员规范的运行、维护工作，保证风电企业设备的正常稳定运行。

(8) 定期开展安全检查、监督和隐患排查治理工作，从技术上、组织上和管理上采取有力措施，全面消除管理缺失和设备缺陷，防止事故发生。

(9) 加强应急管理，建立、健全应急管理体系，不断提高应急防控和处置能力。

(10) 及时完成各类事故的调查、处理和上报，举一反三，防止同类事故发生。

1.2 安全管理的法律基础

安全生产法律法规是劳动者安全健康的法律保障，明确了安全生产相关方的法律责任，可指导和推动安全生产工作的开展，促进企业安全生产，保证企业效益的实现和国民经济的顺利健康发展。安全生产法律法规具有国家强制性，风电企业与其他生产经营单位一样必须严格遵守，认真执行。

1.2.1 安全生产的法律体系

1. 中华人民共和国安全生产法

《中华人民共和国安全生产法》（以下简称《安全生产法》）是我国安全生产领域中一部综合性法律，是我国安全生产法律体系的核心。2014 年 8 月 31 日，第十二届全国人民代表大会常务委员会第十次会议通过，自 2014 年 12 月 1 日起施行。新《安全生产法》共七章一百一十四条，包括总则、生产经营单位的安全生产保障、从业人员的安全生产权利义务、安全生产的监督管理、生产安全事故的应急救援与调查处理、法律责任、附则等章节，其三大目标是保障人民生命安全、保护国家财产安全、促进社会经济发展；该法同时明确了安全管理的运行机制为政府监管与指导、企业责任落实与保障、员工权益与自律、经济处罚与法治等相结合。

2. 特别法

特别法是规范某一专业领域安全生产法律制度的专门安全生产法律。我国专业领域的法律有《中华人民共和国电力法》《中华人民共和国道路交通安全法》《中华人民共和国特种设备安全法》《中华人民共和国海上交通安全法》《中华人民共和国消防法》《中华人民共和国矿山安全法》等。

3. 相关法律

相关法律是指安全生产专门法律以外的其他法律中涵盖有安全生产内容的法律，如《中华人民共和国劳动法》《中华人民共和国行政处罚法》《中华人民共和国标准化法》《中华人民共和国建筑法》《中华人民共和国煤炭法》《中华人民共和国铁路法》《中华人民共和国民用航空法》《中华人民共和国工会法》《中华人民共和国矿产资源法》等。

另外，还有一些与安全生产监督执法工作有关的法律，如《中华人民共和国刑法》《中华人民共和国刑事诉讼法》《中华人民共和国行政复议法》《中华人民共和国国家赔偿法》等。

1.2.2 安全生产行政法规

为促进安全生产法律的实施，规范安全生产监督管理制度，国务院组织制定并颁布了一系列具体规定，统称安全生产行政法规，这些行政法规也是风电企业实施安全生产监督、管理工作的重要依据，包括《电力安全事故应急处置和调查处理条例》《危险化学品安全管理条例》《建筑安装工程安全技术规程》《消防监督检查规定》《特种设备安全监察条例》《使用有毒物品作业场所劳动保护条例》《生产安全事故报告和调查处理条例》《工伤保险条例》等。

1.2.3 地方性安全生产法规

地方性安全生产法规是由地方立法机关（人民代表大会及其常务委员会）和地方政府制定的安全生产规范性文件，以解决本地区某一特定的安全生产问题为目标，是对国家安全生产法律、法规的补充和完善，具有较强的针对性和可操作性，如地方制定的《劳动保护条例》《劳动安全卫生条例》《矿山安全法实施办法》等。

1.2.4 部门安全生产规章、地方政府安全生产规章

国务院部门安全生产规章由国务院有关部门为加强安全生产工作而颁布的规范性文件组成，从部门角度可划分为交通运输业、化学工业、石油工业、机械工业、电子工业、冶金工业、电力工业等。部门安全生产规章作为安全生产法律法规的重要补充，在我国安全生产监督管理工作中起着十分重要的作用，如国家安全生产监督管理总局颁布的《生产经营单位安全培训规定》《特种作业人员安全技术培训考核管理规定》《劳动防护用品监督管理规定》《作业场所职业危害申报管理办法》《安全生产事故隐患排查治理暂行规定》《生产安全事故应急预案管理办法》《生产安全事故信息报告和处置办法》《建设项目安全设施"三同时"监督管理办法》等，公安部颁布的《建设工程消防监督管理规定》等。

地方政府安全生产规章一方面从属于法律和行政法规，另一方面又从属于地方法规，并且不能与它们相抵触。根据《中华人民共和国立法法》的有关规定，部门规章之间、部门规章与地方政府规章之间具有同等效力，在各自的权限范围内施行。

1.2.5 安全生产标准

安全生产标准是安全生产法规体系中的一个重要组成部分，也是安全生产管理的基础和安全监督工作的重要技术依据。

风电场安全管理相关标准有《电力安全工作规程（发电厂和变电站电气部分）》（GB 26860—2011）、《电力安全工作规程（电力线路部分）》（GB 26859—2011）、《安全标志及其使用导则》（GB 2894—2008）、《风力发电机组验收规范》（GB/T 20319—2006）、《电业安全工作规程　第1部分：热力和机械》（GB 26164.1—2010）、《建筑设计防火规范》（GB 50016—2014）、《风力发电场安全规程》（DL/T 796—2012）等。安全生产法律法规关系如图1-1所示。其中，实线箭头表示存在上下位关系；虚线箭头表示不存在上下位关系，是同等关系。

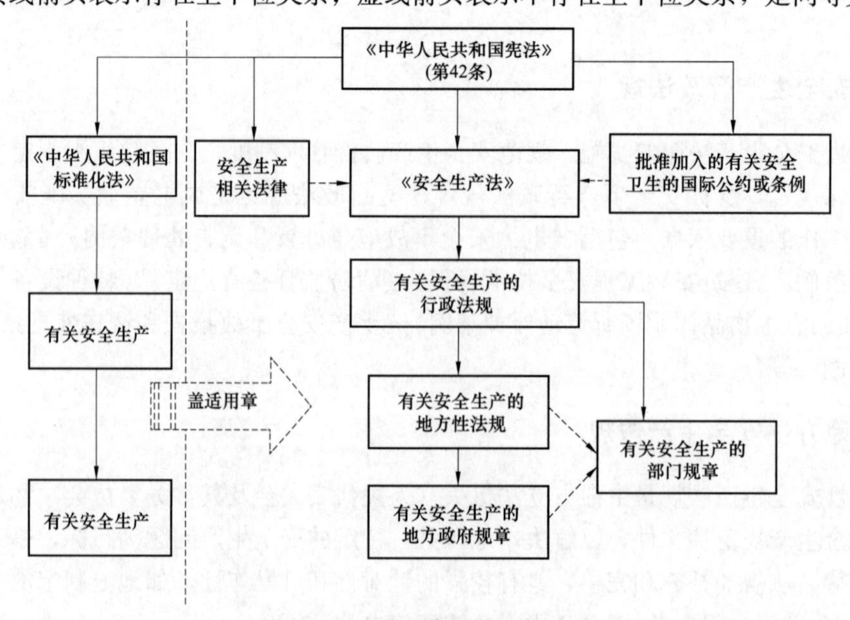

图1-1　安全生产法律法规关系

1.3 风电企业安全目标管理

目标管理理论是美国管理学者彼德·德鲁克于20世纪50年代创立的，自创立以来得到了广泛应用，取得了显著的成效。目标管理是以企业的总目标为中心，运用系统方法建立分层的目标体系，通过分权调动被管理者的能动性，从而有效地完成组织任务。安全目标管理是一种主动管理，是通过将安全目标的层层分解，落实每个人的安全工作任务，并且将安全管理要求渗透到每个生产环节，使每个员工都承担一定的安全责任。安全目标管理也是风电企业常用的安全管理手段之一。安全目标管理一般分四个阶段，即安全目标的制定、安全目标的实施、安全目标的监督和检查、安全目标的总结和考核。

1.3.1 安全目标管理的实施阶段

1. 安全目标制定

安全目标应根据不同企业的性质、规模而有所区别，必须围绕企业安全目标和上级对安全生产工作要求，科学分析，突出重点，分清主次，可操作性强，体现适用性和科学性原则。科学性是指制定的目标应由执行主体通过精细化管理和持续努力能够完成，并非遥不可及。适用性是指针对不同的目标主体，体现一级保一级，层层分解，不同的目标对应不同的责任主体。

(1) 风电企业安全目标制定的原则。根据风电企业所属的经营范围和安全生产工作任务，风电企业的安全目标一般按照以下原则制订并实行“四级”控制。

1) 企业控制重伤和事故，不发生死亡和重大事故。

2) 部门控制轻伤和障碍，不发生重伤和事故。

3) 班组控制未遂和异常，不发生轻伤和障碍。

4) 员工控制违章和差错，不发生未遂和异常。

(2) 安全指标认定的标准。安全目标中指标的认定是否科学和完善，直接关系到目标管理能否顺利实施。原则上，人身死亡、重伤和轻伤的认定，应依据现行的由我国1986年发布的《企业职工伤亡事故分类标准》(GB 6441—1986) 执行。其他设备、火灾、交通等事故（特大、重大、较大、一般）、一类障碍的认定，应由风电企业上级单位依据国家法律法规、行业标准，结合自身企业生产实际情况给予规定，二类障碍、异常、差错和未遂等应由风电企业制定具体认定标准。

2. 安全目标的实施

风电企业安全目标一般以年为单位制定，并以书面的形式予以确定，包含在每年签订的安全目标责任书中。安全目标责任书的签署双方为直属的上下级关系，一般是企业与部门、部门与班组、班组与班员分别签订，通过一级保一级、层层落实控制目标，确保企业安全目标实现。

安全目标责任书应至少包括安全目标、保障措施、实施期限、奖惩与考核、签字栏和签订日期等内容，安全目标责任书每年年初签订。

安全目标责任书签订后，各签订主体都应制定保证安全目标实现的措施，并报上一级备案，措施的编制应结合各岗位工作实际，应有针对性和可操作性。

3. 安全目标的监督和检查

定期对安全目标制定、执行情况进行监督和检查，检查目标制定是否合理及目标完成情况，针对存在的问题，企业应通过月度安全分析会议进行总结和分析，制订改进措施。

4. 安全目标的总结和考核

安全目标管理要体现责、权、利相一致的原则。安全目标考核由其上一级进行，安全目标考核是否科学，也是安全目标能否有效实施的重要因素。风电企业应制定安全目标责任制考核的相关规定或办法，明确奖惩内容。

1.3.2 安全目标管理的注意事项

安全目标管理的注意事项如下：

(1) 实施安全目标管理需要企业有一定的安全管理基础，制定安全管理的必要制度，明确安全目标各项指标的界定标准，如事故、障碍、异常、未遂、违章、差错等。

(2) 安全目标的制定遵循“横向到边、纵向到底”的原则，风电企业的所有人员均应制定各自安全目标及保证实现的有效措施，并签订安全目标责任书。

(3) 安全目标管理的实施要与各个岗位的工作实际结合起来，区别对待不同的责任主体，制定切实可行的安全目标，避免流于形式。

(4) 安全目标管理应与其他管理办法互相补充、协调一致。安全目标管理一般要与安全生产责任制度结合，根据不同岗位制定岗位职责，体现责任、目标、权利相一致原则。

(5) 安全目标管理应坚持计划、实施、检查、纠正的 PDCA 循环管理，对于实施中发现的问题，应及时予以纠正。

1.3.3 风电企业安全目标范例

1. 风电企业安全目标

风电企业安全目标如下：

(1) 不发生人身重伤及以上事故。

(2) 不发生负同等以上责任的电网瓦解和大面积停电事故。

(3) 不发生一般以上设备事故。

(4) 不发生一般以上火灾事故。

(5) 实现全年安全记录。

(6) 界定年内人身轻伤次数。

(7) 界定年内设备一类障碍次数。

2. 部门（风电场）的安全目标

部门（风电场）的安全目标如下：

(1) 不发生一类障碍及以上的人身和设备事故。

(2) 界定年内二类障碍次数。

(3) 界定年内设备非计划停运次数。

3. 班组安全目标

班组安全目标如下：

(1) 不发生人身轻伤及以上事故。

(2) 不发生二类障碍及以上的人身和设备事故。

(3) 界定年内未遂事故次数。

(4) 界定年内设备异常次数。

(5) 界定年内设备非计划停运次数。

4. 个人安全目标

个人安全目标如下：

(1) 不发生异常、未遂及以上事件。

(2) 严格执行两票三制，不发生误操作事件。

(3) 不发生违章指挥、违反劳动纪律事件。

(4) 界定年内个人违章次数。

(5) 界定年内个人差错次数。

1.4 风电企业安全生产责任制

安全生产责任制应按照我国《安全生产法》的要求及“管生产必须管安全”的原则制定和实施，安全生产责任制是将各级职能部门负责人员及生产人员在安全生产方面应做的事情和应负的责任加以明确的一种制度。安全生产责任制是风电企业管理的一个组成部分，是风电企业各项管理制度中最核心和最基本的制度，也是实行目标管理的最重要制度。

1.4.1 建立安全生产责任制的目的

建立安全生产责任制，主要目的是要加强各级生产人员对安全生产的责任感，明确各级人员在安全生产中应履行的义务和承担的责任，充分调动各级人员的积极性和主观能动性，确保安全生产。

1.4.2 安全生产责任制制定的原则

安全生产责任制是落实“管业务必须管安全、管行业必须管安全、管生产经营必须管安全”要求的重要制度，安全生产责任制的核心是将安全生产责任落实到人。安全生产责任制度应遵循以下原则：

1. 人人有责的原则

在风电企业应建立“横向到边、纵向到底”的安全生产责任制度，规定每个岗位的安全责任，任何人都负有相应的安全责任，都应各司其职、各负其责。

2. 充分体现权利和义务相统一的原则

风电企业员工有做好本职安全工作、遵守安全法律法规的义务，也有拒绝违章指挥、冒险作业、指正他人违法违规的权利，有接受安全处罚的义务，同时有分享企业安全生产红利的权利。

3. 符合岗位实际，可操作性强的原则

安全生产责任制应根据企业内不同岗位的工作内容，制定相应的岗位职责，按照一级对一级负责，层层落实责任的要求制定。

4. 突出重点的原则

安全涉及生产的各个方面，安全生产责任制也是全方位的，但必须突出重点，因此在界定风电企业、部门（风电场）、班组和个人的安全生产责任制体系时，应结合工作特点，围绕安全重点工作来展开责任体系。

1.4.3 安全第一责任人

按照《安全生产法》的要求，企业应根据安全生产责任制，建立、健全安全第一责任人机制。风电企业是安全生产的责任主体，企业主要负责人是企业的安全第一责任人，分管副职是所分管业务范围的安全第一责任人，部门负责人是所辖部门的安全第一责任人，班组长是班组内所从事各项工作的安全第一责任人，员工是所从事具体工作的安全第一责任人。安全第一责任人对职责范围内安全生产工作负总责。

1.4.4 风电企业主要人员安全职责范例

1. 风电企业主要负责人安全职责

(1) 建立、健全本单位安全生产责任制。

(2) 组织制定并落实本单位安全生产规章制度和安全操作规程。

(3) 确定符合条件的分管安全生产的负责人、技术负责人。

(4) 保证本单位安全生产投入的有效实施。

(5) 督促、检查本单位的安全生产工作，及时消除生产安全事故隐患。

(6) 组织开展本单位的安全生产教育培训、应急演练工作。

(7) 组织开展安全生产标准化建设。

(8) 组织实施本单位的职业危害防治工作，保障从业人员的职业健康。

(9) 组织制定并实施本单位的生产安全事故应急救援预案，落实应急准备工作。

(10) 及时、如实报告生产安全事故，组织事故抢救。

(11) 每年向职工代表大会、职工大会、股东大会报告本单位的安全生产情况，接受工会、从业人员、股东对安全生产工作的监督。

2. 风电场场长安全职责

(1) 场长是风电场安全生产第一责任人，对风电场安全生产工作全面负责。

(2) 贯彻落实国家有关安全生产的法律法规、政策方针和上级有关制度规定，组织建立、健全风电场安全生产规章制度，确保风电场依法依规开展安全生产工作。

(3) 根据企业年度安全生产目标责任书，逐级分解落实安全控制指标，严格执行“两票三制”，深入开展安全生产“三反四保”工作。

(4) 按照企业安全生产工作计划，结合重点反事故措施要求，组织制订风电场年度“两措”、检修、技改等工作计划，并监督执行。

(5) 严格执行企业安全隐患排查治理制度，定期开展隐患排查治理工作，实行发现、

整改、验收、销号的清单式闭环管理。

(6) 认真落实安全性评价专家查评及安全督查整改要求，定期组织开展春、秋季安全大检查和安全专项检查，消除事故隐患。

(7) 严格执行企业委托检修维护项目安全管理规定，审核外委施工单位的安全措施、技术措施、组织措施，进行安全技术交底，开展作业现场安全检查。

(8) 每季度至少开展一次风电机组着火、倒塔、飞车、叶轮坠落事故以及应对自然灾害的应急演练，确保应急物资储备充足，现场组织抢险救灾和灾后恢复工作。

(9) 当风电场发生突发事件或安全生产事故时，第一时间赶赴事故现场，现场指挥应急处置工作，并按规定及时、如实上报安全生产事故。

(10) 按照企业严重违章处罚规定，以及企业反违章管理制度，经常开展反违章检查，惩治“三违”行为；组织开展风电场二类障碍、未遂、异常、违章、差错等不安全事件的调查处理工作，做到“四不放过”。

(11) 负责审核输变电设备倒闸操作票，担任重要运行操作监护人；负责签发各类检修工作票，审查工作票的内容和安全措施，对每项工作进行安全技术交底。

(12) 负责组织实施风电机组技改和大修、输变电设备清扫预试、技术监督、节能减排工作，开展集中性缺陷治理，提高设备可靠性能。

(13) 负责风电场备品备件管理工作，定期组织修编储备定额，及时更新备件库存信息，监督备件库房日常管理，确保账卡物相符。

(14) 认真落实企业安全生产教育培训计划，重点抓好新员工风场和班组级安全教育、外委施工作业人员安全教育和安全技术交底工作；如期开展事故警示教育日活动，吸取事故教训，确保警钟长鸣。

(15) 主持召开风电场安全生产调度会、月度安全生产分析会、施工前安全技术交底会以及各类专题会议，研究解决现场安全生产实际问题。

(16) 定期巡查重要输变电设备，每月开展运行对标分析，坚持问题导向，分析原因、制定措施，持续推进运行优化工作，不断提升机组发电能力。

(17) 参加班组每周安全活动，及时传达上级安全生产工作要求，检查新安全生产法、安全生产红线、事故通报等相关内容学习情况，不断提高员工安全意识及风险辨识能力。

(18) 每周至少登塔一次，抽查现场文明生产及安全生产红线执行情况，重点检查发电机、变频器、齿轮箱、叶片、变压器、断路器、保护装置等设备运行、维护、缺陷处理情况，以及人员习惯性违章情况。

(19) 定期检查安全工器具和个人安全防护用品管理台账，随机抽查使用管理情况，严厉惩处违反个人安全防护用品专项管理规定和登塔作业安全行为规范的行为。

(20) 负责风电场生产车辆管理及交通安全工作，认真执行准驾制度，定期检查驾驶员安全培训情况和车辆检查、修理、行驶记录，确保交通安全。

3. 风电场安全专责安全职责

(1) 在场长领导下负责风电场安全管理工作。

(2) 严格执行各级安全管理制度，结合风电场实际情况，编制风电场安全管理实施细则。

(3) 根据企业年度安全生产目标责任书，将安全控制指标分解到班组及个人，定期通报安全控制指标完成情况，制定并落实保障措施。

(4) 根据企业安全生产工作计划，结合反事故措施落实和隐患排查治理情况，编制风电场年度“两措”、安全培训等安全工作计划，并负责落实执行。

(5) 开展隐患排查和季节性安全检查，编制检查大纲，汇总发现的隐患和问题，制定计划，落实责任，限期整改。

(6) 审核风电场委托检修维护项目外委施工单位的安全措施、组织措施，实施安全技术交底，开展作业现场安全检查，制止违章行为并按规定实施考核。

(7) 落实风电机组和输变电设备反事故措施，开展应急预案演练，负责编制演练方案，组织演练活动，及时进行总结评估，不断完善风电场现场处置方案。

(8) 协助场长做好突发事件的现场应急处置工作，负责收集现场有关记录和资料，配合上级单位进行事故调查。

(9) 严格执行企业反违章管理制度，及时查处违章行为；开展风电场二类障碍、未遂、异常、违章、差错等不安全事件的调查处理工作，做到“四不放过”。

(10) 审核输变电设备倒闸操作票，可担任重要运行操作监护人；可签发各类检修工作票，审查工作票的内容和安全措施，对每项工作进行安全技术交底。

(11) 参加风电场安全生产调度会、月度安全生产分析会、施工前安全技术交底会以及各类专题会议，汇报、研究解决现场安全管理实际问题。

(12) 参加班组每周安全活动，组织学习上级规章制度、事故通报等相关内容，编制学习材料，组织安全知识考试，提高员工安全技术水平。

(13) 负责风电场重大检修作业现场安全监督，查处现场作业过程中违法违章行为，总结完善现场安全技术措施。

(14) 开展各类安全教育培训活动，负责新员工风场级安全教育，指导开展班组级安全教育，负责外委项目施工作业人员安全培训工作，提高各级作业人员的安全技术水平。

(15) 建立风电场安全工器具及个人坠落防护用品管理台账，定期检查使用保管情况，定期组织检测、检查。

(16) 每周登塔一次，检查作业现场安全文明生产工作，重点检查习惯性违章、装置性违章及两票管理制度执行情况。

(17) 负责风电场生产车辆交通安全管理工作，查处违法违规违反安全生产红线行为，定期组织驾驶员安全培训每周检查车辆状况，确保交通安全。

4. 风电场技术专责安全职责

(1) 在场长领导下负责风电场技术管理工作。

(2) 认真执行企业各类技术规范、标准，负责修订完善风电场检修运行规程，编制各类技术方案，并负责各类技术资料的归档和管理工作。

(3) 根据企业年度安全生产目标责任书，将生产指标任务分解到班组及个人；严格执行生产指标绩效考核制度，负责值际竞赛工作。

(4) 根据企业安全生产工作计划，编制风电场年度生产指标、大修技改、技能培训等计划，并负责落实。

(5) 负责安全检查及隐患排查中各类设备问题整改技术方案制定工作，结合点检、定维、技改检修等工作进行落实。

(6) 审核风电场委托检修维护项目外委施工单位的技术措施，实施安全技术交底，开展作业现场技术监督和指导。

(7) 落实风电机组和输变电设备反事故技术措施，开展应急预案演练，完善风电场现场处置技术方案，提高应对突发事件能力。

(8) 发生突发事件时，协助场长做好现场应急处置工作。

(9) 参与风电场二类障碍、未遂、异常、违章、差错等不安全事件的调查处理的技术分析工作，做到“四不放过”。

(10) 审核输变电设备倒闸操作票，可担任重要运行操作监护人；可签发各类检修工作票，审查工作票的内容和安全措施，对每项工作进行安全技术交底。

(11) 合理安排风电机组定期维护和消缺工作，定期修订完善维护手册，制定技术标准，提高风电机组发电能力。

(12) 结合电网公司检修计划，合理安排风电场输变电设备预防性试验和检修消缺工作，努力缩短检修时间，保证输变电设备稳定运行。

(13) 按时开展风电场设备技术监督工作，做好委托监督项目质量管理工作，及时整改技术监督中发现的问题，提高设备可靠性。

(14) 根据设备运行情况，开展设备大修技改、集中性缺陷治理工作，编制检修作业指导书及检修文件包，负责场级质量验收工作。

(15) 开展风电场运行和对标分析，持续推进设备运行优化工作，采取措施，提升设备性能指标，提高运行经济性。

(16) 负责风电场备品备件管理工作，根据储备定额，及时申请采购，做好备件出入库管理工作，确保账卡物相符。

(17) 参加风电场安全生产调度会、月度安全生产分析会、施工前安全技术交底会以及各类专题会议，汇报、研究解决各类技术问题。

(18) 负责风电场专业技术技能培训工作，通过集中授课、技术问答、定期考试等手段，不断提高员工业务技能。

(19) 建立风电场工器具管理台账，定期检查使用保管情况，定期组织检测、检查。

(20) 定期登塔检查各班组点检、维护等工作的开展情况，开展大修、技改项目风电场级验收工作。

5. 风电场班组长安全职责

(1) 班组长是班组安全生产第一责任人，对班组安全生产工作全面负责。

(2) 严格执行各级安全生产管理制度，按照班组标准化建设指导手册制定各项管理规定，健全五大员管理机制，不断推进班建工作迈上新台阶。

(3) 根据风电场年度安全生产目标责任书，落实保障措施，严格控制班组异常和未遂事件。

(4) 根据风电场年度“两措”、检修、技改、培训等各项工作计划，制定班组月度工作计划，并负责落实执行。

(5) 开展隐患排查和季节性安全检查，及时发现生产现场存在的安全隐患，制定计划、落实责任、及时消除。

(6) 审核外委单位的安全措施、技术措施、组织措施，组织作业现场安全技术交底，开展作业过程跟踪监督，负责班组级质量验收。

(7) 组织班组成员参加风电场应急演练和人员急救培训，熟练掌握现场处置方案，确保应急物资储备充足。

(8) 在场长指挥下，组织人员开展突发事件时的现场操作、隔离、救援、抢修等应急处置。

(9) 配合风电场安全专责开展未遂、异常事件调查处理，做到“四不放过”。开展班组违章、差错等不安全行为教育和考核，强化班组成员安全意识。

(10) 审核输变电设备倒闸操作票，担任重要运行操作执行人；核对工作票内容和安全措施，担任重大检修工作负责人，负责对每项工作进行安全技术交底。

(11) 开展风电机组和输变电设备运行监视、巡回检查及定期试验切换工作，做好运行记录等各项台账，根据电网调度指令，合理安排设备运行方式。

(12) 根据检修计划，开展风电机组定期维护和输变电设备预防性试验工作，保证维护和试验质量；及时开展风电机组故障处理和输变电设备消缺工作，保证设备稳定运行。

(13) 根据检修作业指导书和技改施工方案，开展设备大修和技改工作，做好外委项目施工跟踪和监督工作。

(14) 开展运行和对标分析，采取措施，确保设备安全稳定运行，努力提升发电量，完成班组生产指标任务。

(15) 严格执行风电场备品备件管理制度，及时办理出入库手续，做好各项记录和台账，确保账卡物相符。

(16) 开展班组每周安全活动，学习新安全生产法、事故通报等相关内容，讨论日常工作中安全注意事项，提高员工安全意识。

(17) 参加风电场安全生产调度会、月度安全生产分析会、施工前安全技术交底会以及相关专题会议。每天主持召开班前班后会，布置工作任务和安全措施，点评工作完成情况。

(18) 开展班组安全和技能培训工作，通过安全活动、技术问答、现场考问、实践操作等手段，提高班组成员安全和技能水平。

(19) 每天检查安全工器具及个人坠落防护用品的使用保管情况，每天工作结束后，清点班组各类工器具，并按规定存放。

(20) 严格执行准驾制度，做好行车记录，每周检查车辆状况，确保交通安全。

1.5 安全生产保障体系和监督体系

所谓体系是指相互关联或相互作用的一组要素，是由若干有关事物相互联系、相互制约而构成的有机整体。安全生产保障体系和监督体系是现代企业安全管理的重要模式。风电企业应建立健全安全保障体系和安全监督体系，构建起有效的执行和监督机制。

1.5.1 安全生产保障体系

风电企业安全生产保障体系以安全生产责任制为基础，通过整合各种资源，完善安全

生产条件，保持良好安全生产秩序，确保完成安全目标，并不断提高设备健康水平和安全管理水平。

风电企业各级安全第一责任人是安全生产保障体系建设的组织和领导者，负责完善安全生产保障体系的各项要素和条件。各分管领导、部门和班组的负责人是保障体系的具体落实人员。风电企业安全生产保障体系的建设应做好以下几项基本保障：

1. 组织结构和人员保障

根据国家有关规定，生产企业应成立与企业相适应的安全生产管理机构。风电企业的管理机构设置，应与风电企业规模、运营模式及地理位置等条件相适应。

风电企业应成立专门的安全生产管理委员会或领导小组，设置安全生产管理部门。同时，根据应急管理要求成立应急领导小组，根据消防管理要求成立消防管理委员会或领导小组，根据安全监察工作要求，结合企业实际，设立安全监督机构或专职安监人员。

风电企业应按照现场安全生产的实际要求，配置相应管理人员，设立专（兼）职安全监督人员，班组内配置满足工作需求的专业技术人员，同时，风电企业应做好员工的入职培训、技能培训工作，组织开展三级安全教育，确保人员的安全素质满足要求。风电企业现场工作人员应达到以下要求：

(1) 身体健康，没有妨碍工作的病症。

(2) 熟悉本岗位安全职责，遵章守纪。

(3) 参加安全教育并考试合格。经过岗位专业技术知识培训及相应工作岗位实习，掌握风电企业运行、检修、维护工作的相关知识，具备与岗位相关的技能要求。

(4) 熟悉本企业各项制度，掌握安全生产技术规程。

(5) 掌握消防器材、安全工器具和防护用具、运行检修用各类检测仪器仪表的使用方法。

(6) 特殊工种人员应取得当地劳动部门颁发的执业证书。

(7) 熟悉各项报表和信息报送系统。

安全生产保障体系的构成情况如图 1-2 所示。

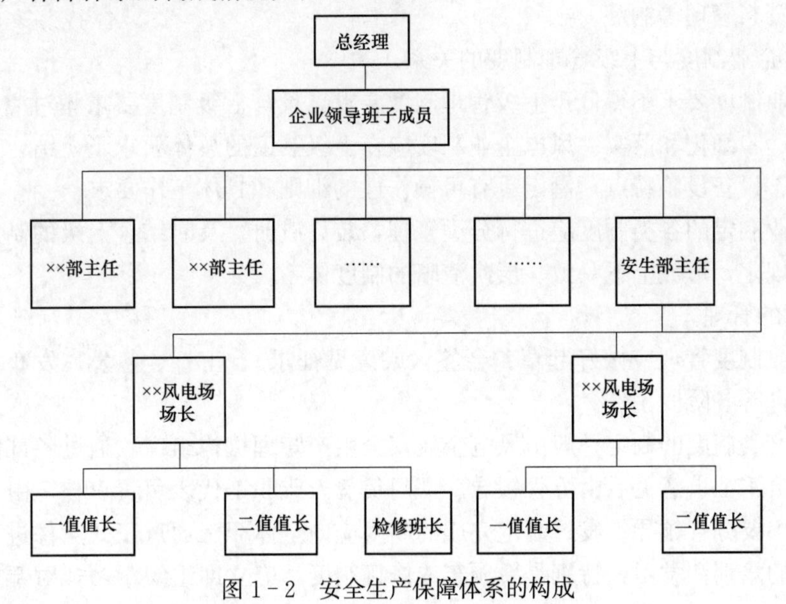

图 1-2 安全生产保障体系的构成

2. 规章制度保障

制度是风电企业和风电企业安全生产管理的基础，是保持良好安全生产秩序的重要支撑，是一切行动的指南。制度建设应体现全面性和可操作性的要求，建立覆盖各个生产环节、各个工艺过程的制度规范体系。

(1) 制度的编制依据。

制度的编制依据应包括国家和行业的安全生产法律法规、安全生产标准、安全生产规程和规范，结合风电企业的隐患排查治理结果、事故经验教训、特殊地理位置和设备、人员状况以及先进安全管理方法和经验。

(2) 制度的编制原则。

风电企业制度编制应严格符合“安全第一、预防为主、综合治理”总体要求，具有系统性和可操作性，符合标准化、规范化要求。

(3) 制度体系的建设。

风电企业安全生产管理制度，应对以下内容进行规定：安全生产职责、作业安全、设备设施安全管理、防护用品管理、安全教育和培训、外来人员管理、发包工程管理、继电保护管理、定期切换和试验、应急管理、事故调查、反习惯性违章、交通安全、安全奖惩管理等。

1) 风电企业制度体系。

综合管理类应至少包括风电企业安全生产工作规定、安全生产责任制度、两措管理制度、隐患排查和治理制度、危险源辨识和分析制度、承包与发包工程管理制度、消防安全管理制度、交通安全管理制度、安全性评价管理制度、应急管理制度、安全奖惩制度、安全目标责任制考核制度、事故调查管理等制度。

人员安全管理类应至少包括操作票管理制度、工作票管理制度、巡回检查制度、定期切换试验、安全教育和培训制度、防止电气误操作管理制度、反违章管理等制度。

设备设施类应至少包括安全工器具管理制度、安全标志标识管理制度、劳保用品管理制度、图纸资料管理等制度。

2) 风电企业制度与上级管理制度的关系。

风电企业制度要求不得低于上级管理制度要求，且与上级制度要求相对应，是上级各类要求的进一步细化和落实。风电企业制度应在上级制度的总体要求下，结合风电企业安全管理模式、设备设施特点，制定具有可操作性的细则和具体工作要求。

风电企业制定的各类制度应进行分类管理，装订成册，及时结合上级的制度制定实施细则或补充规定，形成上下一致、层次清晰的制度体系。

3) 制度的管理。

风电企业制度管理应做好起草、会签（或意见征求）、审核、签发、发布、培训、反馈、持续改进等各阶段工作。

安全生产类制度的制定一般由风电企业安全生产管理机构组织，通过各部门会签程序或风电企业员工征求意见后由分管领导、部门负责人或职工代表负责审核，由单位安全第一责任人或主要分管领导签发。制定完成的制度应向全体职工通过正式文件进行发布，定期开展制度的培训和学习，特别是新颁布或修订制度，应立即组织学习，对于重要制度还

应进行考试考核，反复学习掌握。风电企业应建立制度执行的反馈机制，建立反馈渠道，如：职工代表提议、安全分析会、合理化建议等听取职工对制度执行的意见。企业根据制度执行情况，每年对制度进行一次复查，并发布制度有效清单，及时清理作废版本。每3～5年进行一次全面的修订，遇上级颁发新的制度时，应及时进行修订并发布。

3. 技术保障

技术保障是实现安全的重要技术支撑和基础，完善的技术基础工作可以有力地保障人身和设备安全。技术保障工作应从风电企业生产准备阶段着手开展，编制各类符合现场设备实际的技术规程，完善各项技术资料，形成完整的技术标准体系。

(1) 风电企业应具备以下基本劳动安全技术规程和标准：

1) 风电企业安全规程。

2) 风电企业运行规程。

3) 风电企业检修规程。

4) 变电站典型操作票。

5) 作业危险点辨识及预控手册。

(2) 风电企业安全规程的内容包括：

1) 风电企业运行、检修人员基本要求。

2) 风电机组安装、调试安全措施。

3) 风电机组维护、检修安全措施。

4) 电气操作安全注意事项（正常的倒闸操作、故障处理、年度预试）。

5) 各种仪器、仪表检查要求和安全使用须知。

6) 输变电设备维护、检修安全措施。

7) 安全工器具检查要求、试验周期等。

(3) 风电企业运行规程的内容包括：

1) 风电企业运行设备、系统介绍。

2) 风电企业运行应具备的条件。

3) 风电企业运行人员基本要求。

4) 风电企业运行设备基本原理、运行参数和性能。

5) 风电企业生产管理内容（典型记录报表、运行分析、运行操作等）。

6) 运行监视、巡视和记录工作要求。

7) 异常运行和事故处理。

(4) 风电企业检修规程的内容包括：

1) 设备性能、型号。

2) 标准技术参数（压力、各部位力矩、同心度、绝缘等级、注油量、注油位置、油品型号、温度、桨叶角度、振动值、偏航、电气参数等）。

3) 故障代码表及异常、故障、事故处理方法和要求。

4) 巡视检查及维护内容及要求。

5) 检测仪器、仪表的使用方法。

6) 典型检修工作作业指导书。

变电站典型操作票的内容应包括电气设备运行、热备、冷备、检修四种状态之间的状态转换。变电站典型操作票由风电企业编制，会同风电企业所在地调度部门共同审核，由企业分管技术的领导签发后正式发布。

通常，安全、运行和检修三大规程和变电站典型操作票应在风电企业投产之前，完成编制并正式发布。作业指导书和作业标准在试运后，应逐步编制，通过常年的积累，形成完整的技术标准体系。

另外，对于基建阶段的基础技术资料（如电气、土建、线路等设计图纸及设计更改联系函）、采购设备的出厂资料（如设备说明书、产品出厂试验报告、质量保证书，风电机组的机械、电气、控制系统图及检修、维护手册）、设备调试阶段过程报告（如风电机组调试报告，变电站电气设备安装及调试报告，继电保护定值单、定值整定及核对记录、保护传动试验报告等）应保存完整，这些资料是规程编制时技术部分的重要基础性资料。风电企业应设立档案室进行归档，同时应建立完备的设备台账。

4. 劳动防护用品和安全工器具保障

劳动防护用品是保护风电企业人员在作业过程中避免职业伤害的必要装备，风电企业必须配备满足现场需要的工作服、防护手套、防护鞋，防毒防尘面具、护目眼镜等。

安全工器具是保证风电企业人员作业安全的重要设施。风电企业安全工器具种类较多，根据涉及的不同作业类型应至少包括以下两个方面：

(1) 高空安全作业方面：安全带、安全帽、防坠器、脚扣、升降板、缓降装置等。

(2) 电气倒闸操作方面：验电器（笔）、绝缘手套、绝缘靴、绝缘杆（操作杆）、接地线、绝缘梯子、绝缘高凳。验电器、绝缘杆按不同电压等级分别配置两个（一主一备原则）；绝缘手套、绝缘靴至少两套，满足两个操作面的需要；接地线应满足全场停电检修倒闸操作的要求，应按输配电线路数量、各主变压器两侧、母线数量总和进行配置。

5. 劳动作业环境保障

劳动作业环境越来越受到现代安全管理的重视，良好的作业环境可以降低事故发生的概率。风电企业的作业环境建设应包括以下内容：

(1) 安全标志标识：风电企业的各类标志标识应按照《电力安全标识规范手册》、《风力发电场安全规程》(DL/T 796—2012) 的要求进行相应配置。

(2) 应在中控室内设置一、二次系统图。

(3) 开关柜操作示意图：部分厂家开关柜设置了相应的操作示意图，风电企业根据实际情况，标明操作步骤。同时各开关、隔离开关的操作机构均应有完备的机械和电子式防误操作闭锁装置。

(4) 旋转部件机械防护：风电企业的旋转部件（如风电机组高、低速轴，砂轮机，切割机等）上，均应安装相应的机械防护罩，防止人员人身伤害。

(5) 配电回路的剩余电流动作保护装置：风电企业升压站和中控楼的检修电源及工具库房、生活用房、试验用电的插座等，均应装设漏电保护器。

(6) 事故照明：风电企业事故照明持续时间不得少于 1h，并应定期进行切换，切换时间每月不少于一次。

(7) 接地网系统：接地网系统应满足电力行业标准《交流电气装置的接地设计规范》

GB 50065—2011）《风力发电场安全规程》（DL /T 796—2012）要求。

（8）消防装置：应按照《电力设备典型消防规程》（DL 5027—2015）要求配置。

（9）开关室通风装置：开关室通风装置应定期进行试验。

（10）电缆盖板：电缆盖板应平整，及时更换、补充损坏的电缆盖板。

1.5.2 安全生产监督体系

电力企业实行内部安全监督制度，建立自上而下、机构完善、职责明确的安全监督体系。安全生产监管机构是指安全监察部门和安全监察人员，依据国家法律法规、行业、企业有关规定，对企业内部各部门贯彻国家法律法规和生产安全的情况进行监督检查，并在企业内部构成安全监督网络。安全监督机构的主要职能是运用行政和上级赋予的职权，对安全生产、工程建设等方面进行监督，重在宣传、监督、检查、服务、控制。企业应结合各自实际，设立安全监督机构和安全监督人员，安全监督体系（安全网）一般根据企业实际，由其安全生产监督人员、部门和风电场专（兼）职安全员、班组专（兼）职安全员构成，由企业主要领导主管。

1. 安全监督人员基本要求

（1）熟悉生产各个环节的安全要求，熟悉设备的结构、性能。

（2）熟悉相关法律、法规、制度、规程。

（3）熟悉必要的安全监察技术。

（4）熟悉劳动保护和安全技术。

（5）熟悉现代化的安全管理知识。

（6）具有一定的组织能力和协调能力。

2. 安全监督人员主要工作内容

（1）监督安全生产保障体系中各项工作的开展情况。

（2）监督安全生产责任制落实情况。

（3）监督劳动安全保护措施和反事故措施计划的编制。

（4）监督安全工器具和劳动保护用品的采购、发放和试验。

（5）对新建、改建、扩建工程的设计，以及检修、设计变更、施工、竣工验收等实行全过程安全监督。

（6）监督企业运行、检修、维护等工作中安全措施的落实情况。

（7）组织落实春、秋季安全大检查或其他各类专项检查工作。

（8）组织开展安全活动、培训和考试，定期开展事故演习和应急预案演习。

（9）参加事故调查和分析。

（10）编制安全简报、通报和快报，定期开展安全统计和分析。

安全监督体系如图 1-3 所示。

3. 安全监督人员的权利

（1）有权进入生产区域、施工现场、调度室、控制室等场所检查安全情况，制止危及人身和设备安全的违章行为。

（2）参加安全工作的有关会议，查阅有关资料，向有关人员了解情况并征求对安全工

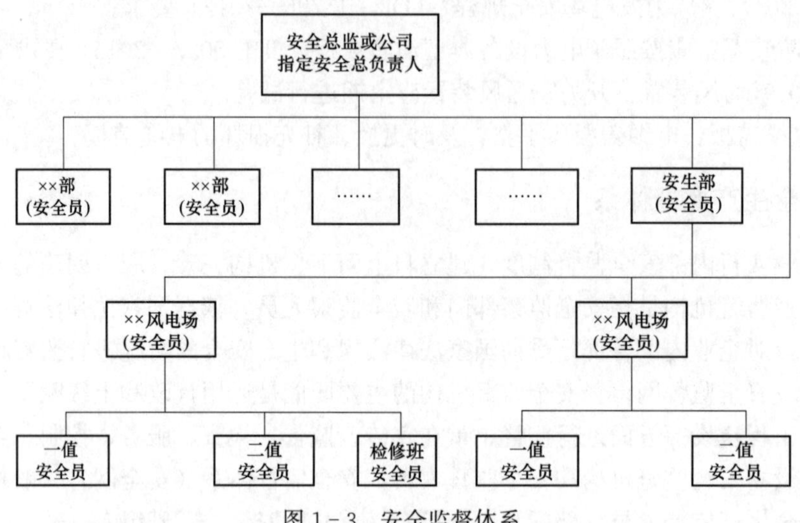

图 1-3 安全监督体系

作的意见。

(3) 在事故调查中有权向发生事故的单位和人员索取事故原始资料，制止破坏事故现场行为，发现与事故原因分析不符或对责任者处分不当时，有权提出否决性的意见，报主管领导批准。对本单位隐瞒事故、阻碍事故调查的行为以及对事故的分析、认定与领导意见不一致时，有权向上级安全监督部门和有关部门反映。

(4) 参加重要工程及主要设备的招投标工作，对可能危及人身、设备安全的方案应提出否决意见。

1.6 安全管理例行工作

安全管理例行工作是风电企业日常管理工作的重要组成部分，是实施安全管理工作的重要基础性工作。企业应设立安全生产委员会（以下简称“安委会”），安委会是企业内部安全生产的最高指挥和决策机构。安委会主任由企业行政正职担任，成员由行政副职、工会主席、各部门负责人组成。安委会办公室设在安全生产管理部门，负责安委会日常工作。

应每季度召开一次安委会会议，也可由安委会主任根据实际情况安排会议日期。安委会会议由安委会主任主持，安委会主任因故不能到会参加，由安委会主任指定一名行政副职主持会议。发生重大的突发性事件或影响安全生产的重要事件时，安委会主任有权决定临时召开安委会会议。

安委会会议的主要内容包括：

(1) 组织学习、贯彻、落实国家和上级安全生产方针、政策。

(2) 审定安全生产年度工作计划、考核目标和奖惩方案。

(3) 听取相关部门关于安全生产工作开展和落实情况汇报。

(4) 研究分析安全生产形势，部署下一阶段安全生产工作重点。

(5) 研究、协调解决安全生产中的重大问题。

(6) 完成上级交办事项及其他有关安全生产的重大事项。

安全管理例行工作具有长期性、重复性的特点，总的来说是“贵在坚持，重在实效”。

1.6.1 安全检查

安全检查的目的是对生产过程及安全管理中可能存在的隐患、有害与危险因素、缺陷等进行查证，确定其状态，以便于消除有害和危险因素，查找和消除短板，是风电企业最基础、最常规的一项工作。风电企业安全检查应以“查领导、查思想、查管理、查隐患、查规章制度”为检查重点，实行“边查边改”的原则。

1. 风电企业常见的安全检查类型

(1) 例行安全检查。例行安全检查一般与日常的巡视工作结合开展，重点检查设备设施状况，检查设备有无缺陷和隐患。升压站设备每天至少检查一次，输电线路和风电机组每月检查一次，箱式变和风机底部设备每周检查一次。

(2) 春秋季安全大检查。春秋季安全大检查是企业根据季节性特点，结合现场实际运行经验，多年来坚持进行的例行检查工作。春秋季安全大检查主要针对季节变化可能带来的安全生产隐患开展，重点对防雷、防洪防汛、防台风、防暑降温、防火、防冻保温、防小动物等防范设施进行检查。

(3) 专项检查。专项检查主要针对特殊时期、特殊项目有可能影响到安全生产的内容进行检查，如台风来临前的专项检查（一般与应急预案一并开展）、冷空气来临前的防冻专项检查、迎峰度夏时期和重要节假日的设备健康状况专项检查。另外，还有结合事故案例进行的针对性检查，以及上级组织的反违章、隐患排查治理等检查工作。

2. 检查内容

管理方面主要包括：①安全生产责任制是否落实，是否建立了考核办法；②是否制定了安全目标，是否制定了保证措施，是否按照四级控制原则进行风险预控；③年度的两措计划是否制订，是否按照项目、责任人、时间和资金进行“四落实”；④检查各级负责人是否批阅上级安全文件和通报，是否定期开展安委会和安全分析会，是否定期深入现场检查安全情况，是否主持或参加事故调查分析；⑤安全网会议是否正常开展；⑥安全活动是否正常开展；⑦违章档案是否建立健全。

现场方面主要包括：①“两票三制”落实情况；②危险点分析控制情况；③设备各种隐患、缺陷检查和消除情况；④防止人身触电、高空坠落、机械伤害等防范措施落实情况；⑤安全工器具、检修工器具的定置管理和定期试验情况；⑥消防安全落实情况；⑦标志标识是否齐全；⑧防火、防雷、防汛、防冻、防雨、防台风、防小动物措施等落实情况；⑨应急预案及演练情况。

3. 安全检查实施

风电企业设备设施分布广，安全检查应采用检查表法进行检查，由风电企业负责人或技术人员根据检查重点编制检查项目表，下发风电场逐条对照检查。

4. 安全检查要求

安全检查工作应落实责任人，突出检查的有效性和针对性，对检查发现的问题应进行综合分析，严重问题应立即安排处理；检查结束后应形成检查通报，总结好的做法和经验，分析发现的问题，提出整改意见和建议并组织整改，确保安全检查不走过场，取得实效。

1.6.2　安全分析会及安全简报、通报和快报

1. 安全分析会

安全分析会是强化安全管理，提高安全管理水平的重要载体，是管理层和执行层互相沟通的有效途径。安全分析会主要内容包括：学习上级有关安全生产方面的文件，总结安全生产形势，分析日常安全工作中存在的问题，查找出问题发生的原因，总结安全责任制落实情况，检查安全保障体系和监督体系工作开展情况，研究解决存在的问题，完善防范措施，研究部署下一阶段重点工作。

安全分析会每月召开一次，发生事故时可临时召开，风电企业月度安全分析会应有企业分管领导、风电企业负责人、班组长、风电企业班组安全员等相关人员参加。

2. 安全简报

安全简报是风电企业安全监督工作的重要环节，一般每月编制一期。安全简报的主要内容包括：简报期内安全生产情况分析和统计，同比、环比安全指标数据、人身安全情况、设备安全情况；通过同比和环比等手段，分析安全生产总体形势、面临的主要问题；某一时期安全工作的主要内容、工作要求和上级的指示落实情况；某一时期发生的事故、障碍、未遂等不安全情况，原因分析及应采取的预防和改进措施；分析安全生产管理方面存在的主要问题，现场违章奖惩情况；安排下一阶段的主要工作任务。

3. 事故快报

事故快报是在事故发生后，第一时间向上级汇报事故情况的书面材料。因事故原因未真正查明，事故快报的报告内容包括事故发生的简要经过、伤亡人数、直接经济损失情况的初步估计、事故原因初步判断以及事故发生后采取的控制措施。事故快报一般要求在事故发生后的第一时间进行上报。

4. 安全快报

安全快报是上级单位在某单位发生事故后，快速向所属基层单位通报事故情况的书面材料。为了将事故信息尽快通报给基层单位，即使事故原因尚未完全查明，但对于相关单位吸取事故教训，有针对性地进行隐患排查，防止同类事故发生，仍可以起到重要的作用。安全快报只进行简要的报道，强调“快”，一般包括编发单位、事故经过、初步原因分析和暴露问题、针对性的工作要求和措施。

5. 安全通报

安全通报用于对某一安全事件进行详细报道，一般包括事故调查报告、重要安全会议或活动情况、上级领导安全指示和讲话、优秀的安全管理案例和个人事迹等。安全通报的内容包括通报单位、期号、签发人、编发日期、编制部门等信息。

事故调查报告通常以安全通报方式予以发布，是安全通报内容的重点。安全通报中的事故调查报告内容一般包括事故经过和处理情况、事故原因分析、事故暴露问题、事故责任分析和认定、防止事故重复发生的防范措施以及与事故有关的原始资料，如现场照片、监控数据和各类鉴定报告等文件。

1.6.3 风电场的安全生产例会

风电场安全生产例会内容包括安全生产调度会、班前会、班后会、安全日活动、施工前安全技术交底会、安全生产分析会、不安全事件分析会、安全生产专题会议等。

1. 安全生产调度会

安全生产调度会由风电场场长主持（场长不在风电场时，由场长指定负责人主持），于每天早晨召开，风电场班组长以上人员、外委单位及设备厂家负责人和技术人员参加会议。会议内容主要包括：

(1) 运检班值班长（或运行班值长）汇报前一天生产指标完成情况（发电量、平均风速、限电情况、不可用时间等）、风电场运行方式（升压站主要设备运行情况、风电机组运行情况、场内输变电设备运行情况、调度指令执行情况等）、运行工作执行情况（计划性或非计划性倒闸操作、风电机组点检情况、风电机组故障处理情况等）、两票执行情况（执行操作票情况、许可工作票情况、两票执行中存在的问题等）、备件管理情况（备件出入库情况、不良品备件返回登记情况、备件申请情况等）、技术监督工作开展情况（振动测试、油样检测、叶片检查、接地电阻测试等）、当天运行工作安排（当天风速、限电情况、调度指令、倒闸操作、机组故障及检修情况、需要许可的相关检修技改工作等）、需要会议协调解决的问题、其他需要汇报的内容。

(2) 运检班值班长（或检修班班长）汇报前一天检修工作完成情况（机组定期维护情况、输变电设备预防性试验执行情况、技术改造工作完成情况等）、耗材使用情况（机组定期维护耗材使用、申请情况等）、外委工作完成情况（外委工作项目、进度、存在的问题、安全检查情况等）、当天检修工作安排（机组维护安排、输变电设备预防性试验工作安排、技术改造工作安排、外委工作安排等）、需要会议协调解决的问题、其他需要汇报的内容。

(3) 相关外委单位现场负责人汇报前一天外委项目工作完成情况（质保期内风电机组故障处理情况、质保期内风电机组定期维护与执行情况、输变电设备委托预防性试验执行情况、外委单位参与的技术改造工作完成情况等）、外委单位现场安全管理情况（工作票执行情况、反违章检查及考核情况等）、当天外委项目工作安排（质保期内风电机组故障处理安排、质保期内风电机组定期维护安排、外委单位参与的技术改造工作安排等）、需要会议协调解决的问题、其他需要汇报的内容。

(4) 当风电场交通、后勤等方面有需要会议协调解决的问题时，由相关负责人向场长汇报。

(5) 风电场技术专责分析前一天生产指标完成情况（风机可利用率分析、不可用时间分析、限电情况分析、各项指标的对标情况等）、分析运行工作完成情况及注意事项（点检工作、风机故障处理、调度指令、倒闸操作、备件出入库、备件与耗材申请、两票执行情况等）、分析检修工作完成情况及注意事项（机组定期维护、输变电设备预防性试验、技术改造工作、外委工作等）、协调解决各班组提出的技术管理方面的问题、安排当天的运行和检修工作。

(6) 安全专责人员分析前一天不安全事件的发生情况（异常、二类障碍、一类障碍、其他人身不安全事件等)，分析两票执行情况（两票份数、不合格票、三种人安排情况、危险点预控情况等)，通报现场安全检查情况（违章人员及违章现象、隐患排查及治理情况、反事故措施落实情况、外委单位安全监督情况等)，协调解决各班组提出的安全管理方面的问题，传达上级单位最新安全工作要求，针对当天运行检修工作分析和布置危险点预控措施。

(7) 风电场场长听取各班组前一天安全、运行、检修等工作开展情况汇报，询问上一次会议布置工作任务的完成情况，重点对以上工作中需要注意的事项和关键危险点进行分析点评，会同技术专责、安全专责人员讨论并解决会议中需要协调的问题，对于不能解决的问题应及时上报项目公司，寻求解决方案；表扬工作中的安全优点，推广工作中的先进经验，批评各类违章现象，通报安全检查中的各类考核；传达公司和上级单位最新安全生产工作要求，结合风电场各项工作的开展情况，对风电场当天的各项检修作业、运行操作进行总体部署，分析各项工作中的危险点并布置预控措施，重点关注外委工作的监督检查情况，合理安排风电场各项运行检修工作。

2. 班前会

班前会由值班长（或值长、班长）主持，于每天早晨各项工作开工前召开，班组当值全体人员、相关外委单位工作班成员均须参加会议。风电场有重大运行操作或重要检修工作时，风电场场长、技术专责人员、安全专责人员列席监督。班前会要做好记录，参会人员均须签名确认。会议内容主要包括：

(1) 值班长对当值全体人员进行“三交三查”，即交代工作任务、交代安全措施、交代注意事项；查着装是否符合规定，查个人防护用具是否配备齐全，查班组成员精神状态是否良好。

(2) 根据电网调度指令，安排运行值班人员合理调节风电场运行方式，做好发电设备的运行监视工作，根据季节性特点和当天天气情况，提醒运行人员做好相关事故预想，对异常事件处理的关键步骤进行重点说明。

(3) 根据输变电设备计划性检修工作，安排人员联系电网调度，填写倒闸操作票，逐级审核，并落实好监护人员和操作人员，重点交代倒闸操作中的危险点及预控措施。

(4) 安排人员开展升压站巡回检查和风电机组的点检工作，根据设备缺陷和当日天气情况，提醒运行人员重点巡查和点检的内容，并交代巡查和点检工作安全注意事项。

(5) 根据风电机组故障情况，安排人员登塔处理，办理工作票，并明确每一张工作票工作负责人、工作许可人、工作班成员名单，分析故障原因，讨论处理方法，提醒须携带的工器具和有关备件，重点交代故障处理作业中的危险点及预控措施。

(6) 根据风电场工作计划，安排人员开展风电机组定期维护、输变电设备预防性试验、技术改造工作，办理工作票，并明确每一张工作票工作负责人、工作许可人、工作班成员名单，根据运行分析结果，提醒检修人员对设备的某些部件进行重点检查和维护，在维护和试验过程中处理以往积累的缺陷，交代维护和试验作业中的危险点及预控措施。对于有外委单位参与的检修或技术改造工作，重点交代检修技术改造作业中的危险点及预控措施，在办理工作票的同时，要进行安全交底并签字确认。

3. 班后会

班后会由值班长（或值长、班长）主持，于每天下午各项工作结束后召开，班组当值全体人员、相关外委单位工作班成员均须参加会议。必要时，风电场场长、技术专责人员、安全专责人员列席监督。班后会要做好记录，参会人员均须签名确认。会议内容主要包括：

（1）总结当天运行工作完成情况，包括当天运行方式的改变、调度操作任务和指令执行情况、发电设备运行异常及处理情况、巡回检查执行情况、风电机组及输变电设备的故障处理和消缺情况、其他遗留的问题等。

（2）总结当天检修工作完成情况，包括定期维护工作完成情况、大修或技术改造工作完成情况、备品备件的使用情况、其他遗留的问题等。

（3）重点对当天运行和检修工作中不足之处（如违章现象、两票使用不规范、精神状态差等）进行点评，提出整改措施。同时，表扬先进人员，对工作中值得推广的经验进行总结。

（4）对第二天的主要工作进行初步安排，落实相关责任人，清点当天工器具、材料和备件，做好第二天材料和备件、工器具的准备工作。督促班组成员做好相关记录工作。

4. 安全日活动

安全日活动每周或每个轮值进行一次（时间至少 2h），会议由风电场安全专责人员主持，风电场全体成员、相关外委单位均须参加会议。会议中应对参加人员、发言情况、学习内容和要求等做好记录，对缺席人员应进行补课。活动内容应联系实际，有针对性，活动后应做好相关记录，并妥善保管。会议内容主要包括：

（1）学习安全生产法律法规、公司各项安全规章制度、公司最新安全工作要求等，结合本风场实际，对相关规定和要求进行分析和讲解，讨论如何落实和执行各项规定和要求。

（2）学习公司系统内外事故通报，结合本风场实际，对照公司《安全生产红线》、《重点反事故措施》等工作要求，举一反三，查找存在的类似隐患，讨论整改措施。

（3）对上周安全工作进行总结，表扬工作中的安全优点，批评各类违章现象，通报安全检查中的各项考核。对本周工作任务中安全注意事项进行讨论，辨识现场作业中的危险点，并制定预控措施。

（4）根据风电场实际情况，开展有针对性的安全技术培训活动，如安全规程学习和讨论、安全工器具使用、登塔作业行为规范讨论、两票危险点分析等。

（5）根据季节性特点，开展应急预案演练、事故预想、反事故演习等活动，提高值班人员应对突发事件的能力。

5. 施工前安全技术交底会

当风电场开展施工作业，如大部件检修作业（发电机、齿轮箱、主轴、叶片等更换，全场停电检修等），或有外委单位参加的施工作业（如集中定期维护、输变电设备预防性试验、技改项目等）时，在整体施工作业前，风电场应召开施工前安全技术交底会，会议由风电场场长主持，风电场技术专责人员、安全专责人员、值班长、外委单位现场项目负责人、相关施工作业人员参加会议，会议应做好相关记录，参会人员均须对最终交底内容进行签字确认，风电场、施工作业外委单位各执一份。会议内容主要包括：

（1）对施工作业方案进行学习和讨论，必要时进行补充，务必使参加施工作业的所有人员均熟悉和掌握施工作业方案。

（2）对施工作业过程中危险点进行辨识，讨论施工作业中的安全注意事项，保证作业人员的人身安全。

（3）对于施工工期长、危险程度大的项目，要加强安全技术措施的动态管理，成立相应组织机构，定期开展现场施工作业安全检查。

（4）对相关外委单位及施工作业人员的安全资质进行审查，开展有针对性的安全教育培训，考试合格后方可进场作业。

（5）对于施工工期长的项目，根据施工作业情况，组织召开专题会议，协调解决施工过程中遇到的问题。

6. 安全生产分析会

风电场每月初召开一次安全生产分析会，全面总结上月安全生产工作完成情况，分析安全生产过程中存在的问题，制定整改措施，确定本月安全生产重点工作安排。会议由风电场场长主持，风电场全体人员、外委单位及设备厂家人员均须参加会议。会议内容主要包括：

（1）通报各类不安全事件发生情况，做到“四不放过”，分析安全管理方面存在的问题，落实整改措施。

（2）总结风电场隐患排查、治理和反事故措施落实情况，做到闭环管理。对于风电场不能解决的问题，及时上报项目公司，寻求解决方案。

（3）总结月度生产指标完成情况（发电量、可用率、厂用电率、不可用时间、限电比例等），开展对标分析，寻求提升手段。

（4）总结运行巡查、设备点检、倒闸操作等工作的执行情况，分析存在的问题，落实整改措施。

（5）总结风电机组故障处理情况，开展故障频次、故障类型、故障恢复时间等指标分析，查找故障处理过程中存在的问题，落实整改措施。

（6）总结风电机组定期维护、输变电设备预防性试验、技术改造等检修工作的完成情况，分析检修过程中存在的问题，落实整改措施。

（7）总结备件管理执行情况，分析备件申请、采购、出入库等各环节存在的问题，落实整改措施。

（8）总结技术监督工作开展情况，分析各项技术监督工作是否按期开展、是否缺项漏项、发现的问题是否限期整改等，对存在的问题，落实整改措施。

（9）总结安全、技能培训工作开展情况，分析培训对象、培训内容、培训效果等方面存在的问题，落实整改措施。

（10）根据年度工作计划，确定本月安全工作、生产指标、定期维护、预防性试验、技术改造、培训等各项工作计划。

7. 不安全事件分析会

当风电场发生异常（未遂）及以上等级不安全事件时，风电场须及时召开不安全事件分析会，风电场当值全体人员均须参加会议，会议由风电场场长主持。当发生一类障碍及以上等级不安全事件时，风电场还须配合上级单位召开事件分析会。会议内容主要包括：

（1）由不安全事件当事人讲述事件经过，包括时间、地点、当时进行的运行操作或检修工作、使用的安全工器具、更换的备品和备件、联系或汇报情况、运行操作或检修工作监护情况等。

（2）由风电场安全专责人员收集不安全事件的现场资料，调取相关运行和操作记录，询问事件相关人员，查阅相关安全管理制度等，做好事件分析的准备工作。

（3）根据所掌握的信息和资料，分析不安全事件发生的直接原因、间接原因。

（4）根据不安全事件发生的原因分析，落实事件相关责任人，并依据规定，提出对责任人的处理意见，报上级单位批准后执行。对于一类障碍及以上等级的不安全事件，责任认定及责任人处理意见由上级单位认定。

（5）根据不安全事件发生的原因分析，举一反三，开展全面排查和分析，制定相应整改措施，并安排落实。

（6）根据不安全事件的原因分析、责任人认定和处理意见、制定的防范措施，开展全体员工的安全教育活动，增强员工的防范意识。

（7）若涉及外委单位人员责任的不安全事件，须根据委托合同等相关规定，追究外委单位及相关人员责任。

（8）编制不安全事件调查报告，下发不安全事件通报。对于一类障碍及以上等级不安全事件，由上级单位编制调查报告和下发通报。

8. 安全生产专题会议

针对风电场某项专题工作，由场长主持召开专题会议，风电场相关人员参加，会议要做好记录。会议内容主要包括：

（1）针对风电场设备某项集中性缺陷问题，开展专题分析，查找原因，制定试验和整改方案。

（2）针对风电场某项频发性故障，开展专题分析，寻求解决方案。

（3）根据风电场某项生产指标完成情况，开展对标分析，寻求缩小对标差距的方法和手段。

（4）针对风电场某项技术改造和检修工作，讨论并制定作业方案，协调技术改造和检修过程中遇到的问题等。

（5）其他需要召开专题会议的情况。

安全生产例会记录包括风电场安全生产调度会记录（见表A-1）、风电场班前班后会记录（见表A-2）、风电场安全日活动记录（见表A-3）、施工前安全技术交底会记录（见表A-4）、风电场安全生产分析会记录（见表A-5）、风电场不安全事件分析会记录（见表A-6）、风电场安全生产专题会议记录（见表A-7）。

1.6.4 反事故措施和安全技术劳动保护措施管理

反事故措施计划与安全技术劳动保护措施计划，简称反措和安措，统称“两措”。反措针对设备安全范畴，安措针对人身安全范畴。两措管理按照项目、时间、资金和责任人“四落实”原则开展。

1. 两措内容编制依据

（1）国家颁布的安全生产法律法规、规章制度。

（2）电力行业颁发的标准、规程、规定及有关安全通报提出的防范措施。

（3）上级颁发的规程、规定、办法及反事故措施。

（4）本单位风险评估（各类安全性评价）、达标工作、竣工验收、安全检查、隐患排查等提出的整改与防范措施。

（5）安全生产、职业健康方面的合理化建议。

2. 反事故措施内容

反事故措施内容主要是落实上级下达的反措项目，治理设备（设施）重大缺陷、隐患，防范同类事故重复发生。风电场重点反事故措施分为五类，分别是防止人身伤亡事故、防止火灾事故、防止雷击事故、防止飞车倒塔事故、防止输变电设备事故。

（1）防止人身伤亡事故。

1）风电场井、洞、坑的盖板必须齐全、完整，盖板表面刷黄黑相间的安全警示标志。无盖板的孔洞周围，必须装设遮栏、设置安全警告标志，夜间必须装设警示灯。

2）转动部件必须安装防护罩，禁止在运行中拆开转动部件防护罩。

3）严禁不系安全带或未采用防坠器攀爬风电机组，严禁不使用双安全绳进行机舱外作业。

4）机舱内人员起吊物品时，吊孔处必须设置可靠的安全硬隔离，塔底人员不得站在吊装孔下方。

5）起吊物品采用的临时缆绳必须为非导电材料。

6）设备高处临边部位不得堆放物件。高处作业时严禁抛掷物件。

7）高压设备上作业前必须验电并装设接地线。

8）电感、电容性设备上作业前必须进行充分放电。

9）SF_6 电气设备室必须装设 SF_6 泄漏报警仪和机械排风装置，排气口距地面高度应小于 0.3m。

10）风电场运维车辆装运整体重物时，严禁人货混载。

11）严禁将铲车、装载机等作为高空作业的牵引设施。

（2）防止火灾事故。

1）风电场严禁使用过期和性能不达标的消防器材。

2）电力电缆金属层必须直接接地，交流三芯电缆的金属层应在电缆线路两端和接头等部位实施接地。

3）控制室、开关室、通信室等通往电缆夹层、隧道、穿越楼板、墙壁、柜、盘等处的所有电缆孔洞和盘面之间的缝隙（含电缆穿墙套管与电缆之间缝隙）必须封堵。

4）电缆通道禁止堆放杂物。

5）风电机组必须拆除机舱海绵，全面清理粘接面胶水并涂刷防火涂料。对降噪或保温等有特殊要求的机组，所使用的降噪或保温材料必须采用阻燃材料。

6）风电机组底部和机舱必须各配置至少一个检验合格的干粉灭火器，并放置在容易发现和取到的位置，单个灭火器容量不小于4kg。

7）风电机组机舱内的渗漏油必须及时清理，严禁在工作结束后遗留工具、备品备件、易燃易爆等物品。

(3) 风电企业防止雷击伤害的措施。

1）建设过程中的防雷检查。

① 风电机组基础在施工结束后或机组吊装前，必须测量一次接地电阻，接地电阻应小于4Ω。不同的测量方法和测量线长度误差很大，所以必须遵照规范执行。测量接地电阻要严格按照GB 21431—2008规定的土壤电阻率选择测量线D的倍数，风电场土壤电阻率较不均匀，应该选3D的测量线长度，同时为了测量的规范性建议用直线法测量。

② 叶片吊装前，须对叶片引下线做贯通性、可靠性两项检查：

贯通性：测量叶片各接闪器到叶片根部法兰之间的直流电阻，直流电阻值要小于50mΩ。

可靠性：检查引下线是否可靠地固定在叶片内（查阅出厂报告，记录叶片编号并注明对应出厂报告名称及编号），检查叶根处引下线的固定方式，引下线不得悬空、不得有松动的迹象。

③ 叶片吊装前，必须检查并确保叶片疏水孔通畅。

④ 机组吊装前后，必须检查变桨轴承、主轴承、偏航轴承上的泄雷装置（防雷电刷或放电间隙）的完好性，并确认塔（筒）跨接线连接可靠。

2）生产过程中的防雷措施。

① 每年要对风电机组接地工频电阻进行测量，明显大于设计值的或与往年相比明显变大时，要查找原因，进行整改。

② 对于多雷区、强雷区以及运行经验表明雷害严重的风电场，须至少每两年测量一次叶片各接闪器至叶根的直流电阻，电阻值不应明显大于50mΩ。雷害严重的风电场应测量机组接地装置的冲击接地电阻，电阻值应小于10Ω或不大于设计值。

③ 每年雷雨季节前须检查叶片引下线、机舱避雷针、塔（筒）跨接线、塔（筒）接地线的连接情况；检查各处防雷电刷磨损情况；检查电刷与旋转部件的接触面是否存在油污（如果存在污渍要清理干净）；检查各轴承处放电间隙的间隙距离是否超标（应小于5mm）。没有防雷电刷或放电间隙的机组，须及时整改。各风电企业应根据现场实际制定防雷通道检查作业指导书，严格按作业内容开展防雷通道检查测试。

④ 每年雷雨季节前须检查塔底柜、机舱柜及发电机的防雷模块以及浪涌保护器是否可以正确工作，损坏或故障指示器变色后须及时更换。

⑤ 雷雨过后，要及时检查机组的受雷情况（特别是山坡迎风面），叶片有无哨音，有无雷击痕迹；对于有雷击迹象的机组应检查叶片内部引下线是否熔断，检查接闪器附近的叶片是否有烧灼；具备振动监测条件的风场，要留意机组振动有无明显加剧；及时检查避

雷器动作情况，记录放电计数器数据。

⑥ 攀登风电机组前应提前查看当地天气预报及观察天气，看是否有变天、打雷的可能性，在机舱上工作还应定时到舱外观察天气情况，应保证通信设备的正常，能随时接收来自集控室、其他相关人员的雷电预警。

⑦ 驾车遭遇打雷时，不要将头、手伸向车外。

⑧ 雷暴时，非工作必要，应尽量少在户外或野外逗留，在户外或野外宜穿塑料等不浸水的雨衣、硅胶鞋（绝缘鞋）等；应尽量离开小山、小丘、海滨、河边、池旁、铁丝网、金属晒衣绳、旗杆、烟囱、孤独的树木和无防雷设施的小建筑物和其他设施。

⑨ 雷暴时，宜进入有宽大金属构架或有防雷设施的建筑物、汽车或船只内。在户内应注意雷电侵入波危险，应离开明线、动力线、电话线、广播线、收音机和电视机电源线的天线以及与其相连的各种设备 1.5m 以上，以防这些线路或导体对人体的二次放电，还应注意关闭门窗，防止球形雷进入室内造成危害。

⑩ 在建筑物或高大树木屏蔽的街道躲避雷暴时，应离开墙壁和树干 8m 以上。

（4）风电场典型反事故措施。

① 风电机组内动火必须开动火工作票，动火工作间断、终结时，现场人员必须停留观察 15min，确认现场无火种残留后方可离开。

② 风电机组内禁止使用电感式镇流器的照明灯具，灯具外壳严禁采用可燃材料。

③ 风电机组照明电源回路必须装设漏电保护器，且每年检测一次。

④ 每次巡检必须检查风电机组内各类接线端子、电气元件及控制柜内部有无污损腐蚀、过热变色、异物进入、紧固不当等问题，发现异常问题立即处理。

⑤ 风电机组内电缆保护外套必须为阻燃材料，不得破损、绑扎松动。机舱内旋转部件周围的各类电缆须在其周围增加阻燃护板。

⑥ 每半年检查风电机组电气柜内大容量滤波电容和补偿电容的运行情况，并测试电容器组的整体性能。

⑦ 风电机组母线、并网接触器、变频器、变压器等设备的动力电缆必须选用阻燃电缆，至少每半年对上述设备本体及连接点进行温度检测。

⑧ 每次巡检必须检查风电机组底部环网柜保护、机舱干式变弧光保护功能是否完好；以上保护动作后，未查明原因严禁恢复送电。

⑨ 风电机组高速制动系统防护罩未恢复不得投入运行，严禁利用机组转动磨损制动片来被动调整制动间隙。

⑩ 每次巡检必须检查发电机、齿轮箱、变频器柜、变桨电池柜、制动片等关键部件的温度传感器是否正常。

⑪ 未经批准，不得解除风电机组保护或修改保护限值，不得屏蔽故障告警信号和传感器信号。

⑫ 风电机组反复自动复位（3 次以上）必须立即手动停机，查明原因。

⑬ 风电场中控室 SCADA 系统必须具备音响报警功能。

（5）防止飞车倒塔事故。

1）检查塔筒、偏航环、主轴、齿轮箱、风轮、叶片、发电机等关键部位的连接螺栓力矩检时，必须进行力矩标识。

2）发现塔筒螺栓松动，必须对该法兰所有螺栓进行力矩检查；当同一部位螺栓再次发生松动，须立即停机查找原因。

3）禁止将拆卸下的高强度螺栓重复使用。

4）风电机组调试、维护期间严禁通过信号模拟替代超速试验等机组安全功能测试。

5）每次维护应进行风电机组液压系统各项压力测试及试验。

6）定桨距机组每年必须进行一次叶尖收放试验。

7）每半年进行一次变桨系统后备电源带载顺桨测试工作；每两个月进行一次变桨蓄电池和 UPS 蓄电池检测，性能不符合的蓄电池应及时更换。

8）运行年限超过 5 年的机组，每半年必须停机开箱检查齿轮箱内部轮齿、轴承等状况。

（6）防止输变电设备事故。

1）风电场内集电线路必须采用经电阻或消弧线圈接地方式，经电阻接地的集电线路发生单相接地故障应能快速切除，经消弧线圈接地的集电线路发生单相接地应能可靠选线快速切除。

2）风电场每年必须检查一次继电保护装置的整定值和压板状态，装置整定值必须与有效定值单的内容一致。

3）严禁未经批准擅自停运防误闭锁装置。

4）风电场主变压器差动保护、复合电压闭锁过电流保护必须按调度指令投运。重瓦斯保护正常运行时必须投跳闸位置，压力释放器、信号温度计投信号位置。

5）风电场必须配置故障录波装置，录波装置起动判断依据应至少包括电压越限和电压突变量，能够记录升压站内设备在故障前 200ms～故障后 6s 的电气量数据。

6）风电场应配备卫星时钟设备和网络授时设备，各类装置时间必须保持一致。

7）必须每年对继电保护及自动装置进行检验，不得漏项，不得超期检验。

8）没有场外备用电源的风电场，必须配置场用自备电源（如柴油、汽油发电机等），且每月定期试验。

9）35kV 开关柜的柜间、母线室之间及与本柜其他功能隔室之间应采取封堵隔离措施。

10）箱式变压器低压侧避雷器要与低压母线、断路器之间用隔板隔离，防止避雷器故障引起弧光短路。

11）具有两组蓄电池供电的风电场，必须对蓄电池组进行 100％额定容量的放电试验（试验周期为：新安装或大修后的阀控铅酸蓄电池组，应进行全核对性放电试验，以后每隔 2～3 年进行一次核对性试验，运行 6 年以后的阀控铅酸蓄电池，应每年做一次核对性放电试验），切换时应先并联后断开。

12）严禁直接接入微机型继电保护装置的电缆使用内部空线替代屏蔽层接地。

13）风电场内必须存有符合现场实际的直流系统图，控制及保护馈电系统图，高、低压配电装置一次系统图，二次原理接线图和保护装置接线图。

14）输电铁塔 8m 以下应用防盗螺栓，8m 以上螺栓要采用防松措施，运行中的输电铁塔螺栓必须每年紧固一次，并做好记录。

15）升压站或线路杆、塔有可能引起误碰的区域，应悬挂限高警志牌。应每年测量一次风电场电力线路的交叉跨越对地距离。对于易受撞击的杆、塔和拉线，必须设置警示标识。

16）35kV线路杆塔引接时，单相线芯固定点距离接线端子不得大于0.7m，防止风摆引起接线端子松动。

17）35kV直埋电缆埋深要参考场平后的标高，确保挖填实际深度符合设计要求，过路地段必须穿保护管。铺砂厚度为电缆上下各100mm（不含电缆直径），铺砂后盖混凝土盖板。电缆预防性试验时，应测量电缆内衬层绝缘电阻，确保每千米电阻值不小于0.5MΩ。

3. 安全技术劳动保护措施

（1）安全工器具和安全设施。

1）安全防护工器具和设施的配置及维护。

2）生产现场各种安全标志标识、安全防护设施（围栏、带、防护罩）以及厂（场）区域内机动车道各类标志标识和防护设施等安全设备与设施配备及维护。

3）安全工器具和安全设施的定期检测和试验。

（2）劳动条件和作业环境。

1）安全工器具保管、存放场所和所需设施。

2）生产场所必需的各种消防器材、工具、消防水系统配置，火灾探测、报警、火灾隔离、救护人员自身防护等设施和措施的定期检测、维护和更新。

3）生产场所工作环境（如照明、护栏、盖板、通道等）的改善。

4）易燃易爆场所的防火、防雷、防静电、通风、照明等措施改造。

5）经常有人工作的场所及施工车辆上宜配备急救箱，存放急救用品，并指定专人检查、补充及更换。

6）事故照明、现场移动照明设备配置和维护。

7）有毒有害作业环境检测设备配置和维护。

8）特种作业、从事有职业危害作业人员的定期健康检查。

（3）教育培训。

1）安全生产各级管理人员安全生产知识和管理技能。

2）风电企业员工安全生产知识，安全工器具和安全防护用品、高空救援设备、紧急救护、消防器材的正确使用方法。

3）购置或编印安全技术劳动保护的资料、器具、刊物、宣传画、标语、幻灯及电影片等。

4）举行安全技术劳动保护展览，设立陈列室、安全教育室等。

5）安全生产知识考试以及试题库的建立、完善、维护和使用。

（4）其他。

1）安全监督必需的交通、影（音）像采集等设备和装备。

2）安全信息网络平台建设。

3）各类应急预案演练。

4）安全大检查、安全性评价、安全标准化评审等活动。

5）安全健康环境管理体系建设。

4.“两措”的实施

“两措”每年制定一次，年初下达项目计划，风电企业应将年度计划细化到每个月执行，将“两措”计划列入风电企业的月度计划工作中。风电企业应确保“两措”计划按照“四落实”的原则执行到位。风电企业的安全监督人员每月对“两措”计划实施情况进行检查，督促“两措”按时按照要求正常开展，存在问题及时纠正。风电企业必须将“两措”费用列入年度资金计划，并确保资金到位。

5.“两措”的总结

风电企业安全监督人员应每年对两措计划的执行情况进行统计和总结，包括计划项目完成情况、执行效果、存在的主要问题，统计两措的完成率，并将两措完成作为年度考核的内容之一，同时提出下一期两措的计划内容和建议。

1.6.5 安全培训与教育

安全培训与教育是防止员工产生不安全行为的重要方法。通过安全培训和教育，可以提高风电企业全体人员开展事故预防工作的责任感和自觉性，普及安全知识，掌握各类事故发生、发展的客观规律，提高安全技能，做到“四不伤害”（不伤害自己，不伤害他人，不被他人伤害，保护他人不被伤害）。

1. 三级安全教育

三级安全教育是风电企业安全教育的基本教育制度。教育对象是新进单位人员，包括新入职人员、新调入人员、新招聘的劳务派遣人员和实习人员。三级安全教育是指公司级、风电场级和班组级安全教育，受教育者必须经过考试合格后，方可到风电企业工作或实习。

一般情况下，公司级安全教育由风电企业安全管理部门组织实施，风电场级安全教育由风电企业下属风电场主要负责人组织实施，班组级安全教育由相应班组长负责实施。不同级别的安全教育内容侧重点不同，具体如下：

（1）公司级安全教育的主要内容。

国家有关安全生产的法律、法规、方针、政策及有关电力生产、建设的行业规程、规定；劳动保护的意义、任务、内容及基本要求；介绍本单位的安全生产情况；介绍企业的安全生产组织机构及企业的主要安全生产规章制度等。介绍风电企业安全生产的经验和教训，结合本公司和同行业常见事故案例进行剖析讲解，阐明伤亡事故的原因及事故处理程序等。

（2）风场级安全教育的主要内容。

1）风电企业生产过程和特点，风电企业安全生产组织及活动情况，风电企业人员结构、风电企业职责及专业安全要求，风电企业危险点分析（危险区域、特种作业场所、有毒有害设备运行情况等）；风电企业安全生产规章制度，劳动保护及个人防护用品使用要求及注意事项；风电企业常见事故和对典型事故案例的剖析；风电企业安全文明生产的要求、经验等。

2）风电企业安全规程及安全技术基础知识。

3）消防安全知识。消防用品放置地点，灭火器的性能、使用方法，风电企业消防组织情况，火险现场处置方案及应急预案等。

4）学习安全生产文件和安全操作规程制度，并应教育新入职员工尊敬师傅，听从指挥，提高和强化其安全生产意识等。

（3）班组级安全教育的主要内容。

1）介绍班组生产概况、特点、范围、作业环境、设备状况，消防设施等，重点培训可能发生伤害事故的各种危险因素和危险部位，可用一些典型事故实例去剖析讲解。

2）讲解本岗位使用的机械设备、工器具的性能，防护装置的作用和使用方法。讲解各岗位安全操作规程、岗位职责及有关安全注意事项。

3）讲解劳动保护用品的正确使用方法和文明生产的要求。

4）实际安全操作示范，重点讲解安全操作要领，边示范、边讲解，说明注意事项，并讲述哪些操作是危险的、是违反操作规程的，使学员懂得违章作业将会造成的严重后果。

2. 安全教育培训

风电企业的安全教育培训应循序渐进开展，培训内容应根据实际需求制定，内容上应侧重实际应用，避免过于理论化，要注重培训效果，保证每位员工都能学到必要的安全知识。开展安全技能培训还应注重方式方法，应结合实际开展案例分析、技能比武、实操演练等形式多样的培训，努力提高员工学习的积极性和参与性，增强培训效果。

（1）安全教育培训需求调查分析。

风电企业在制订相关培训计划前，应进行一次全面的培训需求调查，除调查培训内容外，还应分析培训方式、培训周期、培训时间、培训建议等内容，调查时还应根据员工的学历结构、所学专业结构、个人特长等因素开展针对性培训。需求调查后，应根据需求制订培训计划，再根据计划确定培训方式和时间，统筹安排培训资金使用计划。培训需求的调查方式可采取调查问卷、面对面交流等形式开展，确保培训计划更能满足生产现场需要。

（2）安全教育培训的方法和方式。

安全教育培训是风电企业的重要日常工作之一。培训的方法方式多种多样，对于风电企业而言，往往在较小的“单位”开展内部培训，对于这样的培训，一般有以下几个方式可以供选择参考。

1）教室讲授：这类形式的培训最为普遍，这种形式的培训被大多数人接受。但是，培训效果最终取决于培训讲师个人技术水平、表达水平、重点和深浅程度的掌握、授课形式、授课时间等因素，要科学、合理地确定培训形式。教室讲授宜播放现场设备的图片，配以动画形式的演示文稿或视频，适当把握课堂气氛，调动员工的积极性，保证培训效果。

2）案例分析和现场演练：通过案例分析，不但能从中学到案例本身的技术知识和处理方法，更能从案例中积累相关经验，为今后处理同类型事故和故障提供宝贵经验。尤其是反面安全事故案例的分析，往往使听课人员深受教育和启发。现场演练也是让员工积累经验的一种非常有效的手段，尤其是演练过程中出现的各种状况更能让员工产生深刻记忆，特别是对于一些平常较少操作的设备，更应加强演练，以便在紧急时刻能熟练操作，这样的培训方式既适合新入职员工也适合老员工。

3）定期考试、技术问答等：技能考试、技术问答以及事故预想，是提高员工技能水

平的有效方式，风电企业应建立定期技能考试、技术问答、事故预想的激励机制等，这种培训方式尤其适合新员工。

4）技能竞赛：技能竞赛和各种比武也是一种培训形式，竞赛内容应多样化和全面化，比拼检修风电机组、使用工具、修理配件等和平常工作息息相关的内容，可以激发员工的工作热情，同时还能带动集体荣誉感的提升，也是企业文化建设的一项重要内容。

5）外聘专家或外出培训：这种培训完全取决于授课讲师的水平，如果能因材施教，培训将取得非常好的效果，因此，对于聘请专家或者外派培训，要因内容而异、因人而异，一定要做好深入的调查后，再根据现场的情况派遣合适的人员参与，避免浪费培训资源和经费。

6）互相授课：互相授课就是让风电企业员工根据自己的专业特点，将自己擅长的部分作为讲课内容进行讲授，其他人员进行学习和讨论，这是一种非常有效的培训方式。把培训任务适当分配给相关有特长的员工，让他来担任讲师，负责培训的人必须精心准备，通过这样的培训方式往往能收到非常好的效果。

7）自学：通过查资料、查规程、查图纸、查文献、查现场设备，反复学习，实现专业技术水平的自我提升。

3. 培训效果评估

培训效果评估也是培训工作的重要组成部分。通过定期测试、技能竞赛、现场工作等检验和评估培训效果，同时为后续的培训积累经验，从而对授课内容、授课时间、授课接受程度、授课讲师、授课方式等环节做出调整，提升培训效果。

1.6.6 事故隐患排查

事故隐患排查制度是风电企业的基本制度，国家安全生产监督管理总局（简称安监总局）在2007年12月发布了《安全生产事故隐患排查治理暂行规定》，提出“生产经营单位应当建立健全事故隐患排查治理和建档监控等制度”。国务院国有资产监督管理委员会（简称国资委）2008年8月印发的《中央企业安全生产监督管理暂行办法》明确规定：“中央企业应当建立健全生产安全事故隐患排查和治理工作制度”。2014年12月1日新颁布的《安全生产法》也明确要求建立隐患排查制度，并贯彻执行到位。隐患排查就是要发现和消除安全风险程度高、可能导致安全事故的设备设施的不安全状态、人的不安全行为和管理上的缺失。

1. 事故隐患分级

根据可能造成的事故后果，事故隐患分为重大隐患和一般隐患。重大隐患是指可能造成一般以上人身伤亡事故、电力安全事故，直接经济损失100万元以上的电力设备事故和其他对社会造成较大影响事故的隐患。一般隐患是指可能造成电力安全事件，直接经济损失10万元以上、100万元以下的电力设备事故，人身轻伤和其他对社会造成影响事故的隐患。

超出设备缺陷管理制度规定的消缺周期，仍未消除的设备危急缺陷和严重缺陷，即为事故隐患。也就是说，并非所有的设备缺陷都纳入事故隐患管理，在“设备缺陷管理制度”规定的一个消缺周期内进行了有效控制的设备缺陷不纳入事故隐患管理；对于一般和轻微设备缺陷，无论是否超周期，均不纳入事故隐患管理。

2. 工作原则

隐患排查工作按照“谁主管、谁负责”的原则开展治理，首先应确定隐患等级，然后按照“发现、评估、报告、治理、验收”流程，实施隐患闭环管理，隐患排查工作的重点是全员参与、落实责任，建立分级事故隐患排查治理的工作机制。

3. 工作方法和要求

（1）建立隐患排查工作机制。

事故隐患排查治理应纳入日常工作中，按照“发现、评估、报告、治理、验收”的流程形成闭环管理，首先要运用多种工作手段，健全隐患常态排查机制，其次要落实治理措施，强化防控治理机制，还要完善评价、奖惩考核机制。

（2）隐患排查。

开展隐患排查治理工作的第一步是排查隐患，排查隐患可与日常工作相结合，采用多种排查手段发现事故隐患。具体包括：

1）行业、上级下发的反事故措施、安全性评价、安全检查是风电企业发现各类隐患的极为有效的手段，风电企业可借助春秋季安全大检查、各类专项监督检查和现场安全风险辨识等工作，将排查发现的各类安全隐患治理作为防范安全事故的重要内容，从而使隐患排查实现周期化、长态化。

2）风电企业在日常巡视、检修预试中，动员全场员工开展隐患排查，鼓励“多发现、多整改”，从而使隐患排查整改到位。

3）根据各类事故案例分析和防范措施，列出场内的重大隐患项目，对照现场设备实际，进行隐患排查整改。

（3）隐患评估。

风电企业在发现隐患之后，要对排查出的各类事故隐患进行评估分类，填写“重大（一般）事故隐患排查治理档案表”，按照“预评估、评估、核定”三个步骤确定其等级，定期梳理新增事故隐患和已有事故隐患整改完成情况，掌握未完成整改的事故隐患现状，使事故隐患的管理做到全面、准确、有效。

（4）隐患治理。

事故隐患一经确定，风电企业应立即采取控制措施，防止事故发生。要立即开展事故隐患的危害程度和整改难易程度分析，讨论和编制治理方案，并落实治理方案、时间、责任人和资金。同时，采取安全措施，制定应急预案，防止隐患进一步发展扩大。重大隐患完成治理后，必须进行验收和评估，确保整改到位。

（5）奖惩与考核。

为保证隐患排查治理工作落到实处，风电企业应制定隐患排查治理评价考核管理办法，对重大事故隐患治理及时的风电企业和个人，给予表扬奖励。瞒报事故隐患，或因工作不力延误消除事故隐患并导致安全事故的，要严厉追究相关人员管理责任。

（6）工作要求。

1）事故隐患排查工作应涵盖生产过程的各个环节，包括管理层面的隐患排查。

2）事故隐患排查治理应结合技改、大修、专项活动等进行，做到责任、措施、资金、期限和应急预案“五落实”。

3）对隐患的发现、评估、治理、验收进行全过程动态监控，实行“一患一档”管理。事故隐患档案应包括隐患问题、隐患内容、隐患编号、隐患所在位置、评估等级、整改期限、整改完成情况等信息。事故隐患排查治理过程中形成的传真、会议纪要、正式文件、治理方案、验收报告等也应归入事故隐患档案。

4）风电企业应对已消除的事故隐患及时备案，同时将整理的相关资料妥善存档。未能按期消除的事故隐患应重新进行评估，评估后仍为事故隐患的需重新填写“重大（一般）事故隐患排查治理档案表”，重新编号纳入整改计划进行治理。

1.6.7 反违章管理

所谓习惯性违章，是指那些固守旧有的不良作业传统和工作习惯，违反安全工作规程的行为。违章不一定会导致事故，但事故一定是违章造成的，违章是发生事故的起因，事故是违章导致的后果。习惯性违章的人有章不循，对事故失去警惕性，最终必然导致事故发生，直接危害自己和他人生命安全及设备安全。

1. 习惯性违章的心理现象分析

人是安全生产中最活跃的因素，人又是习惯性违章的执行主体，人的心理因素是产生习惯性违章的主因。

（1）侥幸心理。实际工作中，相当多的人认为一两次违章没有什么，不一定发生事故，伤害事故毕竟是一种小概率事件，于是对违章行为不以为然、习以为常，慢慢地就形成了习惯性违章。

（2）蛮干心理。部分员工安全意识淡薄，自我保护意识差，不执行安全规程，对违章行为持无所谓态度，在不采取任何安全措施或安全措施不全的情况下冒险作业。

（3）从众心理。一些新参加工作的员工，由于安全教育培训不足，未能掌握基本的安全知识，看见别人违章了没有发生事故，也就跟着学，随大流。

（4）无知无畏心理。部分员工平时不注意加强学习，对每项工作程序应该遵守的规章制度不了解，或对工作中的各种不安全因素和各种违章行为的危险性认识不足，工作起来一知半解，作业中糊里糊涂违章，稀里糊涂出事。

（5）逞能取巧心理。一些员工熟悉岗位技能、有工作经验，理论知识丰富，操作技能也都掌握，认为有关作业规定和程序对自己来说不必要、太繁琐，且自有一套解决办法，图省时省劲、投机取巧，认为自己“技高胆大”，结果造成事故。

（6）麻木心理。个别职工因长期、反复从事同一工作，工作热情减退，积极性不高，安全处于被动状态。发现他人违章也不制止，认为就算发生不幸也轮不到自己头上，久而久之就有可能发生事故。

2. 典型的习惯性违章行为

（1）无票作业、无监护作业。

（2）允许无资质或安全教育不合格人员进入现场工作。

（3）现场未进行危险点辨识，开工前无安全交底。

（4）现场不按规定使用或使用不合格的安全工器具及个人安全防护用品。

（5）超规定风速、雷暴等极端天气现场作业。

(6) 擅自投退运行设备保护装置或修改参数。

(7) 风机油污及杂物未清理。

(8) 机舱内转动部件为安装防护罩或未采取有效防护。

(9) 进出轮毂未锁定机械锁。

(10) 风电机组停机原因为查清反复强行复位。

(11) 电气设备故障原因为查清反复强行送电。

(12) 变桨后备电源未定期检测或更换。

(13) 违规存放有毒有害、易燃易爆品。

(14) 电气设备作业前不验电不设防护栏。

(15) 输变电设备作业前不核实名称和编号。

(16) 现场作业约时停送电。

(17) 违反调度送电指令。

(18) 机舱内人员与地面人员通信联系不畅通。

(19) 贸然进入有毒危险的空间作业。

(20) 风场内驾驶车辆超速，不系安全带。

3. 习惯性违章的主要防控措施

习惯性违章的防控是安全管理的难点，习惯性违章成因多样，有些具有一定的历史继承性，是从老员工处继承而来。有些一线员工安全规程考试都及格，但是实际上都是临时应急通过考试，并没有真正领会安全规程的要求。习惯性违章要从管理、培训、监督、考核多个方面加强管理。

(1) 建立反习惯性违章管理制度。制度中应指明习惯性违章的具体表现，及针对性的管理考核处罚措施，让员工不得不自觉遵守各项规定。通过反违章制度规定，将安全生产管理工作抓精、抓实、抓到位。

(2) 加强安全教育和技术培训，提高全员业务技术水平。通过规范的职业教育培训，让员工掌握高空作业、倒闸操作、消防灭火知识等各方面的技术技能。通过典型事故案例专题讲解，总结经验教训，学习规章制度，让员工清楚操作规程不了解、不熟悉，以及长期不认真执行规程带来的后果，防止不懂规程、盲目操作引起的习惯性违章作业。

(3) 充分发挥安全监督网作用，落实安全检查制度。安全生产制度要靠好的监督机制来保证执行，除各类安全大检查外，还应要求各级安全监督人员经常到现场检查安全措施落实情况，检查“两票三制”执行情况，对现场工作人员讲解安全注意事项。

(4) 加强班组安全管理，组织好班组安全活动。班组应定期组织安全活动，学习安全生产规章制度和安全通报、简报，表扬安全生产方面的好人好事，批评违章现象。结合本班组具体情况，对各类不安全情况进行分析、讨论，制定防范措施。针对同行业的安全事故，举一反三，反复检查自身问题，制定防范措施，防止同类事故重复发生。

(5) 加强安全生产教育，强化职工的安全意识。安全教育可以增强员工遵章守纪的自觉性，应在现场和班组工作间等处，粘贴安全标语、安全漫画、安全宣传图片等安全生产宣传资料，不定期组织职工参观安全事故教育展览。

(6) 严格执行安全考核制度。班组要对习惯性违章行为敢抓敢管，处理习惯性违章现

象时，不仅要通报批评、从重处罚，还要举一反三，要使工作人员具有“违章即事故”的危机感、紧迫感，坚决抵制习惯性违章行为。

1.6.8 劳动防护用品管理

劳动防护用品是指生产经营单位为从业人员配备的，使其在劳动过程中免遭或减轻事故伤害及职业危害的个人防护装置。劳动防护用品可分为特种劳动防护用品和一般劳动防护用品，特种防护用品分为头部护具类、呼吸护具类、眼（面）护具类、防护服类、防护鞋类五大类。一般劳动防护用品是指一般的工作服和工作手套等。

劳动防护用品的管理主要是指风电企业应建立劳动防护用品采购、验收、保管、发放、使用、更换、报废等过程的管理制度，并严格执行。

1. 劳动防护用品的采购和验收

风电企业采购的劳动防护用品必须有“三证一标志”，“三证”是指安全生产许可证、产品合格证和安全鉴定证，“一标志”是指安全标志证书。

“三证一标志”是风电企业验收所采购劳动防护用品是否符合国家标准的重要依据，风电企业安全管理人员应对采购的特种劳动防护用品进行验收，严禁使用不满足“三证一标志”的特种劳动防护用品。

2. 劳动防护用品保管和发放

风电企业劳动防护用品应采取企业集中采购、集中保管和发放的方式进行。

风电企业应设立专门的劳动防护用品室和专用的工器具柜保管劳动防护用品，专用工器具柜应保持干燥，防止老化，禁止特种劳动防护用品与腐蚀性物质接触。还要对劳动防护用品进行编号，进行定置管理，定期检查更换和补充。

3. 劳动防护用品的使用

劳动防护用品使用前应进行检查，确保其功能良好。使用中应严格按照说明书的要求在其性能范围内使用，不得超限使用。

4. 劳动防护用品的更换和报废

风电企业应按照劳动防护用品产品说明书的要求，及时更换、报废过期和失效的劳动防护用品。

1.6.9 发、承包工程安全管理

风电企业人员较少，大型吊装作业、年度预试、小型基建一般都外委施工建设，发包工程安全管理是风电企业安全管理的一项重要内容。风电企业应建立发包工程管理的制度，依法签订工程合同，履行审批程序，明确各方安全责任。发包工程安全管理按照工作步骤可分为：

1. 资质审查

外单位承包风电企业工程应对其资质和条件进行审查，其中包括四个方面。

（1）有关部门核发的营业执照和资质证书、法人代表资格证书、施工安全资格证书、施工简历和近三年安全施工记录。

（2）施工负责人、工程技术人员和工人的技术素质是否符合工程要求。

(3) 满足安全施工需要且检定合格的机械、工器具及安全防护设施、安全用具。

(4) 具有两级机构的承包方是否设有专职安全管理机构；施工队伍超过 30 人的是否配有专职安全员，30 人以下的是否设有兼职安全员。

2. 签订承包责任书

风电企业对承包工程项目的企业资质和条件进行审查并确认合格后，应签订工程施工合同、安全协议，并制定安全措施、技术措施、组织措施。

3. 开展安全考试

承包方的现场施工人员由风电企业组织进行电力安全工作规程、风力发电场安全规程培训，并经考试合格，方可进入生产现场工作。

4. 制定安全、技术、组织措施

在有危险性的电力生产区域内作业，如有可能因电力设施引发火灾、爆炸、触电、高空坠落、中毒、窒息、机械伤害、烧烫伤等容易引起人员伤害和电网、设备事故的场所作业，承包方必须提前七天制定安全、技术、组织措施，报风电企业有关部门批准，工程发包部门及运行单位配合做好相关的安全措施。

5. 安全技术交底

工程开工前由工程发包主管部门及风电企业对承包方负责人、工程技术人员和安监人员进行全面的安全技术交底，并应有完整的记录。

6. 开展安全监督

承包方施工人员在生产现场违反有关安全生产规程制度时，安监部门和风电企业应予以制止，直至停止承包方的工作。风电企业应指派专人负责监督检查与协调外包工程和生产技改、检修项目。工程承包方必须接受风电企业和风电企业的安全管理及监督指导，发生人身、设备事故及其他紧急、异常情况或危及设备安全运行的情况时，必须立即报告风电企业场长及上级安全监督部门。风电企业和工程承包方应认真履行各自的安全职责，并承担相应的安全责任。

7. 其他注意事项

(1) 工程开工前，风电企业可以预留一定比例的施工管理费作为安全施工保证金。风电企业和承包方应依据国家法律法规，约定发生人身及设备事故时的安全施工保证金扣除比例。

(2) 工程承包方必须严格执行“两票”制度，遵守安全工作规程；在电气设备上工作，必须得到风电企业的批准，非风电企业的任何单位、施工队伍或个人，严禁操作运行设备。

(3) 工程开工前，承包方必须开展危险点分析、预控工作，和风电企业一起向全体施工人员进行安全技术交底，施工时严格执行《电力安全工作规程》及风电企业、风电企业的相关规定，施工作业现场安全、技术、组织措施必须完善、可靠，并认真执行，确保施工人员在有安全保障的前提下开展工作。

1.7 应急管理

风电企业应急管理工作是安全管理的重要组成部分。风电企业在生产运营过程中因自然灾害、人为失误、设备自身缺陷等问题均有可能引发事故，并造成严重的设备、财产损

失和环境破坏。风电企业的应急管理工作应符合国家电力监管委员会（简称电监会）《电力企业应急预案管理办法》的工作要求，完善应急组织体系、应急预案体系和应急保障体系，定期开展应急培训演练和应急实施与评估等工作，提高应急处置能力，有效控制事故灾害蔓延，将事故造成的损失降低到最小程度。

1.7.1 应急管理的四个阶段

应急管理按照时间序列可分为预防、准备、响应和恢复四个阶段。

预防阶段：其一是指事故预防，通过安全管理和安全技术手段，尽可能防止事故的发生；其二是假设事故必然发生条件下，预先采取措施，降低事故影响和严重程度。

准备阶段：针对可能发生的事故，为开展有效的应急行动而预先做的各项准备工作，保证应急救援需要的应急能力。

响应阶段：指事故发生后，立即采取的紧急处置和救援行动，尽可能地抢救受害人员，减少设备损坏，控制和消除事故的发展。

恢复阶段：事故影响得到控制后，使生产和环境尽快恢复到正常状态而采取的措施和行动，一般首先恢复到安全状态，然后逐步恢复到正常状态。

1.7.2 风电企业应急管理

应急管理工作重在预防和准备阶段，预防阶段一般要结合总体的安全管理、生产基建“三同时”、人员培训等工作，检查有无缺陷隐患；准备阶段是风电企业应急管理的核心，响应和恢复阶段要根据准备阶段的工作成果，按照应急预案来开展工作。以下重点介绍准备阶段的工作。

1. 应急组织体系

风电企业应建立应急领导小组，明确应急领导小组的职责，应由企业安全第一责任人担任组长，分管副职担任副组长，其他部门负责人为成员。

应急领导小组的主要职责，是确保将应急管理四个阶段的工作落实到位，具体包括：①贯彻落实上级应急管理法规及相关政策；②接受上级应急领导小组领导；③研究决定应急决策和部署，指挥应急处置工作；④组织编制应急预案，完善应急预案体系；⑤督促和指导开展应急演练工作；⑥确保应急物资的可靠保障，将资金列入年度计划。

2. 应急预案体系建设

根据《生产经营单位生产安全事故应急预案编制导则》（GB/T 29639—2013），风电企业的应急预案分为综合应急预案、专项应急预案和现场处置方案。

综合预案相当于总体预案，从总体上阐述预案的应急方针和政策、应急组织结构及相应的职责、应急行动的总体思路等。通过综合预案，可以很清晰地了解应急时的组织体系、运行机制及预案的文件体系。更重要的是，综合预案可以作为应急救援工作的基础和“底线”，对那些没有预料的紧急情况也能起到一定的应急指导作用。

专项预案是针对某种具体的、特定类型的紧急情况，如全场停电、火灾、风电机组倒塔、飞车、台风、洪水等事故和自然灾害而制定的方案，是综合应急预案的组成部分，应按照综合应急预案的程序和要求组织制定，并作为综合应急预案的附件。专项预案在综合预案的基础上，充分考虑了某种特定危险的特点，对应急的形势、组织机构、应急活动等进行更具体的阐述，具有较强的针对性。专项应急预案应制定明确的求援程序和具体的应急救援措施。

现场处置方案是在专项预案的基础上，根据具体情况而编制的。它是针对具体装置场所、岗位所制定的应急处置措施，如危险化学品事故专项预案下编制的某重大危险源的应急处置方案等。现场处置方案的特点是针对某一具体场所的各类特殊危险及周边环境情况，在详细分析的基础上，对应急救援中的各个方面做出具体、周密而细致的安排，因而现场处置方案具有更强的针对性和对现场具体救援活动的指导性。

结合国家电监会的有关要求，除总体预案外，风电企业应至少编制以下预案和现场处置方案：

(1) 风电企业专项预案。

1) 自然灾害类：防台、防汛、防强对流天气应急预案，防雨雪冰冻应急预案，防地震灾害应急预案及防地质灾害应急预案。

2) 事故灾难类：人身事故应急预案、重大设备事故应急预案、大型机械事故应急预案、火灾事故应急预案、交通事故应急预案、网络信息安全事故应急预案。

3) 公共卫生事件类：传染病事件应急预案、群体性不明原因疾病事件应急预案、食物中毒事件应急预案。

4) 社会安全事件类：群体性突发社会安全事件应急预案、突发新闻媒体事件应急预案。

(2) 风电企业现场处置方案。

1) 人身事故类：高处坠落伤亡事故处置方案、机械伤害伤亡事故处置方案、物体打击伤亡事故处置方案、触电伤亡事故处置方案、火灾伤亡事故处置方案。

2) 设备事故类：风电机组倒塔事故处置方案、开关柜爆炸事故处置方案、输电线路倒塔处置方案、母线故障处置方案、场用电电源（包括备用电源）中断处置方案、起重机械事故处置方案。

3) 火灾事故类：风电机组火灾事故处置方案、电缆火灾事故处置方案、库房（油品）火灾事故处置方案、控制室（含继保室）火灾处置方案、开关室火灾处置方案。

3. 应急预案的编制

风电企业应急预案应按照国家电监会《电力企业综合应急预案编制导则（试行）》、《电力企业专项应急预案编制导则（试行）》和《电力企业现场处置方案编制导则（试行）》的要求进行编制。应急预案的编制一般包括下面六个过程：

(1) 成立工作组。成立以本企业主要负责人为组长的应急预案编制工作组，明确编制任务、职责分工，制订工作计划。

(2) 资料收集。收集应急预案编制所需的各种资料（相关法律法规、应急预案、技术标准、国内外同行业事故案例分析、本单位技术资料等）。

(3) 危险源与风险分析。在危险因素分析及事故隐患排查、治理的基础上，确定本企业的危险源、可能发生事故的类型和后果，进行事故风险分析并指出事故可能产生的次生衍生事故，形成分析报告，分析结果作为应急预案的编制依据。

(4) 应急能力评估。对本企业应急装备、应急队伍等应急能力进行评估，并结合实际情况，加强应急能力建设。

(5) 应急预案编制。针对可能发生的事故，按照有关规定和要求编制应急预案。应急预案编制过程中，应注重全体人员的参与和培训，使所有与事故有关人员均掌握危险源的危险性、应急处置方案和技能。应急预案应充分利用社会应急资源，与地方政府相关管理部门的预案、上级主管单位的预案相衔接。

(6) 应急预案的评审与发布。评审由企业主要负责人组织有关部门和人员进行。外部评审由上级主管部门或地方政府负责安全管理的部门组织审查。评审后应按规定报有关部门备案，并经企业主要负责人签署发布。

4. 应急保障

(1) 应急物资。

风电企业和风电企业建立应急物资储备台账，设立应急物资存放点，定期进行普查，及时予以补充和更新，保障应急资源处于完好状态。风电企业的应急物资储备类型一般包括救援防护用品（安全带、防尘防毒面具、正压式呼吸器等）、应急照明、防汛物资（沙袋、铁锹、雨篷等）、应急药品（蛇药、防中暑药、消毒止血药、绑带、担架等），以及消防器具等。

(2) 应急抢险队伍建设。

风电企业应成立必要的兼职应急救援队伍，明确职责，改善技术装备，提高抢险能力。

(3) 保障资金投入。

应将应急保障资金纳入年度预算，在应急装备、应急物资及维护、应急培训和演练等方面确保资金供给。

5. 应急培训和演练

应急预案编制完成后应定期进行培训，每月必须开展一次应急预案的学习培训。应急预案的演练根据不同预案类型，一般每季度开展一次现场处置方案的演练，每年度开展一次专项预案的演练。应急预案的演练可采用不同规模的演练方法对应急预案的完整性和周密性进行评估，如桌面演练、专项演练和全面演练等。

(1) 桌面演练。

桌面演练是指由应急组织的代表或关键岗位人员参加的，按照应急预案及其标准工作程序，讨论紧急情况时应采取行动的演练活动。桌面演练的特点是对演练情景进行口头演练，一般是在会议室内举行。桌面演练方法成本较低，主要为功能演练和全面演练做准备。

(2) 专项演练。

专项演练是指针对某项应急响应功能或其中某些应急响应行动举行的演练活动，主要目的是针对应急响应功能，检验应急人员以及应急体系的策划和响应能力。专项演练比桌面演练规模要大，需动员较多的应急人员和机构，因而协调工作的难度也随着更多人员和组织的参与而加大。演练完成后，除采取口头评论形式外，还应完成有关演练活动的书面总结，提出改进建议。

(3) 全面演练。

全面演练指针对应急预案中全部或大部分应急响应功能，检验、评价应急组织应急运行能力的演练活动。全面演练包含预案中涉及的所有相关人员，一般要求持续几个小时，采取交互式方式进行，演练过程要求真实，调用更多的应急人员和资源，并开展人员、其他资源的实战性演练，以检验相互协调的应急响应能力。与专项演习类似，演练完成后，除采取口头评论、书面汇报外，还应提交正式的书面报告。

(4) 总结提高。

每次应急预案演练结束，召开演练总结会，全体参演人员参加，各自对预案演练过程中发现的问题、存在的不足、缺失的内容进行总结，提出改进意见，由应急预案编写组认真分析总结，对预案进行修改完善，使之更符合生产现场真实情况，报应急领导小组批准下发执行。

1.8 安全性评价

安全性评价也称危险性评估或风险性评估。安全性评价的定义是：综合运用安全系统工程学的理论方法，对系统的安全性进行度量和预测，通过对系统的危险性进行定性和定量分析，确认系统发生危险的可能性及其严重程度，提出必要的控制措施，以寻求最低的事故率、最小的事故损失和最优的安全效益。

安全评价按照实施阶段的不同分为三类：安全预评价、安全验收评价和安全现状评价，这是根据工程项目在建设、运行不同时期的特点，为加强安全生产管理，而实施的安全监督管理手段。

安全预评价主要针对建设项目可行性研究阶段、规划阶段或生产经营活动组织实施之前；安全验收评价主要针对建设项目竣工后、正式生产运行前，检查确认建设项目安全措施与主体工程的“三同时（同时设计、同时施工、同时投入生产和使用）”情况；安全现状评价是针对生产经营活动中和工业园区内的事故风险、安全管理等情况，提出科学、合理、可行的安全对策措施建议，做出安全现状评价结论。以下重点介绍安全现状评价。

1.8.1 安全性评价概述

1. 安全性评价在风电企业管理中的作用

早期的安全管理工作，在事故分析和对策上大多是事后处理，缺乏系统性、预见性和科学性。安全性评价工作的目的就是防止人的不安全行为，消除设备的不安全状态，它不仅包括人身，还包括设备环境、管理等方面，从而控制或减少事故的发生。

安全性评价的作用具体表现为以下几个方面：

(1) 使风电企业领导具体掌握了本企业内部各方面、各系统安全基础强弱的程度，看到了“量化”后的差距。

(2) 有利于对存在问题严重程度的确认。由于安全性评价对存在危险因素的严重程度进行了量化，暴露出许多过去已发现的，但对它的严重程度估计不足的情况。通过量化，问题明朗，从而有利于弄清是非，对危险性严重程度的不同看法统一到正确的认识上来。

(3) 有利于强化企业安全生产的各项管理工作。安全性评价中管理工作查评是评价工作的切入点和落脚点。尽管人、物、环境、管理四项因素都要查，但重点在管理。评价中

涉及的管理工作较多，诸如运行管理、设备管理、技术监督、培训管理等，对于与上述各项管理有关的评价项目的查评，客观上起了监督落实的作用。

(4) 推动了各级反事故措施和各项规章制度的落实。安全评价工作开展的依据是企业各类反措、规程、制度，并要求风电企业对安全评价发现的问题实行计划、执行、检查、修正的闭环管理，通过问题整改把各级反事故措施和各项规章制度落实到日常生产工作中。

(5) 安全评价工作过程中，风电场技术人员可与查评专家进行充分的交流，进而提高技术素质、扩宽技术视野；风电场管理人员也能得到有关现场安全生产规范管理的相关培训，获得宝贵的生产管理、技术经验，使得风电场生产管理逐步提高。

2. 安全性评价的方式、周期和范围

风电企业安全性评价实行企业自查和专家查评相结合的方式。

风电企业自评价一般以一年为一个周期，专家评价一般以3～5年为一个周期。

风电企业安全性评价的范围包括安全管理、劳动安全和作业环境、生产设备设施、风电企业生产及管理的全过程。

1.8.2 安全性评价工作的实施

安全性评价是一项安全系统工程，按照企业“自查、整改、专家评价、再整改、复查”的程序开展，并在此基础上进行新一轮的循环。安全性评价专家查评工作一般由独立于本企业的第三方机构（评价机构）进行。

1. 建立安全性评价组织机构

建立健全安全性评价组织机构是开展好安全性评价工作的重要保证。安全性评价工作涉及安全生产活动的方方面面，如何协调好部门之间多方面的关系尤其重要。只有建立健全组织机构，加强协调指导，才能保证企业安全性评价工作的健康和深入开展。

风电企业应建立健全如下安全性评价组织机构。

(1) 安全性评价领导小组。领导小组由企业分管生产的领导（或总工程师）任组长，相关生产管理负责人、各专业负责人参加，在领导小组的统一部署下开展工作。

(2) 安全性评价专业小组。专业评价小组应根据安全生产管理工作和不同岗位人员特点，在安全管理、劳动安全和作业环境、生产设备设立若干小组，一般生产设备领域还分为风电机组、电气一次和二次专业组。

2. 自评价

自评价是整个安全性评价工作的基础，是关系到安全性评价能否取得成功的关键。自评价阶段主要做好以下工作：

(1) 安全性评价标准学习。在开展自评价工作时，应组织有关人员系统学习安全性评价标准和评价方法，逐级开展安全性评价工作培训，结合具体情况，可以邀请专家或中介机构对自评价工作进行技术指导或咨询，使企业员工真正理解安全性评价工作的意义及作用、内容和方法，确保评价的质量。

(2) 安全性评价内容的分工。通常安全管理、劳动安全和作业环境部分由安监人员负责，生产设备由技术专业小组负责。风电企业应对分阶段评价项目、工作内容、责任部门、监督完成人、时间进度表等项目列出详细计划，并在领导小组的审核和监督下执行，

保证整个自评价工作有组织按计划地开展。

(3) 编制自评价工作计划书。风电企业安全生产管理部门、风电企业、班组应根据安全性评价标准，对评价项目的查评任务层层分解，落实责任，在专业负责人的监督和指导下，明确各自应查评的项目、依据、标准和方法，为自评价工作做好充分的基础准备。

(4) 风电企业、班组的自评价工作应和日常安全管理工作相结合，做到标准化、制度化、规范化，在自评价过程中，应充分调动员工的积极性和主动权，鼓励发现问题并进行讨论，对发现的问题应按评价标准和自评价计划书要求进行分类，整理汇总上报。

(5) 自评整改工作结束后，应根据汇总上报的自评价情况，各专业负责人应组织人员完成专业自评价报告，领导小组应组织相关人员在专业报告的基础上完成企业安全性评价自评价报告，自评价报告应包括评价情况，存在问题、原因分析、整改建议、相关附件及需要列入下一轮评价工作的内容。

3. 专家查评

专家查评是在企业自评整改基础上，组织专家对企业进行评价、分析和评估，对评估中发现的问题进行认真核对和检查，对自评工作进行完善和深化，全面、准确、系统地把握安全生产状况和存在的问题。完成自评价的单位向上级单位提出申请，上级单位对自评价报告进行审查，委托中介机构实施，被评价风电企业应与评价中介机构签订安全性评价合同。

查评前，应准备风电企业基本情况、风电企业的组织机构和人员状况、系统电网的连接图和风电企业电气主接线图、自评价报告、评价日程安排及各专业的联系人名单，以及专家组相关安全装备（安全帽、安全带、工作服等）。

(1) 专家查评实施。

1) 专家评价应在企业自评价的基础上进行，应对自评价发现的问题进行核对但不依赖，要依据评价标准认真逐项检查，对查评中发现的问题，在查评结束后，未形成正式评价报告前，应与被评价企业的对口部门，专业联络员交换意见，统一认识，并做好记录。

2) 查评结束后，专家组应向上级单位和被评价企业提交电子版的评价报告，报告应包括企业总体情况，主要问题及整改建议等。

3) 专家评价后，风电企业应在一定时间内将整改报告以书面或电子邮件形式上报上级管理单位，整改计划应包括专家提出的问题、原因分析、问题整改情况、个别未整改的原因、相应预防性安全措施和整改计划。

4. 整改阶段

整改是保证安全性评价工作收到实效的重要环节。在查评工作中，对发现的重大隐患必须制定整改措施，落实项目、责任人和整改时间。对企业确实解决不了的重大隐患，应提出专题报告，报上级管理部门。针对不符合安全要求的问题提出对策措施，并到现场进行复查，确认整改后的效果。整改要求如下：

(1) 风电企业必须将问题整改作为整个安全性评价动态管理过程中的重要环节来抓。对于评价中发现的问题，要认真组织制订整改计划，落实整改措施，有关部门监督整改完成，并从项目、资金、人员进度等各个方面保证整改实施，使安全性评价工作能够收到实效。

(2) 在完成自评价，专家评价、问题分析与评估之后，应依据评价结果组织制订详细的整改计划，从运行、检修等诸方面，对整改内容、责任部门、分阶段任务、完成时间等

项目给予明确规定，保证整改工作在企业统一领导下有组织按计划地进行。

(3) 在安排整改工作时，应优先考虑重大问题的整改。对于因涉及其他行业而又难以协调或解决的问题，应及时向上级单位反映，促成问题的解决。对于确因客观原因或条件限制一时不能整改的有严重安全隐患的重大问题，必须制定并落实相应的预防性安全措施，并列入下一轮评价的重点内容。

(4) 应定期安排对整改情况进行检查，并定期对整改工作进行总结分析。风电企业应按整改计划的要求，认真落实各项整改方案和整改措施，责任到人，并将整改情况按要求上报。对于整改中存在的问题，企业要及时组织相关部门认真分析，协调解决。

(5) 对由于某种原因暂不能解决的设备及其他问题要充分考虑其不安全因素及其后果，制定相应安全防范措施，其措施要具有针对性和可操作性。

1.9 事故调查

在风电企业生产过程中，由于设备质量问题、人为失误等原因，会造成事故的发生。事故调查目的主要是查明事故原因，研究和掌握事故规律，提出事故防范措施，达到预防事故再次发生的目的。

生产安全事故的报告和调查处理是一项非常严肃、非常重要的工作，涉及面很广，必须从规章制度上明确相应的操作规程，对事故报告和调查处理的组织体系、工作程序、时限要求、行为规范等做出明确规定，特别是明确事故发生单位及其有关人员的责任，以及其他单位和个人在事故中和调查处理中的责任，以保证事故报告和调查处理工作在规范的基础上的顺利开展，做到客观、公正。

1. 事故调查的原则

事故调查必须按照“实事求是、尊重科学”的原则，及时、准确地查清事故原因，查明事故责任的性质，总结教训，提出整改措施，对事故责任者提出处理意见。做到“四不放过”，即“事故原因不清楚不放过，事故责任者未受到处罚不放过，应受教育者没有受到教育不放过，防范措施不落实不放过”。

2. 事故分类

按照事故等级划分特别重大事故、重大事故、较大事故、一般事故。

3. 事故报告

根据《生产安全事故报告和调查处理条例》（国务院令 493 号）的要求，事故报告的原则是，事故报告应及时、准确、完整，任何单位和个人不得迟报、漏报、谎报或者瞒报。事故发生后，及时、准确、完整的事故报告对事故及时、有效处理，组织事故救援，减少事故损失，顺利开展事故调查都有重要意义。

事故发生后报告的内容如下：

(1) 事故发生单位概况。事故发生单位概况应当包括单位的全称、所处地理位置、所有制形式和隶属关系、生产经营范围和规模、持有各类证照的情况、单位负责人的基本情况以及近期的生产经营状况等。当然，这些只是一般性要求，对于不同行业的企业，报告的内容应该根据实际情况来确定，但应当以全面、简洁为原则。

(2) 事故发生的时间、地点及事故现场情况。报告事故发生的时间应当具体，并尽量精确到分钟。报告事故发生的地点要准确，除事故发生的中心地点外，还应当报告事故所波及的区域。报告事故现场的情况应当全面，不仅应当报告现场的总体情况，还应当报告现场人员的伤亡情况、设备设施的毁损情况；不仅应当报告事故发生后的现场情况，还应当尽量报告事故发生前的现场情况，以便于前后比较，分析事故原因。

(3) 事故的简要经过。事故的简要经过是对事故全过程的简要叙述。核心要求在于“全”和“简”。“全”是要全过程描述，“简”是要简单明了。需要强调的是，对事故经过的描述应当特别注意事故发生前，作业场所有关人员和设备设施的一些细节，因为这些细节可能就是引发事故的重要原因。

(4) 事故已经造成或者可能造成的伤亡人数（包括下落不明的人数）和初步估计的直接经济损失。对于人员伤亡情况的报告，应当遵守实事求是的原则，不进行无根据的猜测，更不能隐瞒实际伤亡人数，对可能造成的伤亡人数，要根据事故单位当班记录，尽可能准确报告。对直接经济损失的初步估算，主要指事故所导致的建筑物的毁损、生产设备设施和仪器仪表的损坏等。

(5) 已经采取的措施。已经采取的措施主要是指事故现场有关人员、事故单位责任人、已经接到事故报告的安全生产管理部门为减少损失、防止事故扩大和便于事故调查所采取的应急救援和现场保护等具体措施。

(6) 其他应当报告的情况。对于其他应当报告的情况，根据实际情况具体确定。

4. 事故调查组的组成

事故调查组的组成对于事故调查的客观性、公正性及查明事故原因都有重要的影响。事故调查组一般由上级单位管理人员或根据事故调查规程负有事故调查责任的人员、具有事故调查所需要的某一方面专长的专家以及其他与所发生事故没有直接利害关系的技术人员组成。

5. 事故调查的主要任务

(1) 查明事故发生的经过包括：

1) 事故发生前，生产作业状况；

2) 事故发生的具体时间和地点；

3) 事故现场状况及事故现场保护情况；

4) 事故发生后采取的应急处置措施情况；

5) 事故报告经过；

6) 事故抢救及事故救援情况；

7) 事故的善后处理情况；

8) 其他与事故发生经过有关的情况。

(2) 查明事故发生的原因包括：

1) 事故发生的直接原因；

2) 事故发生的主要原因；

3) 事故发生的其他原因。

(3) 人员伤亡和经济损失情况。

确定死亡、重伤、轻伤人数，死亡、重伤和轻伤的认定应根据我国司法部公布的有关标准进行认定。根据设备损害状况，核定经济损失情况。

6. 直接经济损失

直接经济损失是指人身方面、固定财产损失、流动资产损失等事故发生过程中造成的直接损失。人身方面损失是指人身伤亡的抢救费用、医疗费用、善后处理费用；固定资产损失是指机器设备损坏、房产损坏等；流动资产损失是指原料、燃料、辅助材料按照“账面值－残值”计算和成品、半成品、在制品等按“企业实际成本－残值”计算的价值。

7. 事故调查分析

事故调查应及时、准确、完整。事故发生后，应认真保护现场，调查人员接到事故通知后，应立即赶到现场查明事故真相，收集有关原始记录和技术资料。事故分析应实事求是，查明与事故有关的单位和人员，以及事故发生、发展、扩大和安全工作中暴露的问题。

(1) 询问当事人、调阅事故前后设备状况信息记录，查管理问题。

(2) 检查资料，包括事故现场人员问询记录；SCADA 数据；事故现场取证材料；电气系统故障记录；故障录波器事故分析；事故前设备运行状态记录；事故当时天气情况，湿度、温度、风速等；事故当天两票开展情况；外包工程应查阅合同文本；设备巡视记录；安全活动学习记录；事故设备档案；检查历史试验数据、历史故障信息等。

8. 事故责任确定

事故责任主要认定直接责任者、主要责任者、领导责任者。直接责任者指其行为与事故发生有直接因果关系的人员，如违章人员、误操作人员等；主要责任者指对事故发生负有主要责任的人员，如违章指挥、命令失误等；领导责任者指对事故的发生负有领导责任的人员，主要是风电企业或风电场相关负责人员。

9. 提出事故处理意见和防范措施建议

防范措施是在事故调查分析基础上，根据事故直接原因和间接原因、直接责任人的行为、主要责任人的违章责任、领导责任人的管理漏洞、暴露出的问题，提出针对性的、有可操作性的意见和建议。

10. 事故调查报告

事故调查报告一般包含事故单位情况、事故经过、事故暴露问题、责任认定、防范措施、调查组成员等。事故调查报告应在规定时间内完成，特殊情况可酌情延长，如事故情况复杂或涉及多方，工作协调不顺畅，申报上级单位后可适当延长。

11. 事故处罚

处罚分为行政处罚（以下简称处分）和经济处罚两种，应根据上级单位的《安全生产奖惩管理办法》或有关规定，对事故当事人提出处理意见。行政处罚一般分为警告、记过、记大过、降职（降级）、撤职、留用查看和解除劳动合同。事故责任人涉嫌犯罪的，应由司法部门依法追究刑事责任。

1.10 安全文化建设

安全文化是人的安全意识和安全素养，安全管理及安全设备设施的总和，是安全物质和安全精神两方面的结合。安全文化是近年来安全管理研究的重要领域，通过安全文化建设，可以使安全工作更艺术和巧妙地融入到日常生产工作中，对于加强安全工作可以起到意想不到的效果，提高员工执行安全规程和要求的自觉性和主动性。

安全文化建设过程中始终要体现“以人为本”的原则，反映共同安全志向，明确安全问题在组织内部具有最高优先权，安全文化建设不是一朝一夕能完成的，需要长时间的努力。在实施中要让生硬的安全规定和要求更易于让所有员工认同和接受，让安全要求成为员工的共识和自觉行为，通过员工的安全文化素质来规范其安全行为，从而提高安全意识和安全素养。

1. 明确的安全目标和承诺

提出鲜明的、响亮的、能产生共鸣的宣传口号或明确的安全目标和承诺，以及简单明了的工作目标和要求，更容易让员工接受。在国外很多企业提出了“零事故率”、“零违章”、“向零灾害挑战”、“连续无事故累计天数”等明确、响亮的安全工作目标和要求，所有的工作都围绕安全目标和要求来开展和落实，号召全体员工人人都要为最好的安全做贡献，上下形成了一种共识和合力。

2. 安全知识教育

安全是一个严肃的话题，安全文化建设就是让文化元素融入到安全工作中，让安全更艺术、更有效地体现在安全工作中，从而让生硬的安全知识生动化、活泼化。从这层意义上说，安全文化是更高层次的安全教育。每年的安全月活动、每周的安全日活动、定期的安全教育等各种安全培训工作持之以恒地开展，形成一种安全工作的习惯。通过编制《紧急救护》等安全知识手册，正确使用安全带，正确佩戴安全帽，正确使用消防用具，用电违章行为的图片和画报，能形象、高效地提高员工的安全意识和安全技能。

3. 安全知识宣传

通过在风电企业设立安全教育室，配置安全教育刊物、安全警示角，定期开展安全知识宣传，如通过橱窗、警示标语等形式，营造强烈的安全文化氛围。

安全宣传工作应使用通俗的语言，以图文并茂等不同方式来展现。

4. 全员参与各类安全活动

安全活动是安全文化的重要载体之一。安全活动不仅是一种形式，更是一种生动的安全教育课，要做好全员参与。通过定期开展安全活动，如安全征文、安全绘画、挑选优秀作品，印成精美的画册或进行展览，提高安全意识。定期开展安全工作心得体会座谈会，提出安全合理化建议等，使员工切实参与到安全工作中。定期开展安全演习，全员参与设定好评估标准，对演习情况进行分析和讲评，使得员工有更深的切身体会。

5. 注重安全文化的物态建设

在安全作业环境建设、安全工器具配置中，应注重提高安全设备设施的配置水平，积极使用可靠、先进的安全技术，如标准化的安全工器具柜、安全帽、安全带、安全靴

（鞋）等。

思考题

1. 风电企业安全目标制定的原则是什么?
2. 风电企业保障体系建设主要包括哪些内容?
3. 风电企业安全性评价工作包括哪几个阶段?
4. 事故按照事故等级分为哪几类?
5. 安全文化建设包括哪些方面?

电气安全防护技术及应用

风电企业内运行着大量的电气设备，如风电企业升压站的一、二次设备，场内输电线路，风电机组电控系统等，这些电气设备在电气安全防护要求上与其他电力企业或电力用户是相同的。因此，风电企业员工必须掌握基本的用电安全知识和防护内容，防止人身、设备等事故的发生。

2.1 安全用电基本知识

2.1.1 安全电压和安全电流

1. 安全电压

根据我国安全电压标准，安全电压是指在正常和故障情况下，任何两导体间或任何一导体与地之间均不得超过交流（50～500Hz）有效值 50V。具体标准如表 2-1 所示。

表 2-1　　我国安全电压标准

安全电压（交流有效值，V）		选用举例
额定值	空载上限值	
42	50	在没有高度触电危险的场所（如干燥、无导电粉末、地板为非导电性材料的场所）选用
36	43	在有高度触电危险的场所（如相对湿度达 75%，有导电性粉末和有潮湿的地板场所）选用
24 12 6	29 15 8	在有特别触电危险的场所（如在相对湿度达 100%、有腐蚀性蒸汽、导电性粉末、金属地板和厂房等情况下），根据特别危险的程度选用 24V、12V 和 6V 电压

2. 安全电流

多大的电流对人体是安全的？根据科学实验和事故分析得出不同的数值，但归纳的结果是 50～60Hz 的交流电流 10mA 和直流电流 50mA 为人体的安全电流，也就是说人体通过的电流小于安全电流时对人体是安全的。

2.1.2 电流对人体的伤害

1. 电击

电击是指电流通过人体内部，影响心脏、呼吸和神经系统的正常功能，造成人体内部

组织的损坏，甚至威胁生命。电击是由电流流过人体而引起的，它造成伤害的严重程度与电流大小、频率、通过的持续时间、流过人体的路径及触电者本身的情况有关。流过人体的电流越大、触电时间越长，危险就越大。

电击致死的主要原因，大多是电流引起的心室颤动造成的，通过人体 1mA 的工频电流就会使人有不舒服的感觉；50mA 的工频电流就会引起心室颤动，有生命危险；100mA 的工频电流则足以使人死亡。电流通过心脏和大脑时，人体最容易死亡；电流纵向通过人体比横向通过时，更易于发生心室颤动。另外，通过时间越长，电击危险性也越大，儿童比成年人遭受电击的伤害严重，有心脏病等严重疾病或体弱多病者比健康人遭受电击的伤害严重。

2. 电灼伤

电灼伤是指人体外部受伤，如电弧灼伤、与带电体接触后的电斑痕以及在大电流下融化而飞溅的金属滴对皮肤的灼烧等。

2.1.3 常见的触电方式

按人体触及带电体的方式和电流通过人体路径，触电方式有单相触电、两相触电、接触电压触电以及跨步电压触电。

1. 单相触电

人体的某部位在地面或其他接地导体上，另一部位触及一相带电体的触电事故称为单相触电。这时触电的危险程度决定于三相电网的中性点是否接地。一般情况下，接地电网的单相触电比不接地电网的危险性大。

图 2-1（a）表示供电网中性点接地时的单相触电，此时人体承受电源相电压；图 2-1（b）表示供电网中性点不接地时的单相触电，此时电流通过人体进入大地，再经过其他两相对地电容或绝缘电阻流回电源，当绝缘不良时，会有危险。

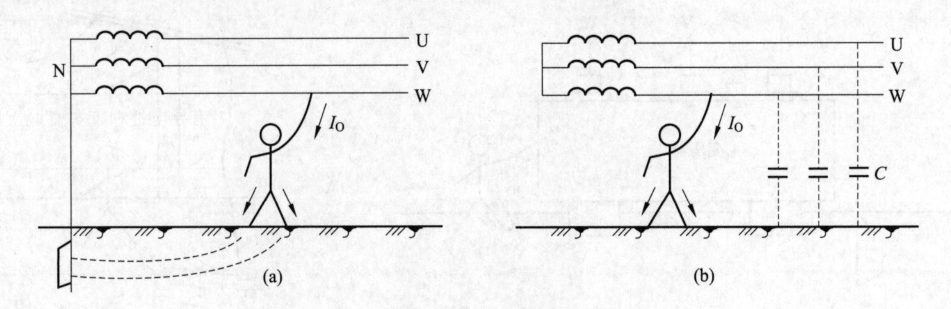

图 2-1 单相触电

（a）供电网中性点接地时；（b）供电网中性点不接地时

2. 两相触电

人体两处同时触及两相带电体，称为两相触电，如图 2-2 所示。这时加到人体的电压为线电压，是相电压的$\sqrt{3}$倍。通过人体的电流只决定于人体的电阻和人体与两相导体中性点的接触电阻之和。两相触电是最危险的触电。

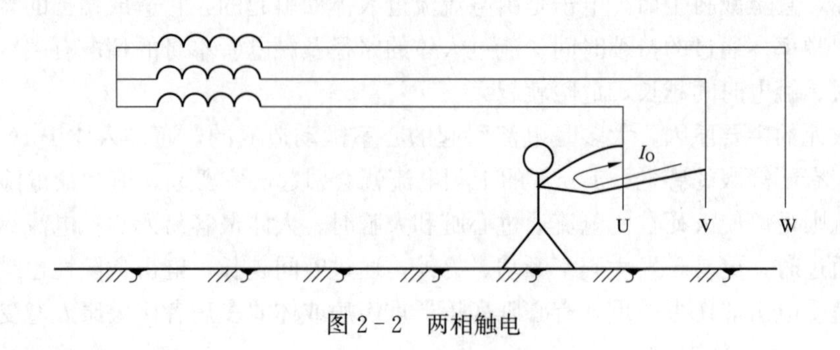

图 2-2　两相触电

3. 接触电压触电

电气设备的外壳正常情况下是不带电的，由于某种原因使外壳带电，人体与电气设备的带电外壳接触而引起的触电称接触电压触电，如图 2-3 所示。例如，三相油冷式变压器 U 相绕组与箱体接触使其带电，人手触及油箱会产生接触电压触电，相当于单相触电。

4. 跨步电压触电

这类事故多发生于故障设备接地体附近。正常情况下，接地体只有很小电流，甚至没有电流通过，在非正常情况下，接地电流很大，使散流场内地面上的电位严重不均匀，当人在接地体附近跨步行走时，两只脚处在不同的电位下，这两个电位差称为跨步电压。

在跨步电压作用下，电流通过人体，造成人体跨步电压触电，如图 2-4 所示。当跨步电压较高时，就会发生双脚抽筋而倒地，这时有可能使电流通过人体的主要器官，造成严重的触电事故。

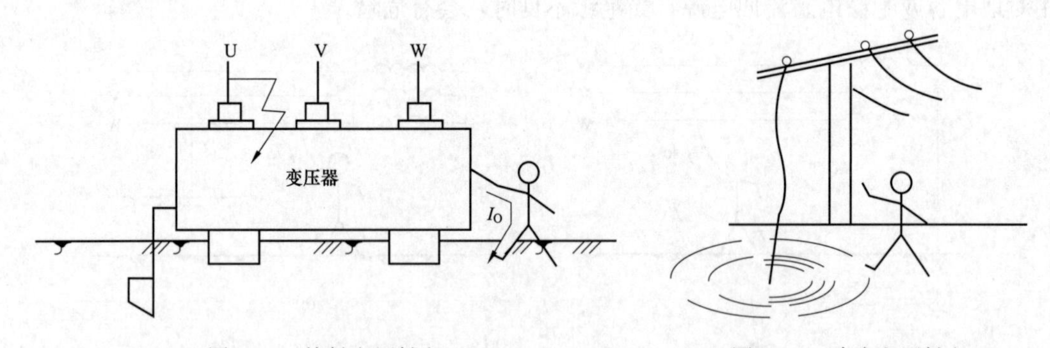

图 2-3　接触电压触电　　　图 2-4　跨步电压触电

人体距接地体越近，跨步电压越大；距接地体越远，跨步电压越小；与接地体距离超过 20m 时，跨步电压近于零。为保证人身安全，跨步电压越小越好。为此，接地体常采用金属网状结构，以增大接地面积，减小电流密度，跨步电压也相应减小。

5. 感应电压触电

当人触及带有感应电压的设备和线路时，造成的触电事故称为感应电压触电。例如，一些不带电的线路由于大气变化（如雷电活动），会产生感应电荷。此外，停电后

一些可能感应电压的设备和线路如果未进行良好接地，则这些设备和线路对地均存在感应电压。

6. 剩余电荷触电

当人体触及带有剩余电荷的设备时，带有电荷的设备对人体放电所造成的触电事故称为剩余电荷触电。设备带有剩余电荷，通常是由于检修人员在检修前、后没有对设备充分放电造成的。例如，在检修中用绝缘电阻表测量停电后的并联电容器、电力电缆、电力变压器及其他容性设备时，因检修前没有对其充分放电，造成剩余电荷触电。又如，并联电容器因其电路发生故障而不能及时放电，退出运行后又未进行人工放电，从而使电容器储存着大量的剩余电荷。当人员接触电容或电路时，就会造成剩余电荷触电。

2.1.4　防止触电的保护措施

防止触电的保护措施主要有使用安全电压、保护接地、保护接零和使用漏电保护装置等。

1. 使用安全电压

安全电压是指人体较长时间接触带电体而不致发生触电危险的电压。当电气设备采用了超过 42V 的安全电压时，应采取防止直接接触带电体的保护措施。

注意，安全电压不适用于以下范围：

(1) 水下等特殊场所。

(2) 带电部分能伸入人体的医疗设备。

2. 保护接地和保护接零

(1) 保护接地。保护接地就是将电气设备的金属外壳或架构与大地可靠连接，以防止因漏电而可能发生的触电。

(2) 保护接零。在 1000V 以下的中性点接地的三相四线制低压系统中，为了防止触电事故，把电气设备的外壳或结构与系统的中性线（零线）相连，即保护接零。

特别注意以下几点：

1) 同一台变压器供电系统的电气设备不允许一部分采用保护接地，另一部分采用保护接零。

2) 保护中性线上不准装设熔断器。

3) 保护接地或接中性线不得串联。

4) 在保护接零方式中，将中性线的多点通过接地装置与大地再次相连，称为重复接地。保护接零回路的重复接地可保证接地系统可靠运行，同时可防止中性线断线失去保护作用。

3. 使用漏电保护装置

漏电保护装置按控制原理可分为电压动作型、电流动作型、交流脉冲型和直流型等。其中电流动作型保护性能最好，应用最为普遍。

2.1.5 安全用电注意事项

安全用电注意事项主要有以下几个部分：

(1) 未经确认无电的任何电气设备均应认为有电，不要随便接触电气设备，不要盲目信赖开关或控制装置，不要依赖绝缘来防范触电。

(2) 尽量避免带电操作，手湿时更应禁止带电操作。

(3) 若发现电线或插头损坏应立即更换，禁止乱拉临时电线。如需拉临时电线，应用橡皮绝缘线，且离地不低于2.5m，用前应获得专业人员许可，用后及时拆除。

(4) 电线上不能晾衣服，晾衣服的铁丝也不能靠近电线，更不能与电线交叉搭接或缠绕在一起。

(5) 不能在架空线路和室外变电所附近放风筝；不得用鸟枪或弹弓打电线上的鸟；不许爬电杆，不要在电杆、拉线附近挖土，不要玩弄电线、开关、灯头等电气设备。

(6) 不带电移动电气设备，当将带有金属外壳的电气设备移至新的地方后，要先安装好地线，检查设备完好后，才能使用。

(7) 移动电器的插座，一般要用带保护接地插孔的插座，不要用湿手去摸灯头、开关和插头。

(8) 当电线断落在地上时，不可靠近，对落地的高压线应离开落地点（室外8m以上，室内4m以上），以免跨步电压伤人，更不能直接用手拉拽电线。电线落地周边禁止人员通行，应派人看守，并通知相关部门处理。

(9) 遇有电气设备着火时，应立即将有关设备的电源切断，然后进行救火。对于可能带电的电气设备以及发电机、电动机等，应使用干粉灭火器、二氧化碳灭火器或1211灭火器灭火；已断开电源的油开关、变压器可使用干粉灭火器、1211灭火器等灭火，不能扑灭时再用泡沫灭火器灭火，不得已时可用干砂灭火；地面上的绝缘油着火，应用干砂灭火。扑救可能产生有毒有害气体的火灾（如电缆着火等）时，扑救人员应使用正压式消防空气呼吸器。

2.2 绝缘防护

绝缘防护就是将电气设备的带电部分用绝缘材料封护（覆盖）或隔离，或者在工作中使用绝缘防护工（用）具，以防止人体与带电部分接触而发生触电事故的技术措施，是电力作业中最普通、最基本，也是应用最广泛的安全防护措施之一。

例如，导线的外包绝缘、变压器的油绝缘、敷设线路的绝缘子、塑料管、包扎裸露线头的绝缘胶布等，都是绝缘防护的实例。优质的绝缘材料、良好的绝缘性能、正确的绝缘措施，是人身与设备安全的前提和保证。

2.2.1 电气设备的绝缘类型

电气设备的绝缘类型主要有以下几种。

(1) 工作绝缘：又称基本绝缘，是保证电气设备正常工作和防止触电的基本绝缘，位于带电体与不可触及金属件之间。

(2) 保护绝缘：又称附加绝缘，是在工作绝缘因机械破损或击穿等失效的情况下，可防止触电的独立绝缘，位于不可触及金属件与可触及金属件之间。

(3) 双重绝缘：是兼有工作绝缘和保护绝缘（附加绝缘）的绝缘。

(4) 加强绝缘：是基本绝缘经改进后，在绝缘强度和力学性能上具备了与双重绝缘同等防触电能力的单一绝缘，在结构上可以包含一层或多层绝缘材料。

(5) 另加总体绝缘：是指若干设备在其本身工作绝缘的基础上另外装设的一套防止电击的附加绝缘物。

双重绝缘和加强绝缘如图 2-5 所示。

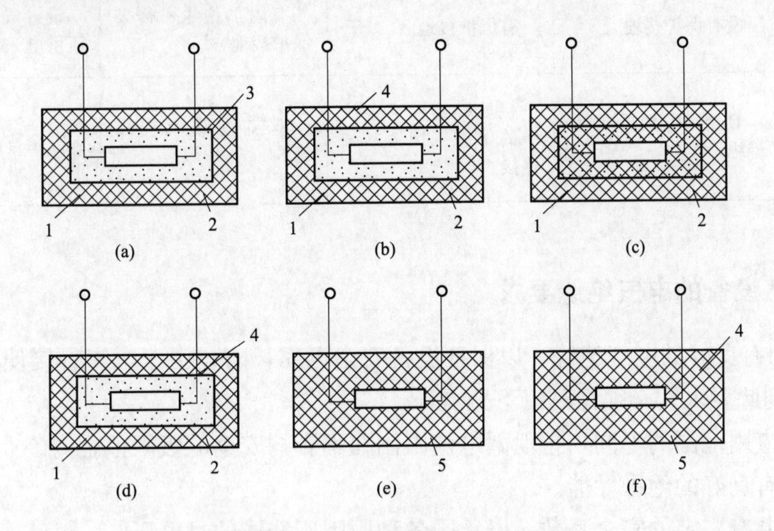

图 2-5 双重绝缘和加强绝缘

1—工作绝缘；2—保护绝缘；3—不可触及的金属件；4—可触及的金属件；5—加强绝缘

2.2.2 根据绝缘类型对电气设备（电器）分类

根据《电气安全术语》(GB/T 4776—2008)，将绝缘类型不同的电气设备（电器）分为以下四类。

(1) 0 类电气设备（电器）：依靠基本绝缘防止触电的电器。它没有接地保护，即在容易接近的导电部分和设备固定布线中的保护导体之间，没有连接措施。在基本绝缘损坏的情况下，便依赖于周围环境进行保护。一般这种设备具有非金属（如塑料）外壳，使用两眼插座，用在工作环境绝缘良好的场合。近年来对家用电器的安全要求日益严格，0 类电器目前基本是小型电器，如浴霸、台灯、手机充电器等。

(2) Ⅰ类电气设备（电器）：除依靠基本绝缘进行防触电保护外，还采用接地保护，将易触及导电部件和已安装在固定线路中的接地保护导线连接起来，使容易触及的导电部分在基本绝缘失效时，也不会成为带电体。例如，风电企业的生活设施，冰箱、洗衣机、电视机、计算机、热水器都是Ⅰ类电器。

(3) Ⅱ类电气设备（电器）：不仅依赖基本绝缘，而且还具有附加的安全预防措施（一般是采用双重绝缘或加强绝缘结构），但对保护接地是否依赖安装条件不做规定。例如，电热毯大多是Ⅱ类电器。

(4) Ⅲ类电气设备（电器）：依靠隔离变压器获得安全特低电压供电来进行防触电保护，同时在电气设备内部电路的任何部位，均不会产生比安全特低电压高的电压。目前使用的移动式照明灯多属Ⅲ类电器。

表 2-2　电气设备触电保护分类的主要特征

项目	类别			
	0类	Ⅰ类	Ⅱ类	Ⅲ类
设备主要特征	没有保护接地	有保护接地	有附加绝缘不需要保护接地	设计成由安全特低电压供电
安全措施	使用环境要与地绝缘	接地线与固定布线中的保护（接地）线连接	双重绝缘或加强绝缘	安全特低电压供电

2.2.3　电气设备的电气绝缘要求

(1) 必须有良好的电气绝缘，以保证设备安全可靠，防止由于电流直接使用所造成的危险。为达到此要求，必须做到以下几点：

1) 根据应用范围的不同，把泄漏电流限制在不影响安全的极限值之内。

2) 要具有良好的绝缘性能。

3) 绝缘要有一定的安全系数，以承受各种原因所造成的过电压。

(2) 对于在基本绝缘损坏情况下出现的危险接触电压进行防护的绝缘，要单独给以鉴定。

(3) 绝缘件必须有足够的耐热性。支承、覆盖或包裹带电部分或导电部分（特别是在运行时能出现电弧和按规定使用时出现特殊高温的受热件）的绝缘件，不得由于受热而危及其安全性。

(4) 带电部分的绝缘件要有足够的耐受潮湿、污秽或类似影响而不致使其安全性降低的能力。

2.2.4　电气设备的绝缘老化

1. 绝缘的老化

电气设备的绝缘材料在长期运行过程中会发生一系列物理变化和化学变化（如氧化、电解、电离、生成新物质等），致使其电气、力学及其他性能逐渐劣化，这种现象统称为绝缘老化。绝缘老化最终导致绝缘失效，电力设备不能继续运行。为延长电力设备的使用寿命，需针对引起老化的原因，在电力设备绝缘制造和运行时，采取相应的措施，减缓绝缘老化的过程。

2. 老化的形式

(1) 热老化。

在高温的作用下，绝缘材料在短时间内就会发生明显的劣化。即使温度不太高，但如果作用时间很长，绝缘性能也会发生不可逆的劣化，这就是绝缘材料的热老化。电气设备绝缘在运行过程中因周围环境温度过高，或因电气设备本身发热而导致绝缘温度升高。在高温作用下，绝缘的机械强度下降，结构变形，因氧化、聚合而导致材料丧失弹性，或因材料裂解而造成绝缘击穿，耐压下降。户外电气设备会因热胀冷缩而使密封破坏，水分侵入绝缘；或因瓷绝缘件与金属件的热膨胀系数不同，在温度剧烈变化时，瓷绝缘件破裂。

(2) 电老化。

电老化指外加电压或强电作用下发生的老化。电气设备绝缘在运行过程中会受到工作电压和工作电流的作用。在长期工作电压下，绝缘若发生击穿，将会使绝缘材料发生局部损坏。绝缘结构过大，则在长期工作电压作用下，绝缘将因过热而损坏。在雷电过电压和操作过电压的作用下，绝缘可能发生局部损坏。如再承受过电压作用，则损坏处将逐渐扩大，最终导致完全击穿。

(3) 化学老化。

绝缘材料在水分、酸、臭氧、氮的氧化物等的作用下，物质结构和化学性能会改变，以致降低电气和机械性能。例如，变压器油在空气中会因氧化产生有机酸，同时还会形成固体沉淀物，堵塞油道，影响对流散热，使绝缘油的温度上升，这些都会使变压器油的绝缘性能下降。

(4) 机械力老化。

在机械负荷、自重、振动、撞击和短路电流电动力的作用下，绝缘会破坏，机械强度下降。例如，槽口处的绝缘由于长期振动、高温作用，很容易开裂分层，最终损坏。

(5) 湿度老化。

环境的相对湿度对绝缘材料耐受表面放电的性能有影响。如果水分侵入绝缘内部，将会造成介质电损耗增加或击穿电压下降。

2.2.5　电气设备绝缘监测和诊断（绝缘预防性试验）技术

1. 基本概念

电气设备绝缘在运行中受到电、热、机械、不良环境等各种因素的作用，其性能将逐渐劣化，以致出现缺陷，造成故障，引起供电中断。通过对电气设备绝缘的试验和各种特性的测量，了解并评估绝缘在运行过程中的状态，从而能早期发现故障的技术称为绝缘的监测和诊断技术。为了对绝缘状态做出判断，需对绝缘进行各种试验和检测，通称为绝缘预防性试验。

2. 绝缘预防性试验的意义和目的

预防性试验是电力设备运行和维护工作中的一个重要环节，是保证电力系统安全运行的有效手段之一。通过定期（有些试验是根据需要进行）试验，掌握设备绝缘性能的变化情况，及时发现内部缺陷，采取相应措施进行维护与检修，保证设备的安全可靠运行。

绝缘预防性试验的目的就是检验设备在长期额定电压作用下绝缘性能的可靠程度，以及能否在外界过电压作用下，也不致发生有害的放电而导致绝缘击穿。

3. 绝缘的测试和诊断

绝缘预防性试验技术按照对设备造成的影响程度分为非破坏性试验和破坏性试验两类。

（1）非破坏性试验：也称绝缘特性试验，在较低电压下或用其他不会损伤绝缘的方法测量绝缘的不同特性，采用综合分析的方法来判断绝缘内部的缺陷。其中包含绝缘电阻和泄漏电流的试验、介质损耗角正切试验、局部放电试验、绝缘油的气相色谱分析等。

（2）破坏性试验：即耐压试验，以高于设备的正常运行电压来考核设备的电压耐受能力和绝缘水平。耐压试验对绝缘的考验严格，能保证绝缘具有一定的绝缘水平或裕度；缺点是可能在试验时给绝缘造成一定的损伤，同时不能反映绝缘缺陷的性质。其中包含交流耐压试验、直流耐压试验、雷电冲击耐压试验及操作冲击耐压试验。

2.2.6 绝缘电阻的测量

绝缘电阻是考核绝缘性能的重要指标，额定电压在1000V以下的设备绝缘电阻可使用500V或1000V的绝缘电阻表（兆欧表）测得，额定电压超过1000V的设备绝缘电阻需使用2500V及以上的绝缘电阻表测得，不能用万用表去测绝缘电阻。一些常用电器的最低绝缘要求如下：

（1）低压交流电动机的绕组之间、绕组跟外壳之间不小于0.5MΩ。

（2）运行中的低压380V线路不小于0.38MΩ。

（3）运行中的低压220V线路不小于0.22MΩ。

（4）I类手持电动工具不小于2MΩ。

（5）安全电压线路不小于0.22MΩ。

2.2.7 IP防护等级

IP（Ingress Protection）防护等级系统是将电气设备依其防外物、防尘和防湿气之特性加以分级。其通常用IP代码表示，是表明外壳对人接近危险部件、防止固体异物或水进入的防护等级以及与这些防护有关的附加信息的代码系统。常用IP防护等级由两个数字所组成，第一个数字表示电气设备防尘、防止外物侵入的等级，第二个数字表示电气设备防湿气、防水侵入的密闭程度，数字越大表示其防护等级越高。这里仅简要介绍常用代码的含义，例如：

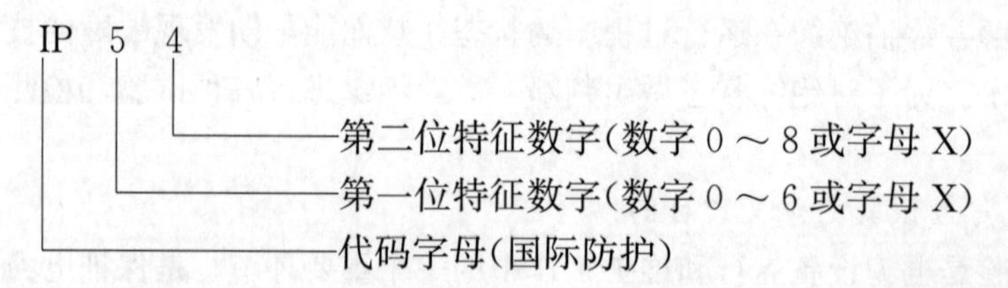

在不要求规定特征数字时，由字母X代替（如果两个字母都省略则用XX表示）。表2-3对第一位特征数字中各数字所表示的接近危险部件和防止固体异物进入的防护等

级进行了说明。

表 2-3　　第一位特征数字所表示的防护等级

第一位特征数字	简要说明
0	无防护
1	防止手背接近危险部件，防止直径 50mm 的球形试具进入
2	防止手指接近危险部件，防止直径 12mm、长 80mm 的铰接试具进入
3	防止工具接近危险部位，防止直径 2.5mm 的试具进入
4	防止金属线接近危险部位，防止直径 1.0mm 的试具进入
5	防止金属线接近危险部位，防尘
6	防止金属线接近危险部位，完全密封

表 2-3 中的第一位特征数字意指设备外壳通过防止人体的一部分或人手持物体接近危险部件对人提供防护，同时外壳也通过防止固体异物进入设备对设备提供防护。

表 2-4 所示为对第二位特征数字中各数字的防水等级说明。

表 2-4　　第二位特征数字表示防水等级

第二位特征数字	简要说明
0	无防护
1	防止垂直方向滴水
2	防止当外壳在 15°范围内倾斜时垂直方向滴水
3	防淋水
4	防溅水
5	防喷水
6	防强烈喷水
7	防短时间浸水影响
8	防持续潜水影响

现列举以下 IP 代码来说明各数字的含义。

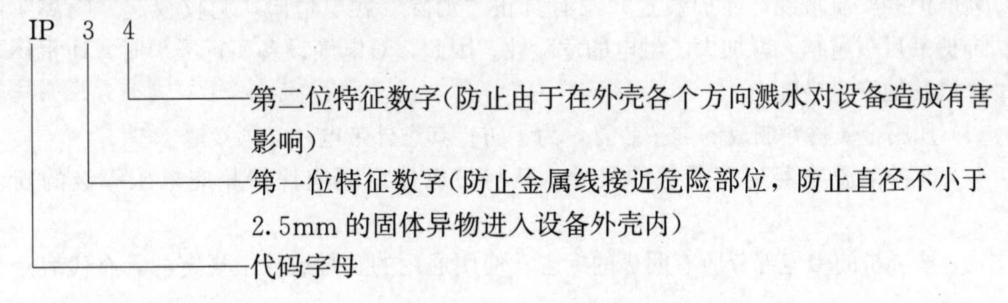

2.3 屏护

屏护是指采用专门的装置把危险的带电体同外界隔离开来，防止人体接触或过分接近带电体，防止电气设备发生短路，以及便于安全操作的安全防护措施。

屏护装置主要包括遮栏、栅栏、围墙、罩盖、保护网等。

屏护的特点是屏护装置不直接与带电体接触，对所用材料的电气性能无严格要求，但应有足够的机械强度和良好的耐火性能。

屏护的分类方式有以下几种：

(1) 屏护装置按作用不同，可分为屏蔽装置和障碍装置（或称阻挡物）两种。两者的区别在于：屏蔽可以防止人体有意识和无意识触及或接近带电体；障碍只能防止人体无意识触及或接近带电体，而不能防止有意识移开、绕过或翻越该障碍触及或接近带电体。从这点来说，前者属于一种完全的防护，而后者是一种不完全的防护。

(2) 屏护装置按使用要求分为永久性屏护装置和临时性屏护装置两种。前者如配电装置的遮栏、开关的罩盖等；后者如检修工作中使用的临时屏护装置和临时设备的屏护装置等。

(3) 屏护装置按使用对象分为固定屏护装置和移动屏护装置两种。例如，母线的护网就属于固定屏护装置，而跟随天车移动的天车滑线屏护装置就属于移动屏护装置。

2.3.1 需要使用屏护的场合

屏护装置主要用于电气设备不便于绝缘或绝缘不足以保证安全的场合，具体有以下几种：

(1) 开关电器的可动部分，如隔离开关的胶盖、铁壳开关（封闭式开关熔断器组）的铁壳等。

(2) 人体可能接近或触及的裸线、行车滑线、母线等。

(3) 高压设备，无论是否有绝缘。

(4) 安装在人体可能接近或触及的场所的变配电装置。

(5) 在带电体附近作业时，作业人员与带电体之间、过道、入口等处应装设可移动临时性屏护装置。

2.3.2 屏护装置的安全条件

就屏护的实质来说，屏护装置并没有真正“消除”触电危险，它仅仅起“隔离”作用。屏护一旦被逾越，就加大了触电的危险性。因此，对电气设备实行屏护时，通常还要辅助采取其他安全措施：

(1) 凡用金属材料制成的屏护装置，为了防止其意外带电，必须接地。

(2) 屏护装置本身应有足够的尺寸，其与带电体之间应保持相应电压等级的安全距离。

(3) 被屏护的带电部分应有明显的标志，使用通用的符号或涂上规定的具有代表意义的专门颜色。

(4) 在遮栏、栅栏等屏护装置上，应根据被屏护对象挂上“止步，高压危险”或“当心有电”等警告牌。

(5) 必要时应配合采用声光报警信号装置和联动联锁装置。例如，光电指示“此处有

电”或当人越过屏护装置时，被屏护的带电体自动断电。

2.3.3 高压配电装置的屏护装置

(1) 高压配电装置的屏护装置的使用注意事项。

1) 1kV、10kV、20kV、35kV户外（内）配电装置的裸露部分在跨越人行过道或作业区时，若导电部分对地高度分别小于2.7（2.5）m、2.8（2.5）m、2.9（2.6）m，该裸露部分两侧和底部应装设护网。

2) 室内母线分段部分、母线交叉部分及部分停电检修易误碰带电设备的，应设有明显标志的永久性隔离挡板（护网）。

3) 室内电气设备外绝缘体最低部位距地小于2.3m时，应装设固定遮栏。

4) 66～110kV屋外配电装置周围宜设置高度不低于1.5m的围栏，并应在围栏醒目地方设置警示牌。

5) 在安装有油断路器的屋内间隔应设置遮栏。

(2) 高压配电装置的屏护装置尺寸要求：

1) 配电装置中电气设备的栅栏遮栏高度不应小于1.2m，栅栏遮栏最低栏杆至地面的净距不应大于200mm。

2) 配电装置中电气设备的网状遮栏高度不应小于1.7m，网状遮栏网孔不应大于40mm×40mm。围栏门应加锁。

2.4 安全间距

为了防止人体触及或过分接近带电体，或防止车辆和其他物体碰撞带电体，以及避免发生各种短路、火灾和爆炸事故，在人体与带电体之间、带电体与地面之间、带电体与带电体之间、带电体与其他物体和设施之间，都必须保持一定的距离，这种距离称为电气安全距离。

人与带电体、带电体与带电体、带电体与地面（水面）、带电体与其他设施之间需保持的最小距离，又称安全间距。安全间距应保证在各种可能的最大工作电压或过电压的作用下，不发生闪络放电，还应保证工作人员对电气设备巡视、操作、维护和检修时的绝对安全。各类安全距离在国家颁布的有关规程中均有规定。当实际距离大于安全距离时，人体及设备才安全。安全距离既用于防止人体触及或过分接近带电体而发生触电，也用于防止车辆等物体碰撞或过分接近带电体以及带电体之间发生放电和短路而引起火灾和电气事故。安全距离分为线路安全距离、变配电设备安全距离和检修安全距离。

线路安全距离指导线与地面（水面）、杆塔构件、跨越物（包括电力线路和弱电线路）之间的最小允许距离。

变配电设备安全距离指带电体与其他带电体、接地体、各种遮栏等设施之间的最小允许距离。

检修安全距离指工作人员进行设备维护检修时与设备带电部分间的最小允许距离。检修安全距离可分为设备不停电时的安全距离、工作人员工作中正常活动范围与带电设备的安全距离、带电作业时人体与带电体间的安全距离。

根据各种电气设备（设施）的性能、结构和工作的需要，安全间距大致可分为以下四种：各种线路的安全间距，变、配电设备的安全间距，用电设备的安全间距，检修、维护时的安全间距。无论电气设备是否带电，工作人员不得单独移开或越过遮栏进行工作；若有必要移开遮栏，应有监护人在场，并符合表 2-5 所示的安全距离。

表 2-5　设备不停电时的安全距离

电压等级（kV）	安全距离（m）
10 及以下	0.70
20、35	1.00
66、110	1.50
220	3.00
330	4.00
500	5.00
750	7.20
1000	8.70
±50 及以下	1.50
±500	6.00
±660	8.40
±800	9.30

注　1. 表中未列电压等级按高一挡电压等级安全距离。
2. 13.8kV 执行 10kV 的安全距离。
3. 750kV 数据是按海拔 2000m 校正，其他等级数据按海拔 1000m 校正。

符合下列情况之一的设备必须停电：

（1）检修的设备。

（2）与工作人员在工作中的距离小于表 2-6 规定的设备。

（3）工作人员与 35kV 及以下设备的距离大于表 2-6 规定的安全距离，但小于表 2-5 规定的安全距离，同时又无绝缘隔板、安全遮栏等措施的设备。

（4）带电部分邻近工作人员，且无可靠安全措施的设备。

（5）其他需要停电的设备。

表 2-6　人员工作中与设备带电部分的安全距离

电压等级（kV）	安全距离（m）
10 及以下	0.35
20、35	0.60
66、110	1.50
220	3.00
330	4.00
500	5.00
750	8.00

续表

电压等级（kV）	安全距离（m）
1000	9.50
±50 及以下	1.50
±500	6.80
±660	9.00
±800	10.10

注 1. 表中未列电压等级按高一挡电压等级安全距离。

2. 13.8kV 执行 10kV 的安全距离。

3. 750kV 数据是按海拔 2000m 校正的，其他等级数据按海拔 1000m 校正。

2.5 保护接地和保护接零

2.5.1 低压配电系统的供电方式

低压配电系统按保护接地的形式不同可分为 IT 系统、TT 系统和 TN 系统。其中，IT 系统和 TT 系统的设备外露可导电部分经各自的保护线直接接地（俗称保护接地）；TN 系统的设备外露可导电部分经公共的保护线与电源中性点直接电气连接（俗称保护接零）。

国际电工委员会（IEC）对系统接地的文字符号的意义规定如下。

第一个字母表示电力系统的对地关系：

T——一点直接接地；

I——所有带电部分与地绝缘，或一点经阻抗接地。

第二个字母表示装置的外露可导电部分的对地关系：

T——外露可导电部分对地直接电气连接，与电力系统的任何接地点无关；

N——外露可导电部分与电力系统的接地点直接电气连接（在交流系统中，接地点通常就是中性点）。

后面还有字母时，这些字母表示中性线与保护线的组合：

S——中性线和保护线是分开的；

C——中性线和保护线是合一的。

1. IT 系统

IT 系统的电源中性点是对地绝缘的或经高阻抗接地，而用电设备的金属外壳直接接地，即过去称三相三线制供电系统的保护接地。

其工作原理是：若设备外壳没有接地，在发生单相碰壳故障时，设备外壳带上了相电压，若此时人触摸外壳，就会有相当危险的电流流经人身与电网和大地之间的分布电容所构成的回路。而设备的金属外壳有了保护接地后，由于人体电阻远比接地装置的接地电阻大，在发生单相碰壳时，大部分的接地电流被接地装置分流，流经人体的电流很小，从而对人身安全起了保护作用。

IT 系统适用于环境条件不良，易发生单相接地故障的场所，以及易燃、易爆的场所。

2. TT 系统

TT 系统的电源中性点直接接地；用电设备的金属外壳也直接接地，且与电源中性点的接地无关，即过去称三相四线制供电系统中的保护接地。

其工作原理是：当发生单相碰壳故障时，接地电流经保护接地装置和电源的工作接地装置所构成的回路流过。此时如有人触带电的外壳，则由于保护接地装置的电阻小于人体的电阻，大部分的接地电流被接地装置分流，从而对人身起保护作用。

TT 系统在确保安全用电方面还存在有不足之处，主要表现在：

(1) 当设备发生单相碰壳故障时，接地电流并不很大，往往不能使保护装置动作，这将导致线路长期带故障运行。

(2) 当 TT 系统中的用电设备由于绝缘不良引起漏电时，因漏电电流往往不大（仅为毫安级），不能使线路的保护装置动作，导致漏电设备的外壳长期带电，增加了人身触电的危险。

因此，TT 系统必须加装漏电保护器，方能成为较完善的保护系统。目前，TT 系统广泛应用于城镇、农村居民区、工业企业和由公用变压器供电的民用建筑中。

3. TN 系统

在变压器或发电机中性点直接接地的 380/220V 三相四线低压电网中，将正常运行时不带电的用电设备的金属外壳经公共的保护线与电源的中性点直接电气连接，即俗称三相四线制供电系统中的保护接零。

当电气设备发生单相碰壳时，故障电流经设备的金属外壳形成相线对保护线的单相短路，这将产生较大的短路电流，令线路上的保护装置立即动作，将故障部分迅速切除，从而保证人身安全和其他设备或线路的正常运行。

TN 系统的电源中性点直接接地，并有中性线引出。按其保护线形式，TN 系统又分为 TN－C 系统、TN－S 系统和 TN－C－S 系统等三种。

(1) TN－C 系统（三相四线制）。该系统的中性（N）线和保护（PE）线是合一的，该线又称为保护中性（PEN）线。它的优点是节省了一条导线，但在三相负载不平衡或保护中性线断开时会使所有用电设备的金属外壳都带上危险电压。在一般情况下，如保护装置和导线截面选择适当，TN－C 系统是能够满足要求的。

(2) TN－S 系统（三相五线制）。该系统的 N 线和 PE 线是分开的。它的优点是 PE 线在正常情况下没有电流通过，因此不会对接在 PE 线上的其他设备产生电磁干扰。此外，由于 N 线与 PE 线分开，N 线断开也不会影响 PE 线的保护作用。但 TN－S 系统耗用的导电材料较多，投资较大。

这种系统多用于对安全可靠性要求较高、设备对电磁抗干扰要求较严或环境条件较差的场所使用。新建的大型民用建筑、住宅小区、升压站的照明线路，一般使用 TN－S 系统。

(3) TN－C－S 系统（三相四线与三相五线混合系统）。系统中有一部分中性线和保护是合一的，而且另一部分是分开的。它兼有 TN－C 系统和 TN－S 系统的特点，常用于配电系统末端环境较差或有对电磁抗干扰要求较严的场所。在 TN－C、TN－S 和 TN－S－C 系统中，为确保 PE 线或 PEN 线安全可靠，除在电源中性点进行工作接地外，对 PE 线和

PEN 线还必须进行必要的重复接地。PE 线、PEN 线上不允许装设熔断器和开关。

在同一供电系统中，不能同时采用 TT 系统和 TN 系统保护。

2.5.2　保护接地和保护接零的区别

1. 保护接地

保护接地就是将电气设备的金属外壳或架构与大地可靠连接，以防止因漏电而可能发生的触电。

在三相三线制中性点不接地电网中，如电动机外壳不接地，当某一设备（如电动机）因内部绝缘损坏而使机壳带电时，如果人体触及机壳，电流通过人体与电力网的分布电容构成回路，造成人体触电危险，如图 2-6（a）所示。如电动机外壳接地，当电气设备绝缘损坏，人体接触带电外壳时，由于采用了保护接地，人体电阻和接地体并联，人体电阻远远大于接地体电阻。通过人体的电流小了，并在安全的范围内，从而避免了触电危险，如图 2-6（b）所示。

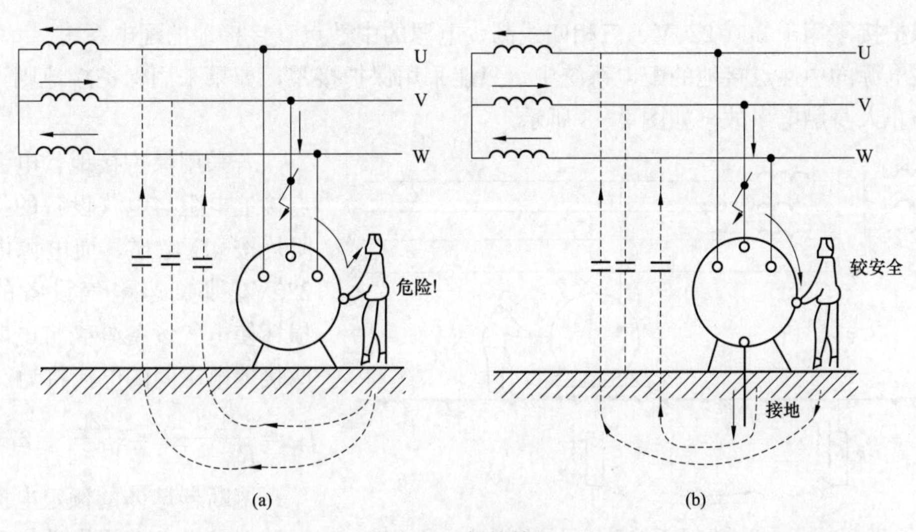

图 2-6　保护接地

2. 保护接零

(1) 保护接零的概念。

在 1000V 以下的中性点接地的三相四线制低压系统中，为了防止触电事故，把电气设备的外壳或结构与系统的中性线相连，即保护接零，如图 2-7（a）所示。

采取了保护接零措施后，如有电气设备发生单相碰壳故障时形成一个单相短路回路，由于短路电流极大，使熔断器快速熔断，保护装置动作，从而迅速切断电源，防止触电事故发生。

对于各种单相用电设备，例如，各种家用电器（电冰箱、洗衣机等）常用三眼插座和三脚插头与电源连通，如图 2-7（b）所示。使用时，应将用电设备外壳用导线连接到三眼插座中间那个较长、较粗的插脚上，然后通过插座连接到电源的中性线，以实现保护接零。

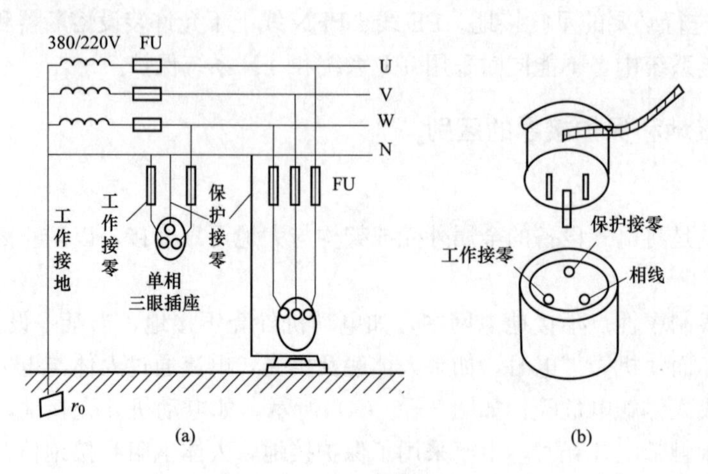

图 2-7　保护接零

(a) 保护接零电路；(b) 插座上的接零

保护接零用于 380/220V、三相四线制、电源的中性点直接接地的配电系统。

在电源的中性点接地的配电系统中，只能采用保护接零，如果采用保护接地则不能有效地防止人身触电事故，如图 2-8 所示。

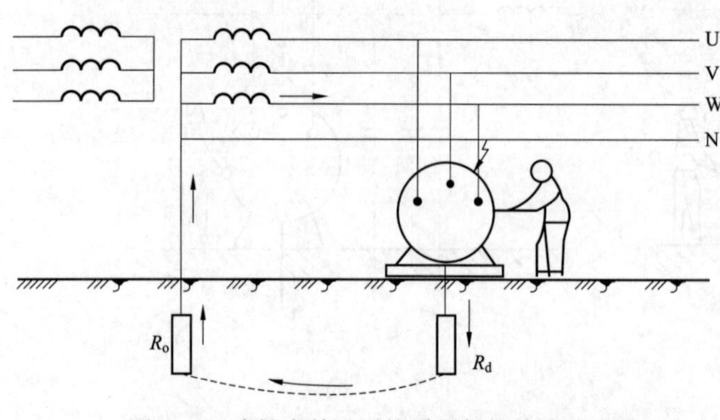

图 2-8　中性点接地系统采用保护接地的后果

若采用保护接地，电源中性点接地电阻与电气设备的接地电阻均按 4Ω 考虑，而电源电压为 220V，那么当电气设备的绝缘损坏使电气设备外壳带电时，则两接地电阻间的电流将为

$$I_R=\frac{220}{R_o+R_d}=\frac{220}{4+4}=27.5(A)$$

熔断器熔体的额定电流是根据被保护设备的要求选定的，如果设备的额定电流较大，为了保证设备在正常情况下工作，所选用熔体的额定电流也会较大，在 27.5A 接地短路电流的作用下，熔断器不能熔断，外壳带电的电气设备不能立即脱离电源，所以在设备的外壳上长期存在对地电压 U_d，其值为

$$U_d=27.5\times4=110\ (V)$$

显然，这是很危险的。如果保护接地电阻大于电源中性点接地电阻，设备外壳的对地电压还要高，这时危险更大。

(2) 系统采用保护接零时需要注意的问题。

1) 在保护接零系统中，中性线起着十分重要的作用。

一旦出现中性线断线，接在断线处后面一段线路上的电气设备，相当于没做保护接零或保护接地。如果在中性线断线处后面有的电气设备外壳漏电，则不能构成短路回路，使

熔断器熔断，不但这台设备外壳长期带电，而且使接在断线处后面的所有做保护接零设备的外壳都存在接近于电源相电压的对地电压，触电的危险性将被扩大，如图 2-9（a）所示。对于单相用电设备，即使外壳没漏电，在中性线断开的情况下，相电压也会通过负载和断线处后面的一段中性线，出现在用电设备的外壳上，如图 2-9（b）所示。

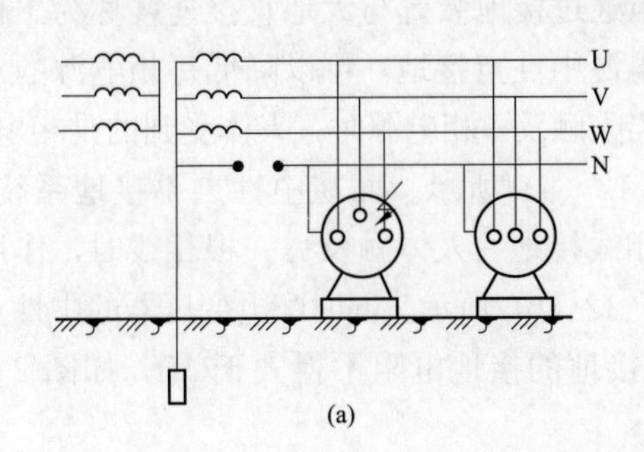

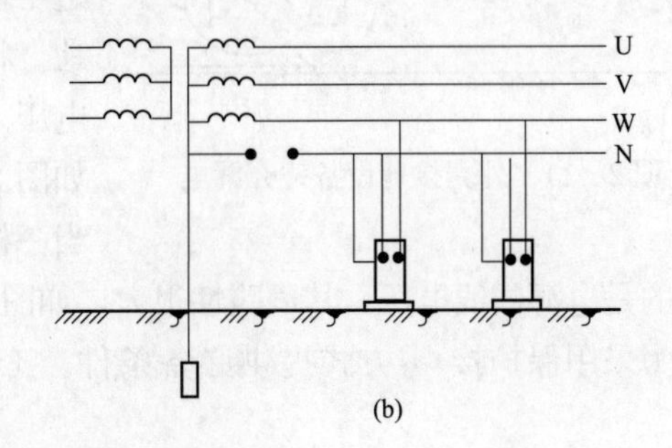

图 2-9 保护接零系统中性线断开

中性线的连接应牢固可靠、接触良好。中性线的连接线与设备的连接应用螺栓压接。所有电气设备的接中性线，均应以并联方式接在中性线上，不允许串联。在中性线上禁止安装熔断器或单独的断流开关。在有腐蚀性物质的环境中，为了防止中性线的腐蚀，应在其表面涂以必要的防腐涂料。

2）电源中性点不接地的三相四线制配电系统中，不允许采用保护接零，而只能采用保护接地。

在电源中性点接地的配电系统中，当一根相线和大地接触时，通过接地的相线与电源中性点接地装置的短路电流，可以使熔断器熔断，立即切断发生故障的线路。但在中性点不接地的配电系统中，任一相发生接地，系统虽仍可照常运行，但这时大地与接地的相线等电位，则接在中性线上的用电设备外壳对地的电压将等于接地的相线从接地点到电源中性点的电压值，是十分危险的，如图 2-10 所示。

3）在采用保护措施时，不允许在同一系统上把一部分设备接零，另一部分用电设备接地。

在图 2-11 中，当外壳接地的设备发生碰壳漏电，而引起的事故电流烧不断熔丝时，设备外壳就带电 110V，并使整个中性线对地电位升高到 110V（假设电源中性点接地电阻与电气设备的接地电阻均按 4Ω 考虑），于是其他接零设备的外壳对地都有 110V 电位，这是很危险的。由此可见，在同一个系统上不允许采用部分设备接零、部分设备接地的混合做法。即使熔丝符合能熔断的要求，也不允许混合接法。因为熔丝在使用中经常调换，很难保证不出差错。因此，由同一台发电机、同一台变压器或同一段母线供电的低压电力网中，不宜同时采用接地保护与接零保护。

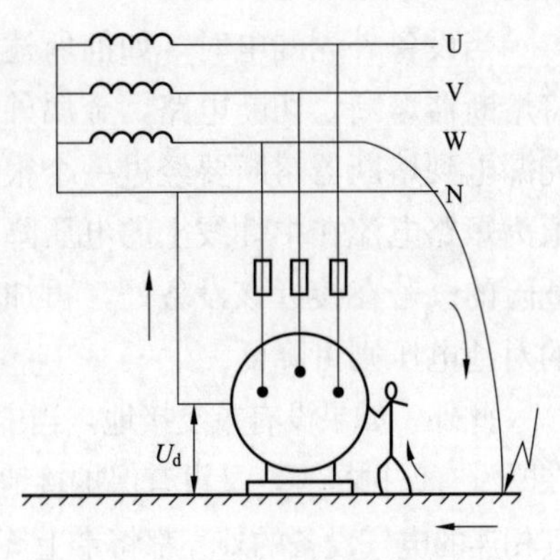

图 2-10 中性点不接地的配电系统

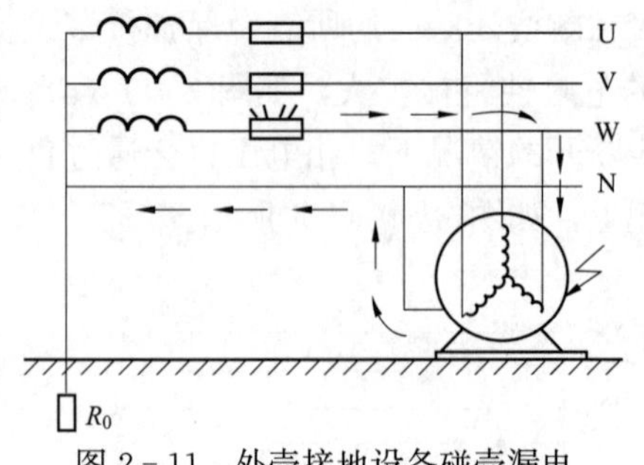

图 2-11　外壳接地设备碰壳漏电

4）在采用保护接零的系统中，还要在电源中性点进行工作接地和在中性线的一定间隔距离及终端进行重复接地。

在三相四线制的配电系统中，将配电变压器副边中性点通过接地装置与大地直接连接称为工作接地。将电源中性点接地，可以降低每相电源的对地电压。当人触及一相电源时，人体受到的是相电压，如图 2-12（a）所示。而在中性点不接地系统中，当一根相线接地，人体触及另一根相线时，作用于人体的是电源的线电压，其危险性很大，如图 2-12（b）所示。同时配电变压器的中性点接地，为采用保护接 零方式提供必备条件。工作接地的接地电阻不得大于 4Ω，如图 2-12 所示。

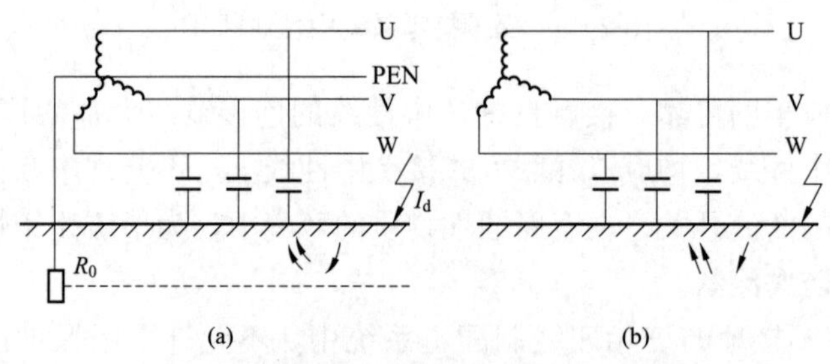

图 2-12　电源中性点接地和不接地系统

（a）电源中性点接地系统；（b）电源中性点不接地系统

在中性点接地的系统中，除将配电变压器中性点做工作接地外，沿中性线走向的一处或多处还要再次将中性线接地，称为重复接地。

重复接地的作用是当电气设备外壳漏电时可以降低中性线的对地电压；当中性线断线时，也可减轻触电的危险。

当设备外壳漏电时，如前所述，经过相线、中性线构成了短路回路，短路电流能迅速将熔断器熔断，切断电路，金属外壳亦随之无电，避免发生触电的危险性。但是从设备外壳漏电到熔断器熔断要经过一个很短的时间，在这段时间内，设备外壳存在对地电压，其值为短路电流在中性线上的电压降。在这很短的时间内，如果有人触及设备外壳，还是很危险的。若在接近该设备处，再加一接地装置，即重复接地，如图 2-13 所示，设备外壳的对地电压则可降低。

此外，如果没有重复接地，当中性线某处发生断线时，在断线处后面的所有电气设备就处在既没有保护接零，又没有保护接地的状态。一旦有一相电源碰壳，断线处后面的中性线和与其相连的电气设备的外壳都将带上等于相电压的对地电压，是十分危险的，如图 2-14 所示。

在有重复接地的情况下，当中性线偶尔断线，发生电气设备外壳带电时，相电压经过漏电的设备外壳，与重复接地电阻、工作接地电阻构成回路，流过电流，如图 2-15 所示。漏电设备外壳的对地电压为相电压在重复接地电阻上的电压降，使事故的危险程度有所减轻，但对人还是危险的，因此，中性线断线事故应尽量避免。

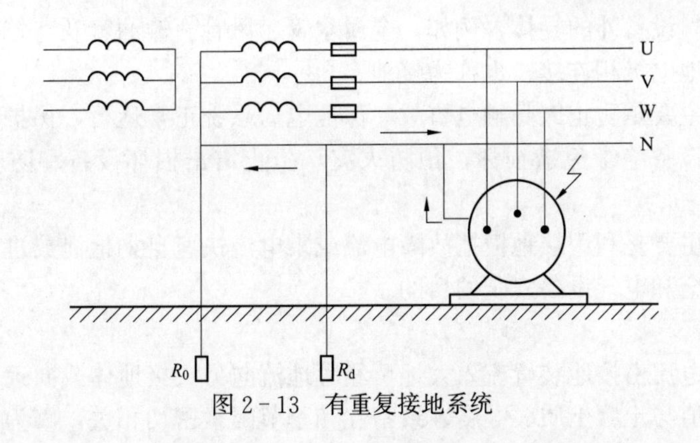

图 2-13　有重复接地系统

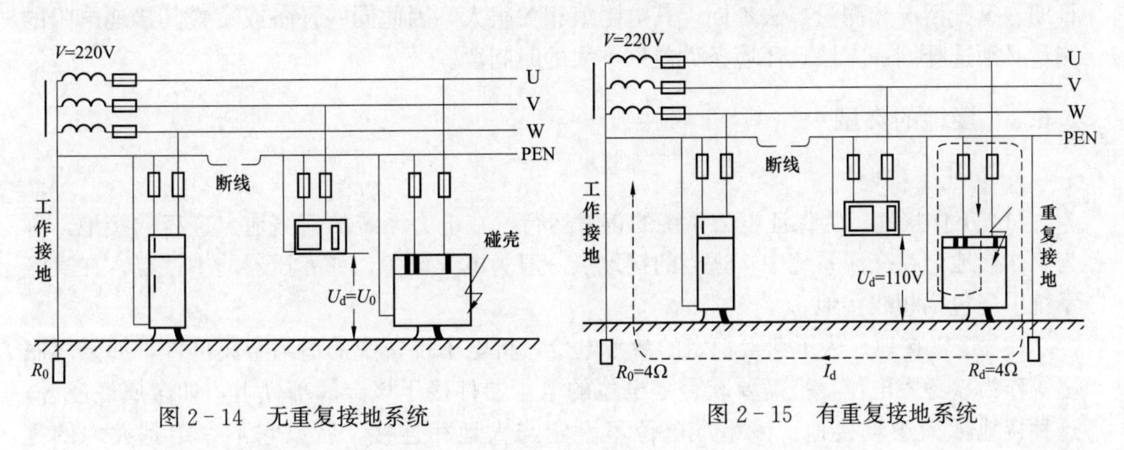

图 2-14　无重复接地系统　　　　图 2-15　有重复接地系统

在做接零保护的线路中，架空线路的干线和分支线的终端及沿线每一千米处，中性线应重复接地。电缆线路和架空线路在引入建筑物处，中性线亦应重复接地，但是如无特殊要求，距接地点不超过 50m 的建筑物可以不做重复接地。

2.6　接地装置和接零装置

接地装置接地就是把设备与电位参照点的大地做电气上的连接，使其对地保持一个低的电位差，其方法是在大地表面中埋设金属电极，这种埋入地中并直接与大地接触的金属导体，称为接地体，也称为接地装置。接地装置由接地体和接地线组成。接零装置由接地装置和保护零线网（不包括工作中性线）组成。

2.6.1　接地基本原理

1. 接地的定义

在电力系统中，接地通常指的是接大地，即将电力系统或设备的某一金属部分经金属接地线连接到接地电极上。

电力系统中的接地装置，通常是指中性点或相线上某点的金属部分。而电气设备的接地装置通常情况下是指不带电的金属导体（一般为金属外壳或底座）。此外，不属于电气设备的导体即电气设备外的导体，例如，金属水管、风管、输油管及建筑物的金属构件经金属接地线与接地电极相连接，也称为接地。

接地的目的主要是防止人身触电事故，保证电力系统正常运行，保护输电线路和变配电设备以及用电设备绝缘免遭损坏；预防火灾，防止雷击损坏设备和防止静电放电的危害等。

接地的作用主要是利用接地极把故障电流或雷电流快速自如地泄放进大地土壤中，以达到保护人身安全和电气设备安全的目的。

2. 接地电阻

接地电阻是电流由接地装置流入大地再经大地流向另一接地体或向远处扩散所遇到的电阻。接地电阻值与土壤土质、湿度、致密性和季节因素密切相关，因为测量地点、测量日期、天气情况和测量方法不同，其电阻值相关很大，因此同一设备或装置其接地电阻的测量必须选择同一方法且环境条件差别不大的时间段。

2.6.2　接地的类型

1. 功能性接地

(1) 工作接地。为保证电力系统的正常运行，在电力系统的适当地点进行的接地，称为工作接地。在交流系统中，适当的接地点一般为电气设备，如变压器的中性点；在直流系统中还包括相线接地。

(2) 逻辑接地。为了获得稳定的参考电位，将电子设备中的适当金属部件，如金属底座等作为参考零电位，把需要获得零电位的电子器件接于该金属部件上，如金属底座等，这种接地称为逻辑接地。该基准电位不一定与大地相连接，所以它不一定是大地的零电位。

(3) 信号接地。为保证信号具有稳定的基准电位而设置的接地，称为信号接地。

(4) 屏蔽接地。将设备的金属外壳或金属网接地，以保护金属壳内或金属网内的电子设备不受外部的电磁干扰；或者使金属壳内或金属网内的电子设备不对外部电子设备引起干扰。这种接地称为屏蔽接地。法拉第笼就是最好的屏蔽设备。

2. 保护性接地

(1) 保护接地。为防止电气设备绝缘损坏而使人身遭受触电危险，将与电气设备绝缘的金属外壳或构架与接地极做良好的连接称为保护接地。接地保护线（PE 线）或保护中性线（PEN 线），也称为保护接地。停电检修时所采取的临时接地，也属于保护接地。

(2) 防雷接地。将雷电流导入大地，防止雷电伤人和财产受到损失而采用的接地称为防雷接地。

(3) 防静电接地。将静电荷引入大地，防止由静电积累对人体和设备受到损伤的接地称为防静电接地。而油罐汽车后面拖地的铁链子也属于防静电接地。

(4) 防电腐蚀接地。在地下埋设金属体作为牺牲阳极以达到保护与之连接的金属体，(如输油金属管道等）称为防电蚀接地。牺牲阳极保护阴极的称为阴极保护。

2.6.3　接地的一般要求

设置接地装置的目的，一是保证人身安全，二是保证电气设备安全。为保证人身和电

气设备的安全，接地网的电位、接触电位差、跨步电位差三者都必须控制在允许值的范围之内。

1. 接地网设计基本要求

(1) 为保证交流电网正常运行和故障时的人身及设备安全，电气设备及设施宜接地或接中性线，并做到因地制宜、安全可靠、经济合理。

(2) 不同用途和不同电压的电气设备，除另有规定外，应使用一个总的接地系统，接地电阻应符合其中最小值的要求。

(3) 接地装置应充分利用直接埋入水下和土壤中的各种自然接地体接地，并校验其热稳定。

(4) 当接地电阻难以满足运行要求时，可根据技术、经济条件，因地制宜地采用水下接地、外引接地、深埋接地等接地方式，并加以分流、均压和隔离等措施。小面积接地网和集中接地装置可采用人工降阻的方式降低接地电阻。

(5) 接地设计应考虑土壤干燥或冻结等季节变化的影响，接地电阻在四季中均应符合设计值的要求。防雷装置的接地电阻，可只考虑雷季中土壤干燥状态的影响。

(6) 风电企业应根据电网实际的短路电流和所形成的接地系统，校核初期发电时的接触电位差、跨步电位差和转移电位。当上述参数不满足安全要求时，应及时采取措施，保证初期发电时期箱式变压器等设备的安全运行。

2. 工作接地及要求

(1) 有效接地系统中，需要接地的电力变压器中性点、线路并联电抗器中性点、电压互感器、接地开关等设备应按照系统需要进行接地。

(2) 不接地系统中，消弧线圈接地端、接地变压器接地端和绝缘监视电压互感器一次侧中性点需要直接接地。

(3) 中性点有效接地的系统，应装设能迅速自动切除接地短路故障的保护装置。不接地的系统，应装设能迅速反应接地故障的信号装置，也可装设自动切除的装置。

3. 保护接地及要求

(1) 电力设备的下列金属部件，除非另有规定，必须接地或接中性线（保护线）。

1）电机、变压器、电抗器、携带式及移动式用电器具等底座和外壳。

2）SF_6 全封闭组合电器（GIS）与大电流封闭母线外壳以及电气设备箱、柜的金属外壳。

3）电力设备传动装置。

4）互感器的二次绕组。

5）配电、控制保护屏（柜、箱）及操作台等的金属框架。

6）屋内配电装置的金属构架和钢筋混凝土构架，以及靠近带电部分的金属围栏和金属。

7）交、直流电力电缆桥架、接线盒、终端盒的外壳、电缆的屏蔽铠装外皮、穿线的钢管等。

8）装有避雷线的电力线路杆塔。

9）在非沥青地面的居民区内，无避雷线非直接接地系统架空电力线路的金属杆塔和钢筋混凝土的杆塔。

10）铠装控制电缆的外皮、非铠装或非金属护套电缆的1～2根屏蔽芯线。

（2）电力设备的下列金属部分，除非另有规定，可不接地或不接中性线（保护线）。

1）在木质、沥青等不良导电地面的干燥房间内，交流额定电压380V及以下的电力设备外壳，但当维护人员可能同时触及设备外壳和接地物体时除外。

2）在干燥场所，交流额定电压127 V及以下、直流额定电压110V及以下的电力设备外壳，但爆炸危险场所除外。

3）安装在配电屏、控制屏和配电装置上的电气测量仪表、继电器和其他低压电器等的外壳，以及当发生绝缘损坏时，在支持物上不会引起危险电压的绝缘子的金属底座等。

4）安装在已接地的金属构架的设备（应保证电气接触良好），如套管等。

5）标称电压220 V及以下的蓄电池室内的支架。

6）已与接地的底座之间有可靠的电气接触的电动机和其他电器的金属外壳。

（3）在中性点直接接地的低电压系统中，电力设备的外壳和底座宜采用接地或中性线（或保护线）保护。

1）对于用电设备较少、分散，且又无接地线的地方，宜采用接中性线保护。接中性线保护有困难，而土壤电阻率较低时，可采用直接埋设接地体进行接地保护。

2）当低压电力设备的机座或金属外壳与接地网可靠连接后，允许不按接中性线保护的要求做短路验算。

3）由同一台发电机、变压器或同一段母线供电的低压线路，不宜采用接中性线、接地两种保护方式。

4）在低压电力系统中，全部采用接地保护时，应装设能自动切除接地故障的继电保护装置。

4. 防雷接地及要求

装有避雷针、避雷线的构架、微波塔均应设置集中接地装置。

避雷器宜设置集中接地独立避雷线，其接地线应以最短的距离与接地网相连。

独立避雷针（线）应设独立的集中接地装置，接地电阻不宜超过10Ω。在高土壤电阻率地区，当要求做到10Ω的确有困难时，允许采用较高的数值，并应将该装置与主接地网连接，但从避雷针与主接地网的地下连接点到35kV以下电气设备与主接地网的地下连接点，沿接地体的长度不得小于15m。避雷针（线）到被保护设施的空气中距离和地中距离还应符合防止避雷针（线）对被保护设备反击的要求。

独立避雷针（线）不应设在人经常通行的地方。避雷针（线）及其接地装置与道路或入口等的距离不宜小于3m，否则应采取均压措施，铺设砾石、混凝土或沥青地面。

设计接地网时接触电位差、跨步电位差和接地电阻是重要的三大电气安全指标。所设计的接地网满足这三个电气指标就可以认为地网的设计是合格的。此外，接地网导体应满足发热条件的要求。

2.6.4 自然接地体和人工接地体

在有条件的地方，应优先考虑利用自然接地体。采用自然接地体可节约钢材、节省费

用，还可降低接地电阻。

凡与大地有可靠接触的金属导体，除有规定外，均可作为自然接地体。例如：

(1) 埋设在地下的金属管道（流经可燃或爆炸性物质的管道除外）。

(2) 金属井管。

(3) 与大地有可靠连接的建筑物及构筑物的金属结构。

(4) 水中构筑物的金属桩。

(5) 直接埋地的电缆金属外皮（铝皮除外）。

直流电流有比较强烈的腐蚀作用，所以一般不允许采用自然导体作为载流的直流接地体；当自然接地体不能满足要求时，再装设人工接地体。但发电厂和变电所都必须装设人工接地体。人工接地体多采用钢管、角钢、扁钢、圆钢或废钢铁制成。接地体宜垂直埋设；在多岩石地区，接地体可水平埋设。

垂直埋设的接地体常用直径 40～50mm 的钢管或 40mm×40mm×4mm～50mm×50mm×5mm 的角钢。接地体长度以 2.5m 左右为宜。垂直接地体由两根以上的钢管或角钢组成，可以成排布置，也可以做环形布置或放射形布置。相邻钢管或角钢之间的距离以不超过 3m 为宜。钢管或角钢上端用扁钢或圆钢连接成一个整体。水平埋设的接地体常采用 40mm×4mm 的扁钢或直径 16mm 的圆钢。

2.6.5 接地线和接零线

接地线和接零线均可利用自然导体用于 1000V 以下的电气设备。

(1) 建筑物梁、柱子和桁架等的金属结构。

(2) 生产用的行车轨道、配电装置外壳、设备的金属构架等金属结构。

(3) 配线的钢管。

(4) 电缆的铅、铝包皮。

(5) 上下水管、暖气管等各种金属管道（流经可燃或爆炸性介质的除外）。

如果电气设备较多，宜敷设接地干线或接零干线。各电气设备分别与接地干线（或接零干线）连接，而接地干线（或接零干线）与接地体连接。接地干线宜采用 15mm×4mm～40mm×4mm 扁钢沿电气设备所在区域四周敷设，离地面高度应保持在 250mm 以上，与墙之间保持 15mm 以上的距离。

2.6.6 接地和接零装置的安全要求

1. 导电的连续性

必须保证电气设备到接地体之间或电气设备到变压器低压中性点之间导电的连续性，不得有脱节现象。采用建筑物的钢结构、行车钢轨、工业管道、电缆的金属外皮等自然导体做接地线时，在其伸缩缝或接头处应另加跨接线以保证连续可靠。自然接地体与人工接地体之间务必连接可靠，以保证接地装置导电的连续性。

2. 连接可靠

接地装置之间的连接一般采用焊接。扁钢搭焊长度应为宽度的 2 倍，且至少在 3 个棱边进行焊接。圆钢搭焊长度以及圆钢和扁钢搭焊长度应为圆钢直径的 6 倍。不能采用焊接时，可采用螺栓或卡箍连接，但必须防止锈蚀，保持接触良好。在有振动的地方，应采取防松措施，加强紧固性。

3. 足够的机械强度

为了保证足够的机械强度，并考虑到防腐蚀的要求，钢接零线、接地线、接地体的最小尺寸必须符合国家规范要求。接地线和接零线宜采用铜线，有困难时可采用钢或铝线，地下不得采用裸铝导体做接地体或连接线。携带式设备因经常移动，其接地线或接零线应采用 1.5mm^2 以上的多股铜线。

4. 足够的导电能力和热稳定性

采用保护接零时，为了能达到促使保护装置迅速动作的单相短路电流，中性线应有足够的导电能力。在不能利用自然导体情况下，保护中性线导电能力最好不低于相线的 1/2。

5. 防止机械损伤

接地线或接零线应尽量安装在人不易接触到的地方，以免意外损坏，但必须是在明显处，以便检查。接地线或接零线与铁路交叉时，应加钢管或角钢保护，或略加弯曲向上拱起，以便在振动时有伸缩余地，避免断裂；穿过墙壁时，应敷设在明孔、管道或其他坚固的保护管中；与建筑物伸缩交叉时，应变成弧状或另加补偿装置。

6. 防腐蚀

为了防止腐蚀，钢制接地装置最好采用镀锌元件制成，焊接处涂沥青油防腐。明设的接地线和接零线可以涂漆防腐。在有强烈腐蚀性的土壤中，接地体应当采用镀锌或镀铜元件制成，并适当加大其截面积。

7. 必要的地下安装距离

接地体与建筑物的距离不应小于 1.5m，与独立避雷针的接地体之间的距离不应小于 3m。

8. 接地支线或接零支线不得串联

为了提高接地（或接零）的可靠性、连续性，电气设备的接地支线（或接零支线）应单独与接地干线（或接零干线）或接地体相连，不应串联连接。接零干线（或接地干线）应有两处与接地体直接相连，以提高可靠性。

一般企业变电所的接地，既是变压器的工作接地，又是高压设备的保护接地和低压配电装置的重复接地，有时还是防雷装置的防雷接地，各部分应单独与接地体相连，不得串联。变配电装置最好也有两条接地线与接地体相连。

2.6.7 接地装置运行检查

1. 接地电阻的要求和测量

（1）对接地电阻的要求：接地装置的接地电阻关系到保护接地（零）的有效性及电力系统的运行。接地装置投入使用前和使用中都需要测量接地电阻的实际值，以判断其是否符合要求。各种接地装置的接地电阻数值不应大于表 2－7 的要求。

表 2-7　各种接地装置的接地电阻值

电压等级	接地装置使用条件		接地电阻值（Ω）
1kV及以上的电力设备	大接地短路电流系数		不应大于0.5
	小接地短路电流系数高、低压设备共用的接地装置仅用于高压设备的接地装置		$R_D \leqslant 120/I_D$，$R_D \leqslant 250/I_D$ 但一般不应大于10
	独立避雷针		工频接地电阻10
	变、配电所母线上的阀形避雷器		工频接地电阻5
低压电气设备	中性点直接接地与非直接接地	并联运行电气设备的总容量为100kV·A以上时	4
		并联运行电气设备的总容量不超过100kV·A时重复接地	10

注　R_D 为考虑到季节变化的最大接地电阻，Ω；I_D 为计算用的接地短路电流，A。

(2) 接地电阻的测量：接地电阻的测量方法及接地电阻测量中的安全注意事项。

接地电阻的测量应根据《接地装置特性参数测量导则》（DL/T 475—2006）规定进行。接地电阻的测量采用可采用电位降法、电流-电压三极法、接地阻抗测试仪法等多种方法。为综合考虑风电机组接地网的实际，由风电场人员进行接地电阻测量采用简单有效的电压-电流三极法进行，接线连接方法如图 2-16 所示。

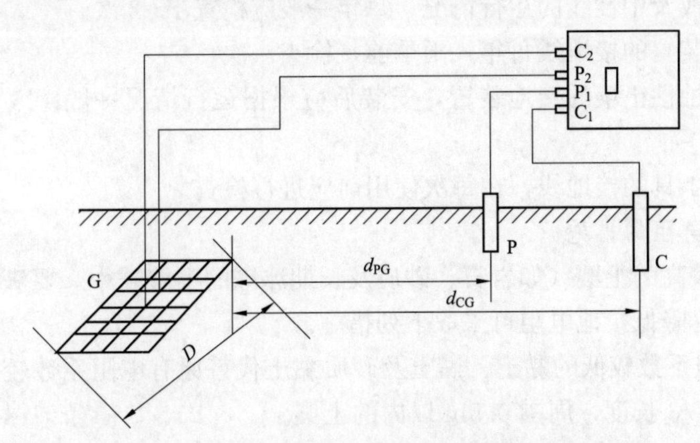

图 2-16　接地电阻测试仪测试接线示意图
G—被试接地装置；C—电流极；P—电位极；
D—被试接地装置最大对角线长度；d_{CG}—电流极与被试接地装置边缘的距离；
d_{PG}—电位极与被试接地装置边缘的距离

一般电压线 P 和电流线 C 采用夹角法，角度为 30°，d_{PG} 和 d_{CG} 的距离相等，到接地网边缘的长度为 2D 左右，C_2、P_2（有的标 E）短接后连接到接地网上。测量接地电阻主要注意如下事项。

1) 因接地电阻与土壤的潮湿程度有关，测量应选择在干燥的天气或土壤未冻结时进行。一般风电场测量接地电阻至少在雨天过后 4～5 天，南方地区雨水较多但也应至少晴天 3 日后进行测量，否则容易造成较大误差。

2）测量前应拆除和风电机的所有接地引下线，把塔架和接地装置的接地连接全部断开。

3）发现测量值和以往的测试结果相比差别较大时，应改变电极的布置方向，或增加电极的距离，重新进行测试。

4）接电引线统一采用铜制导线，与接地测试仪和接地棒的连接必须十分可靠，减少接触电阻。

5）进行测量时，应尽量缩短接地极接线端子 C_2、P_2 与接地网的引线长度。

6）接地棒插入土壤的深度应不小 0.6m。

2. 接地装置的运行检查

（1）检查内容。

1）检查接地线各连接点的接触是否良好，有无损伤、折断和腐蚀现象。

2）对含有重酸、碱、盐或金属矿岩等化学成分的土壤地带，应定期对接地装置的地下部分挖开地面进行检查，观察接地体腐蚀情况。

3）检查分析所测量的接地电阻值的变化情况，是否符合规程要求。

4）设备每次维修后，应检查其接地线是否牢靠。

（2）检查周期。

1）变电所的接地网一般每年检查一次。

2）根据接地线及中性线的运行情况，每年一般应检查 1～2 次。

3）各种防雷装置的接地线每年（雨季前）检查一次。

4）对于有腐蚀性土壤的接地装置，安装后应根据运行情况一般每 5 年左右挖开局部地面检查一次。

5）对于手动工具的接地线，在每次使用前应进行检查。

3. 降低接地电阻的措施

在电阻系数较高的土壤（如岩石、砂质及长期冰冻的土壤）中，要满足规定的接地电阻是有困难的，为降低接地电阻可采取下列措施。

（1）采用电阻系数较低的黏土、黑土及砂质黏土代替原有电阻系数较高的土壤，一般换掉接地体上部 1/3 长度，周围 0.5m 以内的土壤。

（2）对含砂土壤可增加接地体的埋设深度。深埋还可以不考虑土壤冻结和干枯所增加电阻系数的影响。

（3）对土壤进行人工处理，一般采取在土壤中适当加入食盐。根据实验结果，用食盐处理土壤后，砂质黏土的电阻减小 1/3～1/2，砂土减少 3/5～3/4，砂可减小 7/9～7/8；对于多岩土壤，用 1% 食盐溶液浸渍后，其导电率可增加 70%，花岗岩的导电率可增加 1200 倍。但土壤经人工处理后，会降低接地体的热稳定性，加速接地体的腐蚀，减少接地体的使用年限。因此，凡可以用自然方法达到接地电阻时，一般不采用人工处理的方法。

（4）当冻结的土壤在进行人工处理后，仍达不到要求时，最好把接地体埋在建筑物的下面，或在冬天采用填泥炭的方法。

2.6.8 对风电企业接地的一般要求

风电企业的接地，既是主变压器的工作接地，又是高压设备的保护接地，还是低压配电装置的重复接地，有时又作为防雷装置的防雷接地，各部分应单独与接地体相连，不得串联，扩建接地网与原接地网间应为多点连接。

每年宜进行一次接地装置引下线的导通检测工作，根据历次测量结果进行分析比较；对于高土壤电阻率地区的接地网，在接地电阻难以满足要求时，应有完善的均压及隔离措施；主变压器中性点等重要设备及设备架构应有两根与主接地网不同地点连接的接地引下线，且每根接地引下线均应符合热稳定要求，连接引线应便于定期进行检查测试；由开关场地的变压器、断路器、隔离开关和电流、电压互感器等设备至开关场就地端子箱之间的二次电缆，应经金属管从一次设备的接线盒（箱）引至电缆沟，并将金属管的上端与上述设备的底座和金属外壳良好焊接，下端就近与主接地网良好焊接。电缆的屏蔽层在就地端子箱处单端使用截面积不小于 $4mm^2$ 的多股铜质软导线可靠连接至等电位接地网的铜排上，在一次设备的接线盒（箱）处不接地。

在主控室、保护室屏柜下层的电缆沟内，按柜屏布置的方向敷设 $100mm^2$ 的专用铜排（缆），将该专用铜排（缆）首末端连接，形成保护室内的等电位接地网，用于提高静态继电保护自动装置抗干扰性能、各点电位差接近零值、与接地网可靠连接的铜排（缆）网络。

保护室内的等电位接地网必须用至少 4 根、截面不小于 $50mm^2$ 的铜排（缆）与厂、站的主接地网在电缆竖井处可靠连接。静态保护和控制装置的屏柜下部应设有截面不小于 $100mm^2$ 的接地铜排。屏柜上装置的接地端子应用截面不小于 $4mm^2$ 的多股铜线和接地铜排相连，接地铜排每孔连接的装置接地端子不宜超过 10 根。接地铜排应用截面不小于 $50mm^2$ 的铜缆与保护室内的等电位接地网相连。屏柜内的接地铜排应用截面不小于 $50mm^2$ 的铜缆与保护室内的等电位接地网相连。微机保护柜内（照明、打印机、调制解调器）使用的交流电源 N 回路不得与等电位接地网连接。柜内接地铜排应每孔连接。

2.7 漏电保护装置

2.7.1 漏电保护装置的种类

漏电保护装置的种类很多，通常把漏电保护器、漏电开关、漏电继电器、漏电插座、漏电报警器等统称为漏电保护装置。漏电保护装置主要有电压型和电流型两种，其中电流型又分为零序电流型和泄漏电流型两种。

防止漏电造成人身触电或电气火灾，均可采用漏电保护装置，也称触（漏）电保护器，它可直接应用于低压供电系统。三相交流电动机的单相运行保护也可选用漏电保护装置。在高压供电系统中，它可用于绝缘监视的检漏等。

2.7.2 常用漏电保护装置原理与使用

漏电保护装置按控制原理可分为电压动作型、电流动作型、交流脉冲型和直流型等。

其中电流动作型保护性能最好，应用最为普通。

电流动作型漏电保护装置是由测量元件、放大元件、执行元件、检测元件组成，如图2-17所示。

测量元件是一个电流互感器，相线和中性线从中穿过，当电源供出的电流经负载使用后又回到电源，互感器铁芯中合成磁场为零，说明无漏电现象。执行机构切断电源的时间为0.1s。

单相漏电保护器接线时，工作零线和保护零线一定严格分开不能混用，相线和工作零线接漏电保护器，若将保护零线接到漏电保护器时，漏电保护器将处于漏电保护状态而切断电源。

家庭漏电保护器一般接在单相电能表和断路器或胶盖刀闸（开启式开关熔断器组）后，是安全用电的重要保障。如图2-18所示。

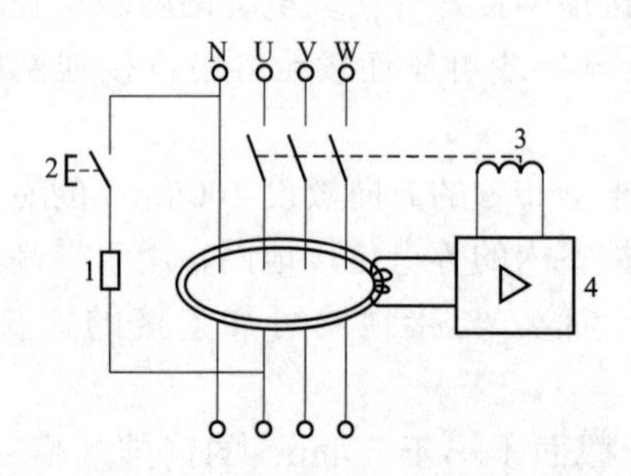

图2-17　电流动作型漏电保护装置的组成

1—检测元件；2—试验开关；3—执行元件；4—放大元件

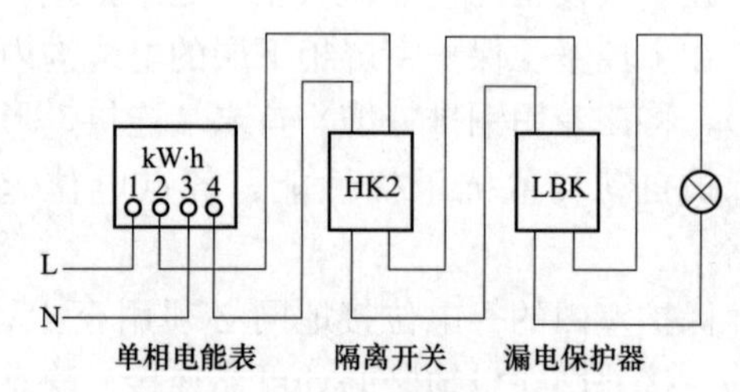

图2-18　漏电保护器的使用

2.7.3　漏电保护装置动作电流整定值的选择

漏电保护装置动作电流整定值的选择，与保护人身安全和三相电网稳定运行直接有关。

1. 第一级漏电保护装置整定值的要求

(1) 整定电流值要满足基本消灭线路接地和电力设备外壳漏电时所发生的人身触电事故的需要。

(2) 整定电流值应在雷雨季节（湿气较大）起到保护作用。

(3) 整定电流值要大于低压电网不平衡时漏电电流的数值。

由以上三点，保护装置的第一级保护整定电流值应在110mA左右。

2. 第二级保护装置整定电流值的要求

该级保护装置一般安装在农村的脱谷场院、居民点、农副产品加工厂、乡镇企业、中小型工厂的车间等场所。这是直接用来防止人身触电事故的保护设备。为防止触电伤人，最理想的是当触电电流很小时，自动切断电源，其动作时间可稍长一点；若触电电流较大，自动切断电源的动作时间应大大缩短，最大限度缩短电流通过人体的时间，使触电者立即脱离电源，常选用动作电流与动作时间的乘积，即采用“mA·s”参数来确定整定电流值。故第二级保护装置整定电流值按照国际电工委员会（IEC）所确定的30mA·s为人

身触电电流安全值。对于定时限的保护装置，其整定值一般不应超过 30mA。

3. 对末级保护装置整定电流值的要求

工农业生产中每一台用电设备及每个用电家庭安装的触（漏）电保护器（漏电保护装置）称低压电网的末级保护。保护器应根据不同的使用场合，选用不同的保护动作电流值。

(1) 对人体直接接触的保护。人体直接接触电源的一根相线或接触没有接地保护的电气设备的带电外壳时，电流就通过人体经大地到变压器中性点，从而构成回路。

(2) 对人体间接接触的保护。人体间接接触是指接触了已采用接地保护的设备，因保护接地的电阻压降引起设备外壳上带有危险电压，人体在此电压下也会触电。保护方法：采用对设备接地故障的直接保护，因外壳有接地电阻，发生故障后就有一个较大的漏电电流，当漏电电流大于保护器的动作电流就能准确动作。这种保护也可起到对人体接触危险电压的间接保护作用。可选用中灵敏度（动作电流在 100mA 左右）的保护器。

(3) 单相线路漏电的保护。保护器的动作灵敏度不仅取决于保护状况，而且还需考虑配电线路和电气设备本身的正常漏电。任何低压配电线路，对地都有漏电电流。在工作电压为 220V 时实测，一般塑料绝缘导线（截面积为 1.5～2.5mm^2）可能产生的最大泄漏电流为 36μA/m，设一户有 50m 配电线，则正常泄漏电流为 2mA 左右，再加上各种电气设备的漏电，总的漏电电流在 3mA 以上。保护器的实际动作电流为正常泄漏电流与人体触电电流之和。故一般家庭一户使用的保护器动作电流选 5～15mA；对于使用电热设备的家庭（漏电变化在 18～20mA），为保证在正常使用其他各种电气设备时保护器不误动作，其保护器的动作电流选取 30mA。

2.7.4 漏电保护器的选用及安装使用

1. 漏电保护器的选用原则

(1) 原则上应选用电流动作型的漏电保护器。其中 $I_{\Delta n} \leqslant 30$mA 的漏电保护器，可作为直接接触的补充保护，但不能作为唯一的保护。

(2) 在有爆炸危险场所，应选用防爆型漏电保护器。在潮湿、水汽较大的场所，应选用防水型漏电保护器；在粉尘浓度较高场所，应选用防尘型或密闭型漏电保护器。

(3) 选用漏电保护器时，安装地点的电源额定电压与频率应与漏电保护器的铭牌相符。保护器的额定电流和额定短路通断能力应分别满足线路工作电流和短路分断能力的要求。

(4) 保护单相线路和设备时，宜选用单极二线或二极式；保护三相线路和设备时，宜选用三极式；保护既有三相又有单相的线路和设备时，应选用四极式。

(5) 当采取分断保护时，应满足上下级动作的选择性，即当某处发生接地故障时，只应由本级的漏电保护器动作切断故障点的电源，而上一级漏电保护器不应同时动作或提前动作于跳闸切断电源。为此，在选择保护器时应遵守以下规则：

1）上一级漏电保护器的额定漏电动作电流×0.5 大于下一级漏电保护器的额定漏电动作电流之和。

2）上一级漏电保护器的可返回时间大于下一级漏电保护器的最长断开时间。

(6) 漏电开关的额定漏电动作电流的选择从安全保护的角度出发，选得越小越好，但从供电的可靠性出发，不能过小，应受到线路和设备正常泄漏电流的制约。所以，$I_{\Delta n}$ 应大于线路和设备的正常泄漏电流。

(7) 漏电保护器动作时间的选择。主要用于触电保护的应选择动作时间小于 0.2s 的快速型漏电保护器，主要用于防火保护或漏电报警的应选择动作时间为 0.2～2s 的延时型漏电保护器。

2. 安装与使用

(1) 使用的漏电保护器应符合选择条件，即电网的额定电压等级应等于保护器的额定电压，保护器的额定电流应不小于线路的最大工作电流。

(2) 保护器试验按钮回路的工作电压不能接错。电源侧和负载侧也不能接错。

(3) 总保护和干线保护装在配电室内，支线或终端线保护装在配电箱或配电板上，并保持干燥通风、无腐蚀性气体的损害。

(4) 在保护器的负荷侧中性线不得重复接地或与设备的保护接地线相连接。

(5) 设备的保护接地线不可穿过零序电流互感器的贯穿孔。

(6) 当负载为单相、三相混合电路时，中性线必须穿过零序电流互感器的贯穿孔并采用四极漏电保护器。

(7) 零序电流互感器安装在电源开关的负载侧出线中，应尽量远离外磁场；与接触器应保持 300～400mm 的距离，以防止外磁场影响而引起保护器误动作。

(8) 保护器应远离大电流母线。穿零序电流互感器的导线应捆扎在一起形成集束线，置于零序电流互感器贯穿孔的中心位置。

(9) 保护器本身所用的交流电源（供整流用或脱扣线圈用）应从零序电流互感器的同一侧取得。

(10) 电路接好后，应首先检查接线是否正确，并通过试验按钮进行试验，按下试验按钮，保护器应能动作，或用灯泡对各相进行试验。具体方法为：按保护器的动作电流值选择适当的灯泡（瓦数），将零序电流互感器下面的出线断开，用灯泡分别接触各相（灯泡的另一端接地），则保护器应动作、跳闸。

2.7.5 漏电保护装置的运行管理

安装使用触电保护器（漏电保护装置），是提高安全用电水平的技术措施之一，但不是消灭触电伤亡事故的唯一手段，必须与安全用电的管理相结合，才能起到明显的效果。

要使保护器发挥应有的保护作用，就必须加强电网的运行管理，建立健全线路和用电设备的巡视制度，在用电高峰期应增加巡视次数。保护器要求每周检查一次。投入运行前须经有关部门检查验收并建立档案。

对运行中的保护器，进行检查试验的内容包括：

(1) 动作是否灵敏可靠（动作电流和动作时间）；

(2) 密封及清洁状况；

(3) 外壳有无损坏，接线端子有无松动和发热，接线有无断裂和碰线等。

每台保护器应建立运行记录，必须由负责人认真填写各项内容：名称、型号、生产厂

家、出厂日期、安装投运日期，以及正确动作率和动作次数等。对故障检修应做详细记载。

如果发现保护器跳闸后不能合闸，判断故障的最简单的办法是将被保护线路（或设备）退出运行。假如保护器主回路仍然合不上闸，则肯定是保护器本身发生故障；若能合闸，同时操作试验按钮也能跳闸，则说明保护器完好，属线路故障所造成。

保护器跳闸后，如无异常情况，允许合闸试送一次；如果再跳闸，应分路分片停电后试送；不能连续强送电，严禁强迫开关投入运行。

在电流型和电压型触电保护器的测试中，应设有专用接地极，决不能和变压器接地极连接；专用接地极的接地电阻不大于触电保护器内试验电阻的20％；禁止用相线直接触碰变压器接地极进行动作试验。

2.8 电气安全联锁装置

凡以安全为目的，互为制约动作的电气装置，称为电气安全联锁装置。电气安全联锁装置按用途可分为防止触电事故的联锁装置、排除电路故障的联锁装置、执行安全操作程序的联锁装置等。

2.8.1 防止触电事故的联锁装置

防止触电事故的联锁装置主要是指防止人体直接触及或接近带电体的联锁装置。这种装置常用于“电气禁区”的门、窗等物的制约动作保护。例如，对电容器室门装设行程开关，开门即断电，保证工作人员不致触及带电体。

这类联锁采用限位开关或行程开关与接触器组成，其使用范围较广，操作简单。防止人体接近带电体的联锁装置，还可选无接触式的一次元件代替上述限位开关，如光电开关、红外开关、超声波开关以及接近开关等电子器件进行控制。

2.8.2 排除电路故障的联锁装置

交流三相电动机单相运行，短路以及过载运行都会造成电动机设备故障或导致火灾等重大事故。因此，在设备或其电路上装设保护装置并与电源实施联锁，是很有意义的。它也是电气安全技术的重要内容。

(1) 熔断器保护：它对电路短路事故做保护。线性负载电路或负荷较小的电路可作为过载保护。短路保护的熔芯额定电流可选为工作电流的3～4倍，过载保护的熔芯额定电流可选为工作电流的1.1～1.2倍。

(2) 脱扣器与过电流继电器保护：电路过载可选用长延时过电流继电器，短路可选用瞬时动作或短延时动作过电流继电器与保护用自动开关脱扣器组成联锁动作，保证即时切断电路。

(3) 三相交流电动机单相保护：电动机发生单相运转时，电动机线圈严重过电流，短时间即可烧坏电动机线圈。如不能即时断电，可发生设备事故，还可并发火灾事故。因此，为完成瞬时断电的事故联锁动作，普遍采用单相保护措施。根据保护装置采集信号方式可分为利用设备中性点电压方式、线路电压方式以及利用电流变化方式等。

2.8.3 执行安全操作程序的联锁装置

电力系统电气误操作事故屡禁不止，选用可靠性高、设计合理、功能完备的防误闭锁装置，同时加强运行人员、安装检修人员对防误闭锁装置的安装、使用、检修的培训，提高运行检修人员对防误闭锁装置性能、构造的了解，掌握正确的使用和检修方法；制定切实可行的防误闭锁装置运行维护规程和管理制度；加强管理，确保已装设的防误闭锁装置正常运行，显得非常重要。

1. 防止电气误操作的范围（“五防”）

(1) 防止带负荷分、合隔离开关。断路器、负荷开关处于合闸状态时不能操作隔离开关。

(2) 防止误分、误合断路器、负荷开关。只有操作指令与操作设备对应才能对被操作设备操作。

(3) 防止接地开关处于闭合位置时合断路器、负荷开关。只有当接地开关处于分闸状态，才能合隔离开关或手车进至工作位置，之后才能操作断路器、负荷开关闭合。

(4) 防止在带电时误合接地开关。只有在断路器分闸状态，才能操作隔离开关或手车从工作位置退至试验位置，之后才能合上接地开关。

(5) 防止误入带电间隔。只有隔室不带电时，才能开门进入隔室。

2. 防误操作装置的形式

目前电力系统使用的防误闭锁装置主要有机械联锁式、电气联锁式、机械程序锁式、微机式等。

(1) 机械联锁式防误闭锁装置：最基本的防误闭锁方式，主要是利用设备的机械传动部位的互锁来实现的。它的优点是简单可靠，易于实现。

(2) 电气联锁式防误闭锁装置：主要是利用电磁锁和断路器、隔离开关及接地开关的辅助切换开关来实现的，每个电磁锁的控制回路中都串入相关的断路器、隔离开关及接地开关的辅助切换开关的触点，以控制电磁锁的打开与否，从而达到防误的目的。它的优点是解决了机械联锁式防误装置所不能实现的结构独立的设备间的闭锁问题。它的缺点是投资较大，需要很多控制电缆，并需要增加辅助切换开关的触点数目；另外，接线比较复杂，可靠性差。

(3) 机械程序锁式防误闭锁装置：主要是利用一把钥匙按顺序打开多把锁，或多把钥匙有机组合按顺序打开多把锁这一原理来实现的。

(4) 微机式防误闭锁装置：目前最新型、最先进的一种防误装置，主要是利用微型计算机（或单板机）加外围设备（如继电器、电磁锁等）来实现防误闭锁的。它的主要优点是使用灵活、功能齐全，同时还具有音响报警和数字显示功能，并能满足各种特殊操作的要求。

我国电力系统使用的微机防误装置分无线式和有线式两种：无线式微机防误装置不需要电缆，易于安装，节省投资，适用于已投产运行的变电所中；有线式微机防误装置需要电缆，投资大，不易安装，但使用方便，可靠性高。

3. 防误操作装置的要求

（1）新建、扩建发电厂、变电所的防误闭锁装置凡应安装闭锁装置而未装或新装闭锁装置验收不合格、功能不全者，不得将该设备投入运行。

（2）已运行设备防误装置的安装、更新改造工作，其设计方案应经上级主管部门审批后方可实施。使用效果良好的，经总工程师批准后推广使用。

（3）凡是能用防误装置防止因人员误操作的设备都要装防误装置。

（4）防误装置应满足“五防”功能。

（5）防误装置应做到结构简单、性能可靠、操作维修方便，不增加正常操作和事故处理的复杂性。

（6）防误装置应做到防雨、防潮、防霉、防尘，满足长期可靠使用的要求。“五防”闭锁不应影响开关分、合闸速度特性，并应实测鉴定。

（7）紧急解锁钥匙管理：

1）做好各类紧急解锁钥匙使用、借用记录。

2）因设备故障、检修等原因必须使用紧急解锁钥匙的开关，仅限本开关使用，严禁扩大使用范围。

3）紧急解锁钥匙现场封存，按值移交。如因特殊原因需要使用紧急解锁钥匙时，经值班长同意后，向风电场提出申请，经风电场场长批准后方可使用。

4）紧急解锁钥匙因工作需要经同意开封使用后，应由班长当天封存，并在封条上注明年、月、日。紧急解锁钥匙在每次使用后运行人员及时在台账上进行登记，值长应及时对钥匙重新密封。

5）值长应定期检查密封情况，破损时应及时密封完好。

（8）安装的接地装置应完整可靠，投运前接地电阻应实测合格。

（9）安装的防误装置应尽可能不破坏原设备结构。

（10）各类防误装置必须有紧急解锁措施。

（11）防误装置应与一次设备模拟图配套使用。

4. 微机防误闭锁装置使用基本规定

（1）微机防误闭锁装置是采用先进的计算机技术防止电气误操作的闭锁装置。使用中应严格执行安全操作规定，正确掌握使用方法，不断完善使用功能。

（2）微机防误闭锁装置在进行操作时，应按值班调度员下达的操作命令填写操作票，操作票应经操作人、监护人、值班负责人等审核无误。

（3）模拟操作前，必须核对模拟盘断路器、隔离开关的位置与现场设备的实际位置是否相符。若主机开启后发出警告信号，并显示了位置不对应的断路器或隔离开关编号，应仔细检查纠正，以与实际设备位置相符。

（4）现场操作前必须持填写好的操作票在模拟盘上进行模拟操作，以核对填写操作票的正确性。

（5）模拟操作时，若有错误信号显示，操作人员应查明原因，纠正无误后方可继续操作。

（6）微机系统所打印的操作票应与填写的操作票进行核对审查，以进一步检验所填操作票的正确性。若打印出的操作票有错误，应将错票存档，并做好记录，供修改软件时参考。

(7) 上述操作票核对无误后，按主机传送键，将操作项目、顺序传达至计算机钥匙。

操作项传送完毕，计算机钥匙发出短时间音响，其液晶显示器上显示出第一项操作的断路器或隔离开关编号，表明操作项传送正确，或进行现场操作。

(8) 现场操作时，应持经审查及模拟核对无误的手写操作票和计算机钥匙，严格按操作票列的一、二次操作项的顺序进行操作。操作中应认真核对计算机钥匙显示的设备编号与实际设备名称、编号和位置相符。

(9) 现场操作时，严禁误碰计算机钥匙的电源开关，以防止内存的操作项目全被消除。

(10) 现场操作时，若计算机钥匙不能解锁，并发生警告信号，应停止操作并仔细检查是否走错间隔或操作顺序有无错误。严禁强行开锁。

(11) 操作过程中，若发现程序不正常等现象，本值（班）不能处理时，应做好记录，由专责人进行处理。

(12) 操作结束后，应立即关闭钥匙、主机和打印机的电源开关。此时主机已记录操作完了时的设备状态。

(13) 严禁擅自使用解锁钥匙。紧急情况下，必须使用时，应经场长许可。

(14) 事故处理及紧急情况下，使用解锁钥匙操作后，应及时改动模拟盘上相应的断路器和隔离开关位置，并开启主机，将此位置状态存入机内，以确保模拟盘位置状态与现场实际位置一致。

(15) 正常维护管理中，严禁擅自打开微机装置的机壳，触动其内部件。

(16) 系统增容扩建或接线方式变化时，应由微机防误闭锁装置专责人及时补充或改变其软、硬件，其他人员不得私自更改。

(17) 运行人员在操作过程中解锁后应将锁销全部拔出方可操作，该项操作完后应检查锁是否锁死。若锁销拔不出或卡死，应首先检查设备名称和编号是否正确，操作方法是否正确、电源是否良好、机械传动是否灵活。严禁在未查清原因前，用其他工具撬、击闭锁装置，或使用解锁钥匙等方式强行操作。

5. 运行人员职责

(1) 运行人员应对安装和检修的防误装置进行验收，合格后投入运行。已投入运行的防误装置由运行人员负责使用、维护和管理。

(2) 运行人员应熟悉防误闭锁装置的原理、功能、结构及操作方法。防误装置投运行前应由设备厂家、主管部门技术人员对运行人员进行防误装置运行操作及维护管理的专门培训，并经考试合格。

(3) 防误装置的巡视应与主设备同时进行。主要巡视防误装置完好情况及实际位置、防雨罩完好情况、螺钉紧固情况和接地桩头与接线的连接情况等。各单位还应根据本单位闭锁装置类型，在现场规程中制定闭锁装置的具体巡视内容。

(4) 应加强程序锁、挂锁及解锁钥匙的管理，做到编号正确，完整齐全，存放位置固

定。备用钥匙应与正常使用的钥匙分开存放，并随班交接，由值班长负责管理。严禁随意使用解锁钥匙，必须使用时，应经风电企业场长批准，并执行操作监护制度，不准单人操作。

(5) 机械闭锁装置运行中可注油的轴、锁、活动部位应定期加注润滑油。挂锁和能开启的程序锁应每季在专人监护下开启一次，雨季适当增加开启次数，以防卡涩锈蚀。

(6) 防误装置的缺陷应与主设备缺陷同时上报，由风电企业或主管部门安排检修人员处理，并将上报情况记入设备缺陷记录。

2.9 过电压与防雷保护

电力工作中，常见的过电压为操作过电压，其是指操作行为在电感—电容回路中激发高频振荡暂态过程而引起的过电压。主要包括切、合空载长线路，切除空载变压器或感性负荷等情况。为了防范操作过电压，主要在项目设计和设备选型过程中加以防护，具体措施有选用灭弧能力强的高压开关，提高开关动作的同期性，开关断口加装并联电阻，采用性能良好的避雷器等。

2.9.1 电气设备操作过电压及防护

1. 操作过电压的产生及防护

工作中操作电动机、电抗器、变压器和配电线路时，真空断路器、真空接触器在关合、开断电动机、电抗器和变压器等感性负载时，容易产生截流过电压、多次重燃过电压及三相同时开断过电压。产生操作过电压的原因，是由于电力系统的许多设备都是储能元件，在断路器和隔离开关的过程中，储存在电感中的磁能和储存在电容器中的静电场能量（电能）发生了转换，过度的振荡过程，由振荡而引起过电压。

操作过电压的特点是持续的时间通常比雷电过电压长而又比暂态过电压短。一般在数百微秒到100ms，并且衰减得很快。电力系统发生操作过电压的原因很多，一般有以下几种情况：

(1) 切断电感性负载而引起的操作过电压。例如，切断空载变压器、消弧线圈、电抗器和电动机等引起的过电压。

(2) 切断电容性负载而引起的操作过电压。例如，切断空载长线路、电缆线路或电容器组等引起的过电压。

(3) 合上空载线路（包括重合闸）而引起的操作过电压。例如，具有残余电压的系统在重合闸过程中，由于再次充电而引起的重合闸操作过电压。

此外，还有间歇性弧光接地、电力系统因负荷突变或系统解列、甩负荷而引起的操作过电压。在这种情况下，通常系统以操作过电压开始，接着还会出现持续时间较长的暂态过电压。

2. 操作过电压的预防

目前，真空开关和 SF_6 开关是无油开关的两大主导产品，他们在性能上相差无几，

但真空开关无 SF_6 的温室效应问题，其工艺水平适合我国企业的制造现状，价格相对较低。所以风电场除送出线路采用 SF_6 开关外，其他如动态无功补偿、电容器、集电线路等都采用真空断路器，其操作过电压问题已日益突出，必须予以关注并采取相应解决措施。

真空开关的触头是在密封的真空腔内分、合电路的，触头切断电流时，仅有金属蒸汽离子形成的电弧，而无气体的碰撞游离，因金属蒸汽离子的扩撒及再复合过程非常快，从而能快速灭弧和恢复原来的真空度，可经受多次分、合而不降低开断能力。其主要特点如下：

(1) 结构紧凑，体积小，质量轻，动作快，分、合闸所需功率少。

(2) 电气、机械寿命长，触头寿命一般比少油开关长 50 倍，维修工作量少。

(3) 开断容量大，允许开断次数多，适合于频繁操作的场合。

(4) 不产生高压气体及有害气体，无火灾及爆炸危险，不污染环境。

(5) 开断小电感电流时容易发生截流过电压及电弧重燃过电压。

3. 过电压防护

过电压防护是从技术上防止、抑制其数值在允许范围内，以减小过电压对电气设备的危害和捡漏的可靠性。常用的防护措施如下：

(1) 降低截流量，从根本上降低截流过电压。适当加大触头开距，以抑制电弧重燃过电压。

(2) 装设 $R-C$ 吸收器，若电阻及电容参数选择合适，既可降低过电压幅值，又可减缓过电压上升陡度。一般每相电容值取 0.1～0.2μF，电阻取 100～200Ω，功率不小于 200W。这是常用的一种方法。

(3) 设置 $R-L$ 保护器。将电阻 R 与铁芯电感 L 并联后串接于开关与电缆之间。正常时铁芯饱和电感较小，压降及损耗都很低，不影响负载的工作。当发生电弧重燃振荡时，高频电流使铁芯电抗增大，抑制过电压，电阻则起阻尼及限流作用。

(4) 采用氧化锌避雷器，实际上是一个非线性压敏电阻，在工作电压下呈极大电阻，漏电流为微安（μA）级，不影响电网运行。过电压时，其阻值骤降并呈稳压特性，一般可将过电压限制在 2 倍相电压以下，且阀片间有一定电容量，对残压的突变有抑制作用。

4. 限制操作过电压的措施

(1) 选用灭弧能力强的高压开关。

(2) 提高开关动作的同期性。

(3) 开关断口加装并联电阻。

(4) 采用性能良好的避雷器，如氧化性避雷器，并依据性能装于不同作用的开关柜内。

(5) 使电网的中性点直接接地运行。

通常从加强运行管理和采取防护措施两方面来抑制操作过电压，以保证电网安全稳定运行。

2.9.2 雷电产生机理与类型

1. 雷电是大气中的放电现象

在大气层中，由于大气的剧烈运动，引起静电摩擦和其他电离作用，使云团内部产生了大量的带正、负电荷的带电离子，又因空间电场力的作用，这些带电离子定向垂直移动，使云团上部积累正电荷，下部积累负电荷（情况也可以相反），云团内产生分层电荷，形成产生雷电的雷云。云层间或云和地之间的电位差增大到一定程度时，即发生猛烈放电现象（闪电）。在闪电的同时，放电的路径上空气的温度瞬息间可以增高几万度，空气因急剧增热而膨胀就会引起空气的剧烈振动、冲击、爆炸，产生强烈的雷鸣（打雷）。由于光速比声速快，故先见闪电，后闻雷声。雷电放电的发展过程和雷电流的波形如图 2-19 所示。

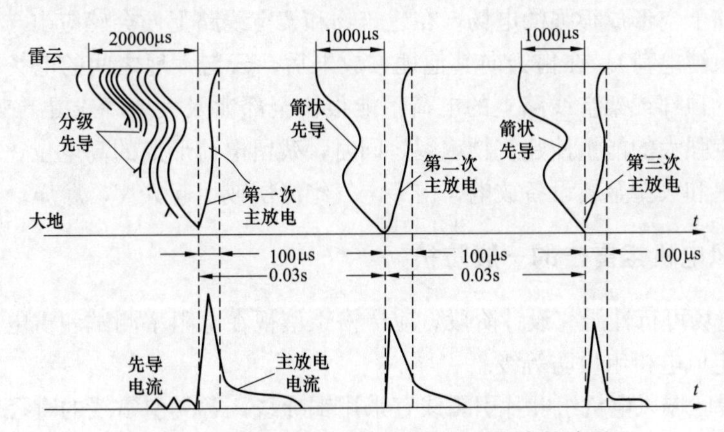

图 2-19 雷电放电的发展过程和雷电流的波形

2. 雷电的常见类型

(1) 直击雷：雷云直接对建筑物或地面上的其他物体放电的现象。

(2) 感应雷：包括静电感应雷和电磁感应雷两类。

1) 静电感应雷。静电感应雷是由于雷云接近地面，在地面凸出物顶部感应出大量异性电荷所致。在雷云与其他部位放电后，凸出物顶部的电荷失去束缚，以雷电波形式，沿凸出物极快地传播。

2) 电磁感应雷。电磁感应雷是由于雷击后，巨大雷电流在周围空间产生迅速变化的强大磁场所致。这种磁场能在附近的金属导体上感应出很高的电压，造成对物体的二次放电，从而损坏电气设备。

3) 球形雷，也称作球状闪电，俗称滚地雷。通常在雷暴时发生，为圆球形状的闪电。它十分亮，近圆球形，直径为 15～40cm，通常仅维持数秒，但也有维持了 1～2min 的记录。球状闪电的危害较大，它可以随气流起伏在近地空中自在飘飞或逆风而行。它可以通过开着的门窗进入室内，常见的是穿过烟囱后进入建筑物。它甚至可以在导线上滑动，有时会悬停，有时会无声消失，有时又会因为碰到障碍物爆炸。

2.9.3 雷电的危害

大多数雷云放电是发生在雷云之间，并且对地面没有直接影响。而雷云对地放电虽然占的比例不大，但一旦发生，就有可能带来较严重的危害。

1. 直击雷的危害

雷云放电时，引起很大的雷电流，可达几百千安，从而产生极大的破坏作用。雷电流通过被雷击物体时，产生大量的热量，使物体燃烧。被击物体内的水分由于突然受热，急剧膨胀，还可能使被击物劈裂。所以当雷云向地面放电时，常常发生房屋倒塌、损坏或者引起火灾，发生人畜伤亡。

2. 感应雷的危害

雷电感应是雷电的第二次作用，即雷电流产生的电磁效应和静电效应作用。雷云在建筑物和架空线路上空形成很强的电场，在建筑物和架空线路上便会感应出与雷云电荷相反的电荷（称为束缚电荷）。在雷云向其他地方放电后，云与大地之间的电场突然消失，但聚集在建筑物的顶部或架空线路上的电荷不能很快全部泄入大地，残留下来的大量电荷，相互排斥而产生强大的能量使建筑物震裂。同时，残留电荷形成的高电位，往往造成屋内电线、金属管道和大型金属设备放电，击穿电气绝缘层或引起火灾、爆炸。

2.9.4 防止风电机组雷击的一般防护

（1）在风电场可行性研究设计阶段，应严格土壤视在电阻率测试和雷电等级确定，根据有关标准确定风电机组设防等级。

（2）强雷暴区域风电机组叶片引雷线宜采用铜导线，各类引雷线的直径应满足技术规范要求。

（3）叶片引雷线必须固定牢固，与叶片根部法兰连接的那一段引下线不能悬空，要设计机构使其固定，在招标及订货时明确提出。

（4）叶片到场后和吊装前，均应检查叶片防雷引下线是否完好，并检测叶片接闪器到叶片根部法兰之间的直流电阻，不得高于厂家规定的电阻值。应仔细检查防雷引下线各连接点连接是否存在问题，或通知生产厂家来现场处理。

（5）机组吊装前后，应检查变桨轴承、主轴承、偏航轴承上的泄雷装置（电刷、滑环、放电间隙等）的完好性；并确认塔筒跨接线连接可靠。叶片吊装前，应检查并确保叶片疏水孔通畅。

（6）应及时修补表面受损叶片，防止潮气渗透入玻璃纤维层，造成内部受潮。定期清理叶片表面的污染物，防止接闪器失效。

（7）应定期检查从轮毂至机组塔底引雷通道，每年一次测量阻值。要及时清理引雷滑环的锈蚀，及时紧固引雷接线，确保引雷通道接触良好，阻值正常。

（8）必须确保风电机组电气系统中所有的等电位连接无异常。

（9）定期检查风电机组电气回路的避雷器，及时更换失效避雷器。

（10）应在每年雷季来临前测量一次风电机组接地电阻，确保接地电阻值在 4Ω 以下并尽可能降低接地电阻。

2.9.5 风电机组防雷措施

为加强风电机组防雷管理，减少因雷击造成的风电机组损坏，在基建和生产过程中应做好以下预防措施工作。

1. 基建过程中的防雷措施

(1) 机组接地施工时，要派人旁站，进行现场监督，确保施工及工艺材料等符合投标文件要求。

(2) 基础施工结束后或机组吊装前，须测量一次接地电阻，接地电阻应小于4Ω。

(3) 叶片吊装前，须对叶片引下线做贯通性、可靠性两项检查。

1) 贯通性检查：测量叶片各接闪器到叶片根部法兰之间的直流电阻，直流电阻值要小于50mΩ。

2) 可靠性检查：检查引下线是否全程可靠地固定在叶片内，着重检查叶根处引下线的固定方式，引下线不能悬空、不能有松动的迹象。

(4) 叶片吊装前，应检查并确保叶片疏水孔通畅。

(5) 机组吊装前后，应检查变桨轴承、主轴承、偏航轴承上的泄雷装置（防雷电刷或放电间隙）的完好性，并确认塔筒跨接线连接可靠。

2. 生产过程中的防雷措施

(1) 每年要对风电机组接地工频电阻进行测量，明显大于设计值的或与往年相比明显变大时，要查找原因，进行整改。

(2) 对于多雷区、强雷区以及运行经验表明雷害严重的风电场，须至少每两年测量一次叶片各接闪器至叶根的直流电阻，电阻值不应明显大于50mΩ。雷害严重的风电场应测量机组接地装置的冲击接地电阻，电阻值应小于10Ω或不大于设计值。

(3) 每年雷雨季节前须检查叶片引下线、机舱避雷针、塔筒跨接线、塔筒接地线的连接情况；检查各处防雷电刷磨损情况；检查电刷与旋转部件的接触面是否存在油污；检查各轴承处放电间隙的间隙距离是否超标（应小于5mm，具体按厂家要求执行）。没有防雷电刷或放电间隙的机组，须及时整改。

(4) 每年雷雨季节前须检查塔底柜、机舱柜及发电机的防雷模块以及浪涌保护器是否可以正常工作，损坏或故障指示器变色后须及时更换。

(5) 雷雨过后，要及时检查机组的受雷情况（特别是山坡迎风面），叶片有无噪声，有无雷击痕迹；对于有雷击迹象的机组应检查叶片内部引下线是否熔断，检查接闪器附近的叶片是否有烧灼；具备振动监测条件的风场，要留意机组振动有无明显加剧；及时检查避雷器动作情况，记录放电计数器数据。

2.9.6 人身防雷措施

(1) 雷暴时，非工作必要，应尽量少在户外或野外逗留，在户外或野外宜穿塑料等不浸水的雨衣、硅胶鞋（绝缘鞋）等。

(2) 雷暴时，宜进入有宽大金属构架或有防雷设施的建筑物、汽车或船只内。

(3) 在建筑物或高大树木屏蔽的街道躲避雷暴时，应离开墙壁和树干8m以上。

(4) 雷暴时，应尽量离开小山、小丘、海滨、河边、池旁、铁丝网、金属晒衣绳、旗杆、烟囱、孤独的树木和无防雷设施的小建筑物和其他设施。

(5) 雷暴时，在户内应注意雷电侵入波危险，应离开明线、动力线、电话线、广播线、收音机和电视机电源线的天线以及与其相连的各种设备 1.5m 以上，以防这些线路或导体对人体的二次放电。

(6) 雷暴时，还应注意关闭门窗，防止球形雷进入室内造成危害。

思考题

1. 目前使用的主要防雷设施有哪些?
2. 何谓接地、接地极、接地线和接地装置?
3. 什么是 TN-C 系统?
4. 低压用电设备有哪几种系统接地方式?
5. 什么是保护接地?
6. 人体的安全电流和安全电压各为多少?
7. 漏电保护器有哪几种类型?
8. 电流型漏电保护器是怎样工作的?
9. 常见的触电方式有哪几种?
10. 防止触电的保护措施有哪些?
11. 电气设备的绝缘老化形式有哪些?
12. 需要使用屏护的场合有哪些?
13. 防止电气误操作的范围有哪些?

安 全 工 器 具

3.1　安全工器具的作用与分类

3.1.1　安全工器具的作用

安全工器具是用于防止触电、灼伤、高空坠落、物体打击等人身伤害，保障操作者在工作时人身安全的各种专门用具和器具。在风电企业安全生产过程中，为了顺利完成生产任务而又不发生人身事故，操作者必须携带和使用各种安全用具。例如，对运行中的电气设备进行巡视、改变运行方式、检修试验时，需要采用电气安全用具；在线路施工或高处作业中，需要使用登高安全用具；在带电的电气设备上或邻近带电设备的地方工作时，为了防止触电或被电弧灼伤，需使用绝缘安全用具等。

3.1.2　安全工器具的分类

安全工器具可分为绝缘安全工器具、一般防护安全用具、安全围栏（网）和标志牌三大类。

1. 绝缘安全工器具

绝缘安全工器具又分为基本安全工器具和辅助安全工器具两种。

(1) 基本绝缘安全工器具：能直接操作带电设备、接触或可能接触带电体工器具，如电容型验电器、绝缘杆、绝缘隔板、绝缘罩、携带型短路接地线、个人保安接地线、核相器等。

(2) 辅助绝缘安全工器具：绝缘强度不能承受设备或线路的工作电压，只是用于加强基本绝缘安全工器具的保安作用，用以防止接触电压、跨步电压、泄漏电流电弧对操作人员的伤害的工器具，不能用辅助绝缘安全工器具直接接触高压设备带电部分。属于这一类的安全工器具有绝缘手套、绝缘靴（鞋）、绝缘胶垫等。

2. 一般防护安全用具（一般防护用具）

一般防护安全用具是指防止工作人员发生事故的工器具，如安全帽、安全带、梯子、安全绳、导电鞋（防静电鞋）、安全自锁器、速差自控器、防护眼镜、过滤式防毒面具、正压式消防空气呼吸器、SF_6 气体检漏仪、氧量测试仪等。

3. 安全围栏和标志牌

安全围栏和标志牌指用于安全隔离的围栏和各种安全标志的标志牌等。

3.2 绝缘安全工器具的使用与管理

3.2.1 验电器

验电器是检验电气设备是否带电的一种安全用具，分低压验电器和高压验电器两种。

(1) 验电器的结构。高压验电器一般由接触电极、验电指示器、绝缘伸缩杆和护手环等组成。高压验电器从原理上分为电容型高压验电器和回转式高压验电器（风车型高压验电器）。电容型验电器是通过检测流过验电器对地杂散电容中的电流，检验高压电气设备、线路是否带有运行电压的装置；回转式高压验电器则是利用高压电磁感应原理制成的。目前，电力系统及风电企业使用最普遍的是棒状伸缩型电容高压声光验电器，该验电器兼具声音和闪光报警，较为安全可靠，如图 3-1 (a) 所示。

低压验电器一般由笔尖金属体、电阻、氖管、弹簧、笔尾金属体组成。低压验电器是利用电流通过验电器、人体、大地形成回路，其漏电电流使氖泡起辉发光而工作的。只要带电体与大地之间电位差超过一定数值（36V 以上），验电器就会发出辉光，从而来判断低压电气设备是否带有电压，如图 3-1 (b) 所示。

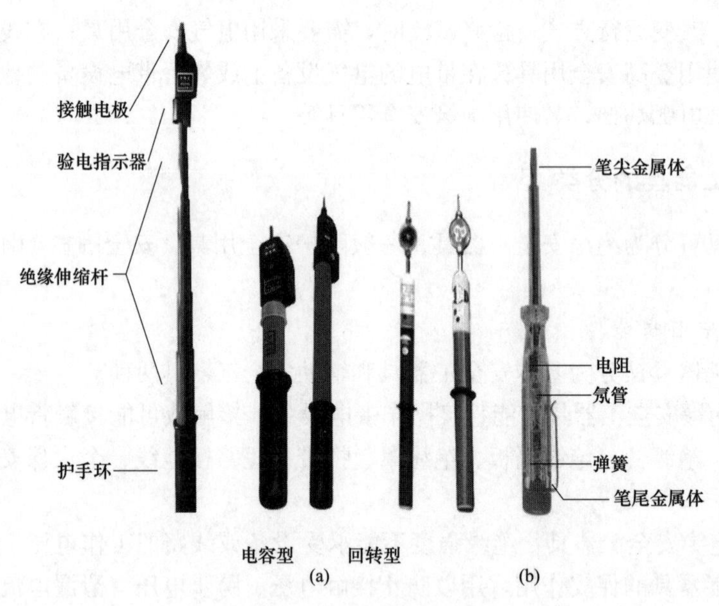

图 3-1 验电器结构图

(a) 高压验电器；(b) 低压验电器

(2) 高压验电器的使用及注意事项。

1) 高压验电器的电压等级必须与被试设备的额定电压相对应，验电操作顺序应按照验电“三步骤”进行：即在验电前必须进行自检，方法是用手指按动自检按钮，指示灯有间断闪光，同时发出间断报警声，说明该仪器正常，或将验电器在带电的设备上验电，以验证验电器是否良好；然后在已停电的设备进出线两侧逐相验电，当验明无电后再把验电器在带电设备上复核一下，看其是否良好。

2）高压验电时，操作者应戴绝缘手套。

3）使用发光型验电器时，应逐渐靠近带电体，至氖光灯发亮为止，不能直接接触带电部分。

4）高压验电器在使用时一般不应接地，但在木框架上验电，如不接地线不能指示，可在验电器上接地线，但必须经值班负责人许可，并要防止接地线引起的短路事故。

5）对于电容式高压验电器，绝缘杆上标有红线，红线以上部分表示内有电容元件，且属带电部分，该部分要按《电力安全工作规程》的要求与临近导体或接地体保持必要的安全距离。使用时，应特别注意手握部位不得超过护环，如图3-2（a）所示。

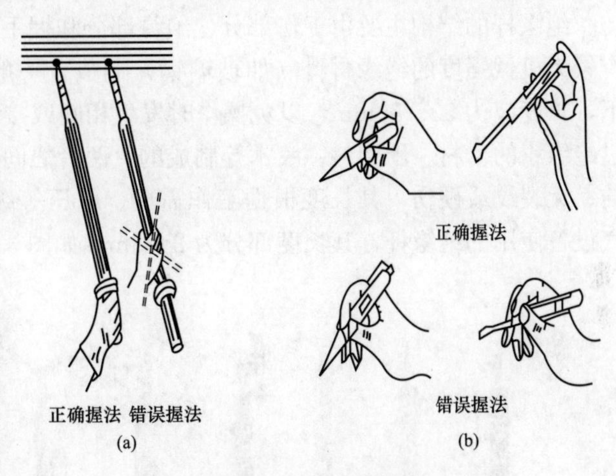

图3-2 验电器握法
（a）高压验电器握法；（b）低压验电器握法

6）风车型验电器通过带电导体尖端放电产生的电晕风，驱动金属叶片旋转来检查设备是否带电。风车验电器由风车指示器和绝缘操作杆等组成。使用时只要将风车指示器逐渐靠近被测的电气设备，设备带电，风车旋转，反之则风车不转动。使用前应观察回转指示器叶片有无脱轴现象，脱轴者不能使用。轻轻摇晃验电器，其叶片应稍有晃动。在雨雪等环境条件下，禁止使用风车型验电器。

（3）高压验电器的保管。

1）注意被试部位各方向的邻近带电体电场的影响，防止误判断。

2）避免跌落、挤压、强烈冲击、振动，不要用腐蚀性化学溶剂和洗涤等溶液擦洗。

3）不要放在露天烈日下曝晒，验电器用后应存放于匣内，置于干燥处，避免积灰和受潮。

（4）低压验电器的使用及注意事项。

1）使用前应在确认有电的设备上进行试验，确认验电器良好后方可进行验电。在强光下验电时应采取遮挡措施，以防误判断。

2）验电器可区分相线和接地线，接触时氖泡发光的线是相线，氖泡不亮的线为接地线（中性线）。

3）验电器可区分交流电或是直流电，电笔氖泡两极发光的是交流电，一极发光的是直流电，且发光的一极是直流电源的负极。

4）使用时一定要手握笔尾金属体或尾部螺钉，笔尖金属探头接触带电设备，严禁用湿手去验电，严禁用手接触笔尖金属探头，如图3-2（b）所示。

3.2.2 绝缘杆

绝缘杆也称操作棒或令克棒，是用于短时间对带电设备进行操作或测量的绝缘工具，如用来操作高压隔离开关和跌落式熔断器的分合、安装和拆除临时接地线、放电操作、处理带电体上的异物，以及进行高压测量、试验、直接与带电体接触等各项作业和操作。

1. 绝缘杆的结构

绝缘杆的结构主要由工作部分、绝缘部分和握手部分构成。工作部分一般由金属或具有较大机械强度的绝缘材料（如玻璃钢）制成，一般不宜过长。在满足工作需要的情况下，长度应为50～80mm，以免操作时发生相间或接地短路。绝缘部分和握手部分是用浸过绝缘漆的木材、硬塑料、胶木等制成的，两者之间由护环隔开。绝缘杆的绝缘部分须光洁、无裂纹或硬伤，其长度根据工作需要、电压等级和使用场所而定，如110kV以上电气设备使用的绝缘杆，其长度部分为2～3m，如图3-3所示。

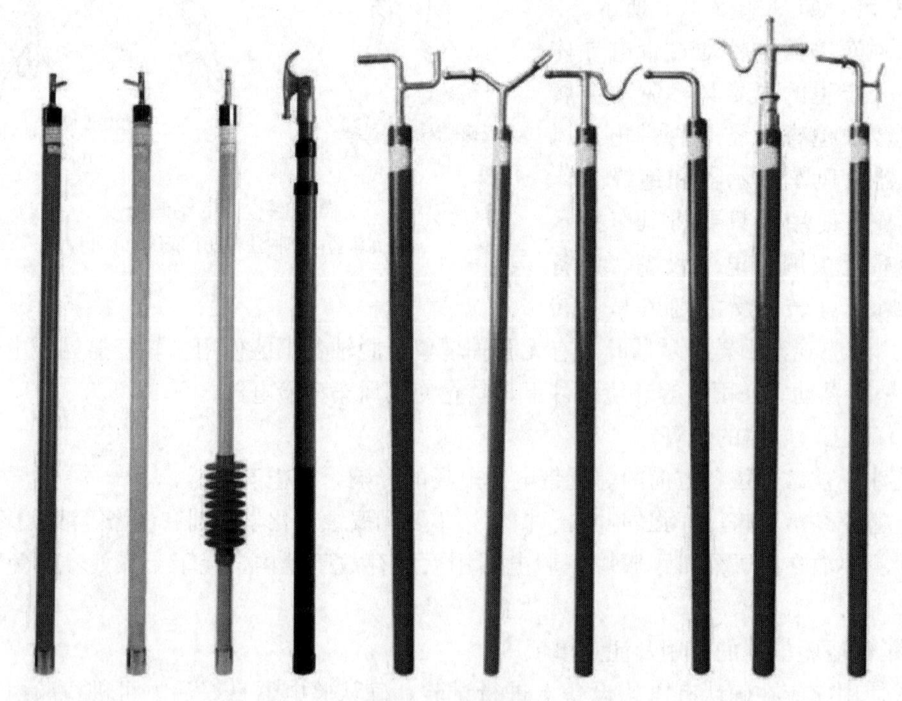

图3-3 绝缘杆

2. 绝缘杆的使用及注意事项

(1) 使用绝缘杆前，应检查绝缘杆的堵头，如发现破损，应禁止使用。

(2) 雨天、雪天在户外操作电气设备时，操作杆的绝缘部分应有防雨罩。罩的上口应与绝缘部分紧密结合，无渗漏现象，罩下部分的绝缘杆保持干燥。

(3) 使用绝缘杆时，操作人员应戴绝缘手套、穿绝缘靴（鞋），人体应与带电设备保持足够的安全距离，并注意防止绝缘杆被人体或设备短接，以保持有效的绝缘长度。

(4) 操作绝缘杆时，绝缘杆不得直接与墙或地面接触，以防碰伤其绝缘表面。

3. 绝缘杆的保管

绝缘杆应存放在干燥的地方，以防止受潮。一般应放在特制的架子上或垂直悬挂在专用挂架上，以防弯曲变形。

3.2.3 绝缘隔板

绝缘隔板一般用胶木板、环氧树脂板等绝缘材料制成，用于隔离带电部件、限制工作人员活动范围的平板。其外形多种多样，可根据其不同的用途和要求制成不同的形状。绝缘隔板一般用在部分停电工作中，施工人员与35kV及以下线路的距离不能满足安全距离时，则用允许能承受该电压等级的绝缘隔板将35kV及以下线路临时隔离起来，也可用绝缘隔板以防止停电开关的误操作。当开关拉开后，为防止误操作，可在动触头和静触头之间用绝缘隔板将其隔开，使其在发生误操作时也合不上开关，从而保证人身安全。在一个供电回路停电检修、做交流耐压试验、在电源断开点的两侧有可能产生电弧等情况下，也可用绝缘隔板来加强绝缘，防止因试验电压产生对带电部分的闪络而发生的事故。绝缘隔板应满足绝缘工具的耐压试验要求。

3.2.4 携带型短路接地线

携带型短路接地线是用于防止设备、线路突然来电，消除感应电压，放尽剩余电荷的临时接地装置，外形如图3-4所示。

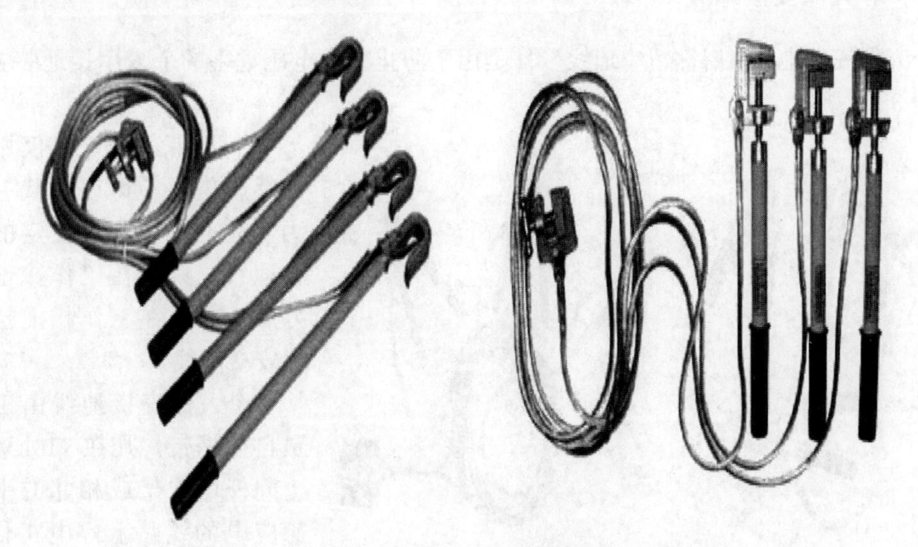

图3-4 携带型短路接地线

1. 携带型短路接地线的结构

携带型接地线由以下几部分组成：

(1) 专用夹头（线夹）。专用夹头（线夹）分为连接接地线到接地装置的线夹、连接短路线到接地线部分的线夹和短路线连接到母线的线夹。

(2) 多股软铜线。其中相同的三根短的软铜线是接向三根相线的，它们的另一端短接在一起。一根长的软铜线是接向接地装置端的。多股软铜线的截面应符合短路电流的要求，即在短路电流通过时，铜线不会因产生高热而熔断，且应保持足够的机械强度，故该铜线截面不得小于 $25mm^2$。

2. 接地线的使用及注意事项

(1) 使用时，接地线的连接器（线卡或线夹）装上后接触应良好，并有足够的夹持力，以防短路电流幅值较大时，由于接触不良而熔断或因电动力的作用而脱落。

(2) 应检查接地铜线和三根短接铜线的连接是否牢固，一般应由螺钉拴紧后，再加焊锡焊牢，以防因接触不良而熔断。

(3) 装设接地线必须由两人进行，装、拆接地线均应使用绝缘杆和戴绝缘手套。

(4) 接地线在每次装设以前应经过详细检查，损坏的接地线应及时修理或更换，禁止使用不符合规定的导线做接地线或短路线之用。

(5) 接地线必须使用专用线夹固定在导线上，严禁用缠绕的方法进行接地或短路。

(6) 接地线和工作设备之间不允许连接隔离开关或熔断器，以防它们断开时，设备失去接地，使检修人员发生触电事故。

3. 接地线的保管

每组接地线均应编号，并存放在固定的地点，存放位置亦应编号。接地线号码与存放位置号码必须一致，以免在较复杂的系统中进行部分停电检修时，发生误拆或忘拆接地线而造成事故。

3.2.5 个人保安接地线

个人保安接地线（俗称“小地线”）是用于防止感应电压危害的个人用接地装置，外形如图 3-5 所示。

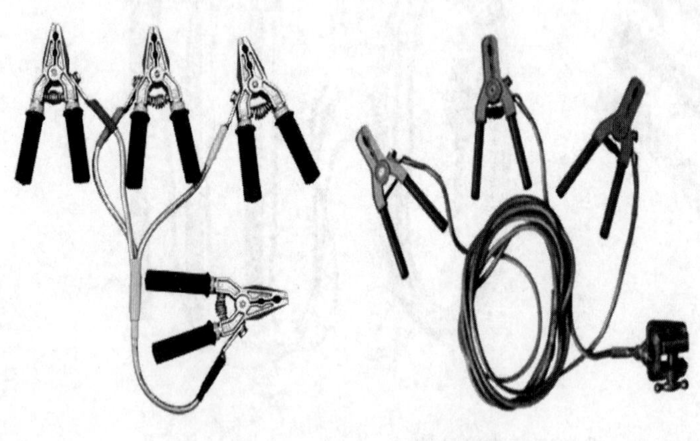

图 3-5 个人保安接地线

个人保安接地线仅用于预防感应电，不得以此代替《电力安全工作规程》规定的工作接地线。只有在工作接地线挂好后，方可在工作相上挂个人保安接地线。

个人保安接地线由工作人员自行携带，凡在 110kV 及以上同杆塔并架或相邻的平行有感应电的线路上停电工作，应在工作相上使用，并不准采用搭连虚接的方法接地。工作结束时，工作人员应拆除所挂的个人保安接地线。

3.2.6 绝缘手套

1. 绝缘手套的作用

绝缘手套是在高压电气设备上进行操作时使用的辅助安全用具，如用来操作高压隔离

开关、高压跌落式熔断器、油断路器等。在低压带电设备上工作时，把它作为基本安全用具使用，即使用绝缘手套可直接在低压设备上进行带电作业。绝缘手套可使人的两手与带电物绝缘，是防止同时触及不同极性带电体而触电的安全用品。

绝缘手套用特种橡胶制成，有12kV和5kV两种绝缘手套，且都是以其试验电压而命名的。其外形如图3-6所示。

2. 绝缘手套的使用及注意事项

(1) 每次使用前应进行外部检查，如发现有发黏、裂纹、破口(漏气)、气泡、发脆等损坏时禁止使用。

(2) 手套朝手指方向卷曲，当卷到一定程度时，内部空气因体积减小、压力增大，手指鼓起，为不漏气者，即为良好。

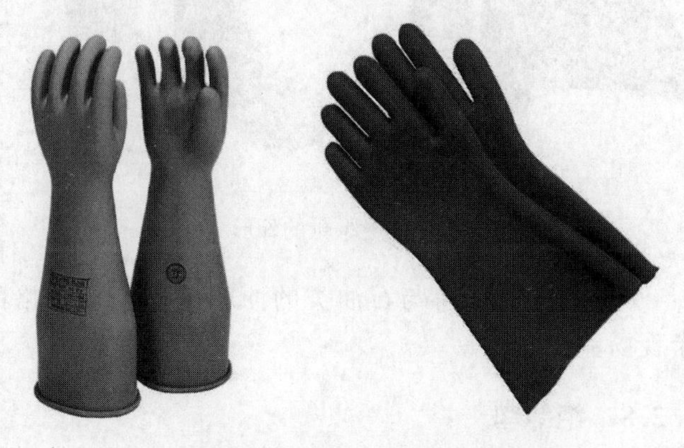

图3-6 绝缘手套的外形

(3) 进行设备验电，倒闸操作，装拆接地线等工作应戴绝缘手套。使用绝缘手套时，里面最好戴上一双棉纱手套，这样夏天可防止出汗而操作不便，冬天可以保暖。戴手套时，应将上衣袖口套入手套筒口内。

(4) 绝缘手套使用后应擦净、晾干，最好洒上一些滑石粉，以免粘连。

3. 绝缘手套的保管

(1) 绝缘手套应存放在干燥、阴凉的地方，并应倒置在指形支架上或存放在专用的柜内，与其他工具分开放置，其上不得堆压任何物件。

(2) 绝缘手套不得与石油类的油脂接触，不合格的绝缘手套应报废处理，禁止置于生产现场。

3.2.7 绝缘靴（鞋）

1. 绝缘靴的作用

绝缘靴（鞋）的作用是使人体与地面绝缘。绝缘靴是高压操作时用来与地保持绝缘的辅助安全用具，为防止静电感应电压所穿用的鞋子。低压系统中，两者都可作为防护跨步电压的基本安全用具。

绝缘靴也是由特种橡胶制成的。绝缘靴通常不上漆，这是和涂有光泽黑漆的橡胶水靴在外观上所不同的。其外形如图3-7所示。

2. 绝缘靴的使用及注意事项

(1) 雷雨天气或一次系统有接地时，巡视风电企业室外高压设备应穿绝缘靴。使用绝缘靴时，应将裤管套入靴筒内，并要避免接触尖锐的物体，避免接触高温或腐蚀性物质，防止受到损伤。严禁将绝缘靴挪作他用。

(2) 为了使用方便，一般现场至少配备大、中号绝缘靴各两双，以便大家都有绝缘靴穿用。

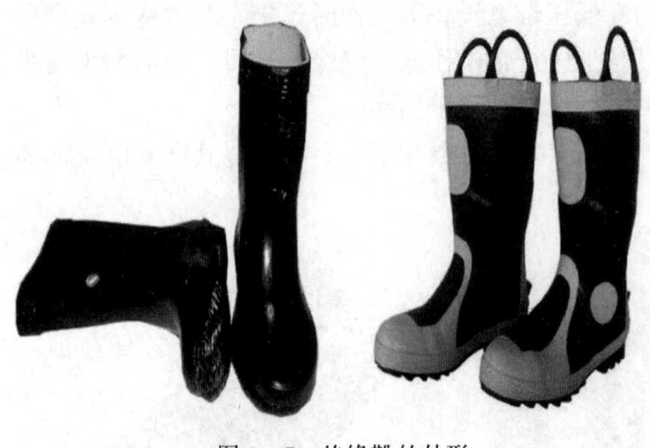
图 3-7　绝缘靴的外形

（3）绝缘靴如试验不合格，则不能再穿用。

（4）绝缘靴使用前应检查：不得有外伤，要无裂纹、无漏洞、无气泡、无飞边、无划痕等缺陷。如发现有以上缺陷，应立即停止使用并及时更换。

3. 绝缘靴的保管

（1）绝缘靴应存放在干燥、阴凉的地方，并应存放在专用的柜内，要与其他工具分开放置，其上不得堆压任何物件。

（2）绝缘靴不得与石油类的油脂接触，不合格的绝缘靴应报废处理，禁止置于生产现场。

3.2.8　绝缘垫

1. 绝缘垫的作用

绝缘垫的保护作用与绝缘靴基本相同，因此可把它视为一种固定的绝缘靴。绝缘垫一般铺在配电装置室等地面上，以及控制屏、保护屏和发电机、调相机的励磁机等端处，以便带电操作开关时，增强操作人员的对地绝缘，避免或减轻因发生单相短路或电气设备绝缘损坏时，造成接触电压与跨步电压对人体的伤害。在低压配电室地面上铺绝缘垫，可代替绝缘鞋，起到绝缘作用。因此，在 1kV 及以下时，绝缘垫可作为基本安全用具；而在 1kV 以上时，仅作辅助安全用具。

绝缘垫也是由特种橡胶制成的，表面有防滑条纹或压花，有时也称它为绝缘毯。其外形如图 3-8 所示。

2. 绝缘垫的使用及注意事项

（1）在使用过程中，应保持绝缘垫干燥、清洁，注意禁止与酸、碱及各种油类物质接触，以免受腐蚀后绝缘老化、龟裂或变黏，降低其绝缘性能。

（2）绝缘垫应避免阳光直射或锐利金属划刺，存放时应避免与热源（暖气等）距离太近，以防急剧老化变质，绝缘性能下降。

图 3-8　绝缘垫的外形

（3）使用过程中要经常检查绝缘垫有无裂纹、划痕等，发现有问题时要立即禁用并及时更换。

3.3 一般防护安全用具的使用与管理

3.3.1 安全帽

安全帽是用来保护使用者头部或减缓外来物体冲击伤害的个人防护用品。

1. 安全帽的保护原理

安全帽对头颈部的保护基于两个原理：

(1) 使冲击载荷传递分布在头盖骨的整个面积上，避免打击一点。

(2) 头与帽顶空间位置构成一个能量吸收系统，可起到缓冲作用，因此可减轻或避免伤害。

2. 安全帽的使用及注意事项

(1) 使用安全帽前应进行外观检查，检查安全帽的帽壳、帽箍、顶衬、下颚带、后扣(或帽箍扣) 组件应完好无损，帽壳与顶衬缓冲空间在25～50mm。

(2) 安全帽戴好后，应将后扣拧到合适位置(或将帽箍扣调整到到合适的位置)，锁好下颚带，防止工作中前倾后仰或其他原因造成滑落。

(3) 安全帽的使用期限视使用状况而定。若使用、保管良好，安全帽的使用期限以厂家提供的说明文件或出厂合格证为准。

3. 电报警安全帽

电报警安全帽在普通安全帽的基础上加装了近电报警器，增加了近电报警功能，不影响安全帽的本来功能。当工作人员接近带电体安全距离时，安全帽内近电报警器即自动鸣响报警，警告工作人员此处有电。安全帽报警器灵敏度高，抗干扰能力强，性能可靠。

每次使用电报警安全帽前，选择灵敏开关于高或低挡，然后按一下安全帽的自检开关。若能发出音响信号，即可使用。头戴或手持电报警安全帽检修架空电力线路和用电设备时，在报警距离范围内，若能发出报警声音，表明带电。

使用高压近电报警安全帽，应检查其音响部分是否良好，无音响不得作为无电的依据。

3.3.2 安全鞋

1. 安全鞋的作用

安全鞋能有效起到因外力引起的物体打击伤害，鞋子装有保护包头，能提供至少200J能量测试时的抗冲击保护和至少15kN压力测试时的耐压力保护，安全鞋一般还有防刺穿功能。安全鞋应执行国家标准GB 21148—2007《个人防护装备安全鞋》的要求。

2. 安全鞋的使用及注意事项

(1) 安全鞋运输和储存时要避免阳光直射、雨淋及受潮，储存库内应通风良好、干燥、要防霉防蛀，堆放要离开地面、墙壁0.2m以上，切勿与酸、碱和其他腐蚀性能及有毒有害物接触。

(2) 应定期清理安全鞋，其中要重点注意的是不要采用溶剂做清洁剂。

3.3.3 梯子

1. 梯子的作用

梯子是工作现场常用的登高工具，分为直梯和人字梯两种，直梯和人字梯又分为可伸缩型和固定长度型，在风电企业高压设备区或高压室内应使用绝缘材料的梯子，禁止使用金属梯子。搬动梯子时，应放倒两人搬运，并与带电部分保持安全距离。

2. 梯子的使用及注意事项

(1) 梯子应能承受工作人员携带工具攀登时的总质量。

(2) 梯子不得接长或垫高使用。如需接长时，应用铁卡子或绳索切实卡住或绑牢并加设支撑。

(3) 梯子应放置稳固，梯脚要有防滑装置。使用前，应先进行试登，确认可靠后方可使用。有人员在梯子上工作时，梯子应有人扶持和监护。

(4) 梯子与地面的夹角应为65°左右，工作人员必须在距梯顶不少于2档的梯蹬上工作。

(5) 人字梯应具有坚固的铰链和限制开度的拉链。

(6) 靠在管子上、导线上使用梯子时，其上端需用挂钩挂住或用绳索绑牢。

(7) 在通道上使用梯子时，应设监护人或设置临时围栏。梯子不准放在门前使用，必要时应采取防止门突然开启的措施。

(8) 严禁人在梯子上时移动梯子，严禁上下抛递工具、材料。

3.3.4 过滤式防毒面具

1. 过滤式防毒面具作用

(1) 过滤式防毒面具（简称“防毒面具”），是用于有氧环境中使用的呼吸器。

(2) 使用防毒面具时，空气中氧气浓度不得低于18%，温度为－30～45℃，不能用于槽、罐等密闭容器环境。

2. 防毒面具的使用及注意事项

(1) 使用者应根据其面型尺寸选配适宜的面罩号码。

(2) 使用前应检查面具的完整性和气密性，面罩密合框应与佩戴者颜面密合，无明显压痛感。

(3) 使用中应注意有无泄漏和滤毒罐失效，防毒面具的过滤剂有一定的使用时间，一般为30～100min。过滤剂失去过滤作用（面具内有特殊气味）时，应及时更换。

3.3.5 正压式消防空气呼吸器

1. 正压式消防空气呼吸器的作用和结构

正压式消防空气呼吸器（简称“空气呼吸器”）是用于无氧环境中的呼吸器。该空气呼吸器配有视野广阔、明亮、气密良好的全面罩，供气装置配有体积较小、质量轻、性能稳定的新型供气阀；选用高强度背板和安全系数较高的优质高压气瓶；减压阀装置装有残气报警器，在规定气瓶压力范围内，可向佩戴者发出声响信号，提醒使用人员及时撤离现场。抢险救护人员能够在充满浓烟、毒气、蒸汽或缺氧的恶劣环境下安全地进行灭火、抢

险救灾和救护工作。其外形结构如图3-9所示。

2. 正压式消防空气呼吸器的使用及注意事项

(1) 使用时应根据其面型尺寸选配适宜的面罩号码。

(2) 使用前应检查面具的完整性和气密性，面罩密合框应与人体面部密合良好，无明显压痛感。

(3) 使用中应注意有无泄漏。

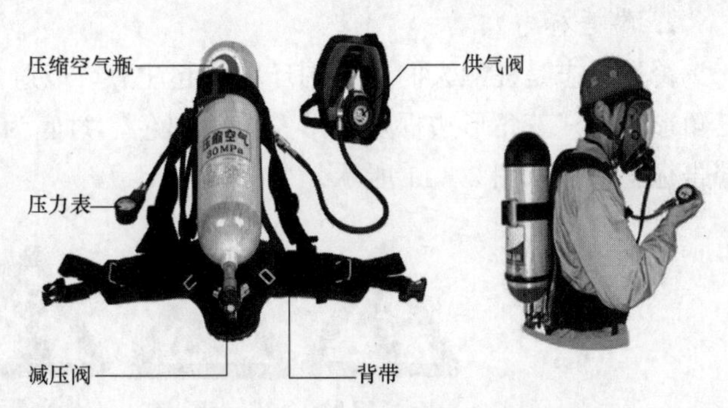

图3-9 正压式空气呼吸器

3.3.6 SF_6 气体检漏仪、氧量测试仪

SF_6 气体检漏仪主要用来检测环境空气中 SF_6 气体含量和氧气含量，当环境中 SF_6 气体含量超标或缺氧，能实时进行报警。它独有的微量 SF_6 气体检测技术，能检测到1000ppm浓度的 SF_6 气体，不仅可以达到保障人身安全的目的，而且还能确保设备正常运行。

3.4 安全标志牌和临时遮栏

3.4.1 标志牌

安全标识通常指安全标志和安全标签。安全标志是由安全色、几何图形和形象的图形符号构成，用以表达特定的安全信息，是一种国际通用的信息。安全标志分为禁止标志、警告标志、指令标志和提示标志四类。

1. 禁止标志

禁止标志是禁止人们不安全行为；其基本形式为带斜杠的圆形框。圆形和斜杠为红色，图形符号为黑色，衬底为白色。禁止标志图形共23个，部分禁止标志示例如图3-10所示。

图3-10 部分禁止标志

2. 警告标志

警告标志是提醒人们对周围环境引起注意，以避免可能发生的危险；其基本形式是正三角形边框。三角形边框及图形符号为黑色，衬底为黄色。警告标志图形共 28 个，部分警告标志示例如图 3-11 所示。

图 3-11　部分警告标志

3. 指令标志

指令标志是强制人们必须做出某种动作或采用防范措施；其基本形式是圆形边框。图形符号为白色，衬底为蓝色。指令标志图形共 12 个，部分指令标志示例如图 3-12 所示。

图 3-12　部分指令标志

4. 提示标志

提示标志是向人们提供某种信息（例如，标明安全设施或场所等）。其基本形式是正方形边框。图形符号为白色，衬底为绿色。提示标志图形共 3 个，示例如图 3-13 所示。

图 3-13 提示标志

3.4.2 临时遮栏

临时安全遮栏主要起到限制检修工作区工作人员活动空间的作用，同时也可防止非工作人员进入工作场地内，在遮栏上悬挂相应标志牌可起到增强警告作用，因此，装设临时遮栏是检修、试验工作时的一项必要安全措施。临时遮栏的安全警示牌文字要面向检修人员，在工作地点或者检修设备外壳上悬挂“在此工作”；如果是大型变压器或者爬梯上下还要把“禁止攀登”的标志牌取下换上“从此上下”的标志牌，如图 3-14 (a) 所示。

临时遮栏的高度不得低于 1.7m，下部边缘离地面不大于 100mm，可用干燥优质木材、橡胶或其他坚韧绝缘材料制成。在部分停电与未停电设备之间的安全距离小于规定值(10kV 及以下小于 0.7m；20～30kV 小于 1.0m；60kV 及以上小于 1.5m) 时，应装设遮栏。遮栏与带电部分的距离应满足：10kV 及以下不得小于 0.35m；20～35kV 不得小于 0.6m；60kV 及以上不得小于 1.5m。在临时遮栏上应悬挂“止步，高压危险!”的标志牌，如图 3-14 (b) 所示。临时遮栏应装设牢固，无法设置遮栏时，可酌情设置绝缘隔板、绝缘罩、绝缘缆绳等。

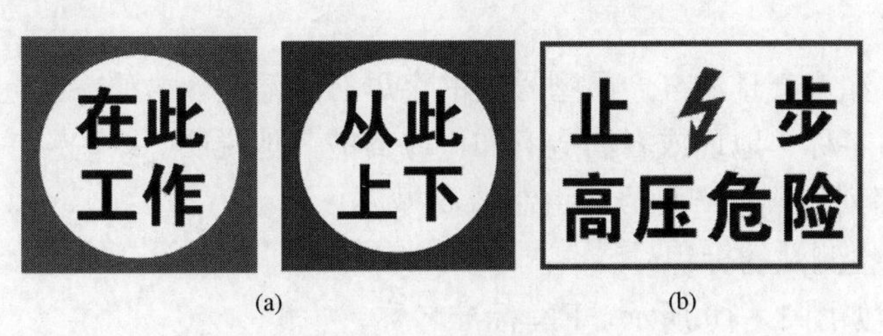

图 3-14 临时遮栏标志

(a)“在此工作”、“从此上下”标志；(b)“止步高压危险!”标志

3.5 个人坠落防护用品的使用

要保证高空作业的安全，必须采用防高空坠落装置等防护措施，并正确使用防高空坠

落防护用具，当这些措施失效时，应根据现场的实际情况，充分发挥防高空坠落防护用具的功能，确保作业人员的安全。防坠落安全装置是从人体整体角度进行保护的一个系统，作用是预防坠落的发生或者在坠落过程中将人体从高空坠落下来产生的巨大的冲击力降低到可以承受的程度。为了达到防坠和缓冲的目的，除正确使用坠落悬挂型安全带和防坠子系统外，风电机组安全定位点的选择及个人防护用品的保养和认证也很重要。

3.5.1 定位点

定位点必须选择在建筑物或者设备固定结构上的点，用来防止个人防护设备的坠落。定位点必须承受至少 10kN 的重量。此外，还有固定定位点、便携式定位设备（如三脚架、安全枕木、手推车、安全带）和带有水平移动向导的定位设备。

风电机组上的可用的定位点如图 3-15 所示，一般为各设备的吊耳、固定底座等固定挂点。

图 3-15　风电机组上的定位点

3.5.2 个人防护用品的认证和 CE 标识

1. 认证

必须对所有起约束、救援和防坠落作用的个人保护设备中的每个可以拆卸的部件进行标识，标识的方法应当对材料没有损坏性影响，清晰、不会消除且经久耐用。标识内容至少包含以下这些信息：

(1) 产品型号和生产日期（产品型号上的字母必须清楚，合乎标准）。

(2) 生产商的名称、地址或者制造商和供应商的其他说明。

(3) 产品的序列号或生产批号（由制造商提供）。

(4) 联合 CE 检测站的标识号。

(5) 认证图标如图 3-16 所示，EN 标准名称。

2. CE 标识的类别

(1) 类型 I：CE 适用于简单的个人防护设备，如鞋子、手套等，由制造商直接标出，无须原型测试。

(2) 类型 II：CE 01 适用于其他的个人保护设备，如头盔，需要样品测试，但不对批量生产的产品进行抽样检查（标识格式如 01.01.1997，无需标注年份）。

(3) 类型 III：CE 0082 适用于复杂的个人防护设备，如劳动防护用品人员保护设备、防毒面具，从生产线上直接取样品作抽样检查。

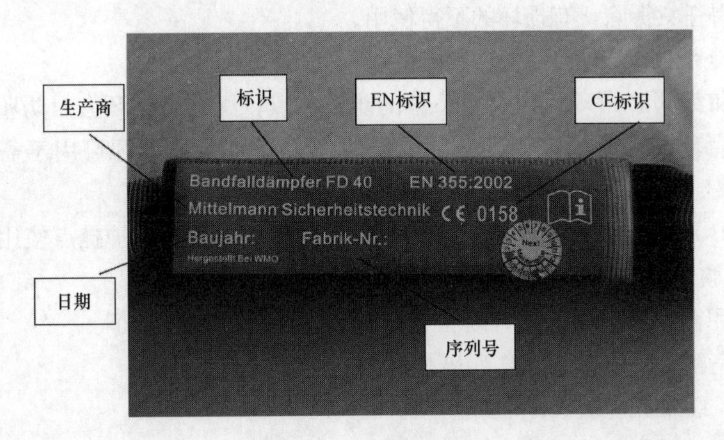

图 3-16 认证图标

CE 标识如图 3-17 所示。

图 3-17 CE 标识

3.5.3 安全带

安全带分为围杆作业安全带、区域限制安全带和坠落悬挂安全带（全身式安全带）。从事风力发电检修的人员登机检修时必须正确穿戴全身式安全带，如图 3-18 所示。

图 3-18 全身式安全带

1. 全身式安全带的作用

全身式安全带的作用是在发生坠落时可以拉住作业人员，同时将坠落下来时的冲力能量转移到身体的指定部位，保持身体在垂直位置。防范高空坠落的安全带必须是全身式安全带，全身式安全地带应符合国家标准《安全带》(GB 6095—2009) 或欧洲标准 EN361 的要求。全身式安全带至少有两个挂点（D 形环），D 形环破断负荷应不小于 12kN（约 1225kg）。全身式安全带各部件不得任意拆除，有损坏的不得使用。

全身式安全带四个D形环的作用如下：

（1）前部和背部D形环：防高空坠落的防护挂点，配合吊带环套、防坠锁、缓冲减震系带等使用。背部D形环通常用于必须悬挂的作业，前部D形环可用于需要上升或下降的悬挂。

（2）侧面D形环：用于工作定位，禁止用于防高空坠落的防护挂点使用。

2. 安全带使用及注意事项

安全带使用前，必须做一次外观检查。

（1）组件完整、无短缺、无伤残破损。

（2）绳索、编带无脆裂、断股或扭结。

（3）金属配件无裂纹、焊接无缺陷、无严重锈蚀。

（4）挂钩的钩舌咬口平整不错位，保险装置完整可靠。

（5）铆钉无明显偏位，表面平整。

（6）安全带应系在牢固的物体上，禁止系挂在移动或不牢固的物件上。不得系在棱角锋利处。安全带要高挂和平行拴挂，严禁低挂高用。在杆塔上工作时，应将安全带后备保护绳系在安全牢固的构件上（带电作业视其具体任务决定是否系后备安全绳），不得失去后备保护。

（7）安全带使用和存放时，应避免接触高温、明火和酸类物质，以及有锐角的坚硬物体和化学药物。

（8）安全带可放入低温水中，用肥皂轻轻擦洗，再用清水漂干净，然后晾干，不允许浸入热水中，以及在日光下曝晒或用火烤。

3.5.4 防坠锁

1. 防坠锁的作用

登塔用防坠锁是个人防坠落保护系统装置的一个重要组成部分。当使用者上升或者下降的时候，设备可以不通过手工调整而自动随之升降。当发生坠落时，设备可以自动固定在钢丝绳或刚性导轨上。防坠锁上带有一个连接设施，使用时连接到安全带D形扣上，防坠锁应符合EN 353标准，其外形结构如图3-19所示。

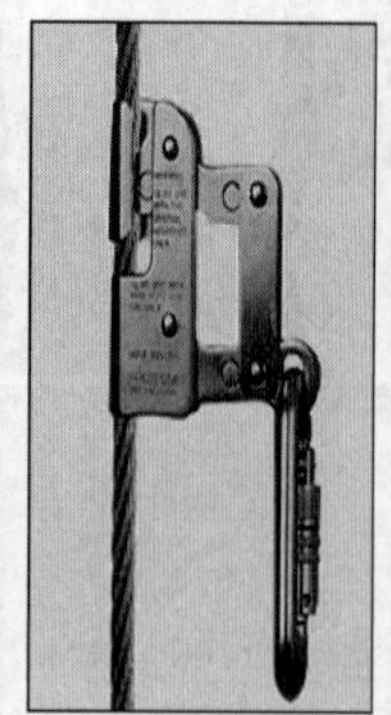

图3-19 防坠锁外形结构

2. 防坠锁的使用及注意事项

（1）防坠锁使用前应检查外观是否完好，确认无破损裂纹现象。

（2）自锁扣完好，自锁功能正常。

（3）连接防坠器和安全带的安全绳或连接环不能过长或过多，登梯时应以人体正好有登梯活动空间为宜。

（4）不同防坠锁道应使用相适应的防坠锁扣。

3.5.5　连接带、能量吸收器

1. 连接带、能量吸收器的作用

连接带的材料主要是纺织绳子或编织带，其破断负荷应不小于15kN（约1531kg），或者符合EN354标准。连接带有“单钩”和“双钩”之分，双钩的交替使用可以保证高空作业工作人员在上下过程或者水平移动过程中，始终有一条编织带连接在挂点上，保证人员不会失去保护。

能量吸收器（缓冲包）负责降低坠落时对人体、安全带和定位设备的冲击力。人体能承受的最大冲击力是6kN。能量吸收器的种类有很多，如带状能量吸收器、摩擦型能量吸收器。通常人们将能量吸收器集成在连接装置中。由于缓冲包受冲击时会打开较长距离，使用时需特别注意挂点离坠落高度基准面要有足够的距离，当使用的挂点离坠落高度基准面的距离不大于（缓冲系绳冲击长度＋人体高度＋其他连接件）×1.2时，不得使用此类缓冲系绳。缓冲绳的外形如图3-20所示。

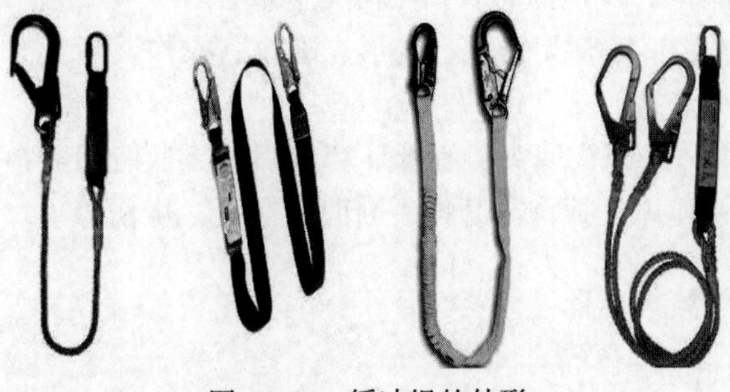

图3-20　缓冲绳的外形

2. 连接带、能量吸收器使用及注意事项

（1）使用前检查缓冲包是否缝制完好，确认无破损或打开现象。

（2）安全钩无锈蚀、变形、裂纹，操作灵活无卡塞，自锁、锁闭功能良好。

（3）连接绳的绳体和心形环无损伤（磨损、散股、断股等）；两端连接处连接牢靠，回头无散股。

3.5.6　工作定位绳

1. 工作定位绳的作用

工作定位绳用来定位作业人员的工作区域，并承受作业人员的质量，使作业人员可以腾出双手来进行工作（如在塔架中间悬空处的工作）。工作定位绳以全身式安全带侧面的

D形环（定位腰带的D形环）连接配套使用。工作定位绳不得作为独立的防高空坠落保护用具使用，只能作为其他高空坠落保护用具的辅助防护来使用。

工作定位绳一般带有绳长调节器和一个抓钩，可以任意调节工作所需长度的绳长，总长度一般选用 2～2.5m。工作定位绳破断负荷应不小于 15kN（约 1531kg），结构如图 3－21 所示。

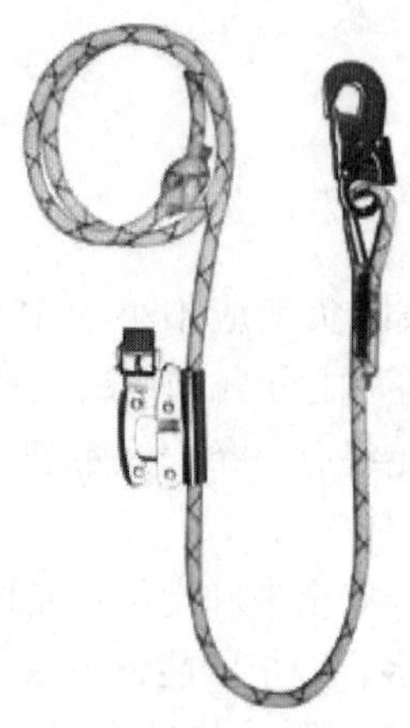

图 3－21　工作定位绳

2. 工作定位绳使用及注意事项

（1）使用前，检查绳长调节器：确认外观无锈蚀、变形、裂纹；操作灵活无卡塞；收、放自如，逆止性能良好；挂钩的双扣灵活无卡塞。

（2）工作定位绳抓钩：完整无锈蚀、变形、裂纹；操作灵活无卡塞；自锁、闭锁功能良好；抓钩转动灵活无卡塞。

（3）工作定位绳绳体：绳头回头、心形环套编织处无散股无磨损；绳尾回头无散股有防止调节器脱落功能；绳体无损伤（磨损、断股、散股、烧伤等）。

3.5.7　挂钩和连接器

1. 挂钩和连接器的作用

挂钩是系统中的连接单元或连接组件。为了减少挂钩意外打开引起的危险，挂钩必须具备自锁或者人工锁闭的功能。只有对其进行至少有两个连续互相独立的操作后，才可以将挂钩打开。如果操作人员在工作的过程中需要经常进行打开或闭合挂钩的操作，应使用自锁式的挂钩。挂钩的破断负荷应不小于 12kN（约 1225kg），或符合 EN 362 要求。其外形如图 3－22 所示。

2. 挂钩和连接器使用及注意事项

（1）整体无锈蚀、变形、裂纹。

（2）安全钩无锈蚀、变形、裂纹；操作灵活无卡塞；自锁、锁闭功能良好。

3.5.8　坠落制动器

1. 坠落制动器的作用

当作业人员进行高空作业时，希望能够在工作面上自由移动，当挂点离作业面较远而

图 3-22 挂钩的外形

不能使用缓冲系绳时，应使用坠落制动器。使用坠落制动器时要注意，扁带（缆绳）拉出方向与竖直方向夹角不能大于 40°。坠落制动器具有瞬时制动功能，破断负荷应不小于 12kN（约 1225kg）。其外形如图 3-23 所示。

2. 坠落制动器的使用及注意事项

（1）防坠器必须高挂低用，使用时应悬挂在使用者上方坚固钝边的结构物上。

（2）使用防坠器前应对安全绳、外观做检查，并试锁 2～3 次（试锁方法：将安全绳以正常速度拉出应发出“嗒”“嗒”声；用力猛拉安全绳，应能锁止。松手时安全绳应能自动回收到器内，若安全绳未能完全回收，只需稍拉出一些安全绳即可）。如有异常即停止使用。

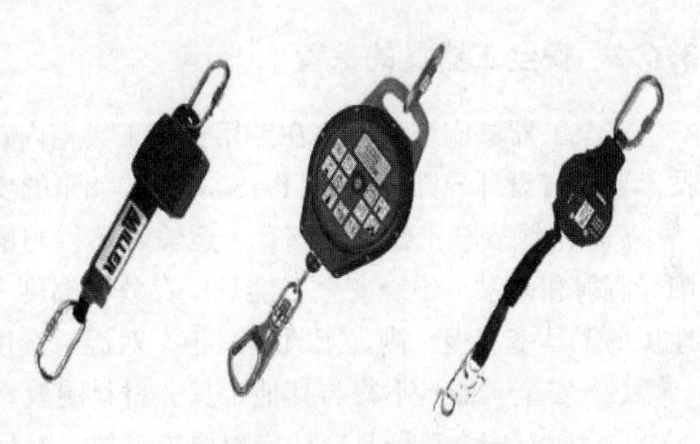

图 3-23 坠落制动器的外形

（3）使用防坠器进行倾斜作业时，原则上倾斜度不超过 30°，30°以上必须考虑能否撞击到周围物体。

（4）防坠器关键零部件已做耐磨、耐腐蚀等特种处理，并经严密调试，使用时不需加润滑剂。

（5）防坠器严禁当安全绳扭结使用，并应放在干燥少尘的地方。

3.6 安全工器具管理办法

3.6.1 管理职责

1. 安全生产部主要职责

安全生产部（安监部）是安全工器具的归口管理部门，其主要职责如下：

（1）负责制定本单位的安全工器具管理制度。

（2）编制单位安全工器具购置计划，并付诸监督、实施。

（3）负责本单位安全工器具的选型、选厂。

（4）定期对所辖风电场安全工器具管理情况进行抽查。

2. 风电场主要管理职责

（1）制订、申报安全工器具的订购、配置、报废计划。

（2）组织本场安全工器具的定期试验。

（3）建立安全工器具台账。

（4）定期对风电场人员进行培训，严格执行操作规程，对不熟悉使用操作方式的人员不得使用安全工器具。

（5）检查安全工器具的使用、保管情况。

3. 班组主要管理职责

（1）管理好安全工器具库房，按定置要求摆放整齐，做到账、卡、物相符，试验报告等资质材料齐全。

（2）设专人对安全工器具进行保管，对个人保管的安全工器具督促其管好、用好。

（3）每月定期对安全工器具进行检查，确保安全工器具完好，并做好记录。

3.6.2 安全工器具的保管

安全工器具应统一存放在专用安全工具柜内，并且满足国家标准《带电作业工具基本技术要求与设计导则》（GB/T 18037—2008）的要求。

（1）绝缘安全工器具在储存、运输时不得与酸、碱、油类和化学药品接触，并要防止阳光直射和雨淋。绝缘安全工器具应存放在温度－15～＋35℃，相对湿度80％以下、干燥通风的工具室（柜）内，工具室（柜）对温、湿度应具备自动控制、调节功能。

（2）安全工器具不得与其他工具、材料混放。

（3）所有安全工器具应按定置要求存放，对号入座。

（4）工器具应有统一分类编号，编号应按顺序，不得重复编号。

（5）安全工器具房应有安全工器具登记清册，并做到实物与清册一致。

（6）橡胶类绝缘安全工器具应存放在封闭的柜内或支架上，上面不得堆压任何物件，更不得接触酸、碱、油品、化学药品或在太阳下暴晒，并应保持干燥、清洁。

3.6.3 安全工器具的预防性试验

（1）安全工器具的预防性试验按最新国家标准《电力安全工作规程》（GB 26859—2011、GB 26860—2011、GB 26861—2011）的附录及《电力安全工器具预防性试验规程》规定执行。

（2）安全工器具试验合格后，试验人员应出具试验报告，并在工器具上粘贴不干胶制成的“试验合格证”。

（3）风电企业安全工器具管理负责人应将每次试验结果登录在台账内，并保存好试验报告。

（4）安全工器具预防性试验项目、周期和要求如表3-1所示。

表 3-1　　　　安全工器具预防性试验项目、周期和要求

<table>
<tr><th>序号</th><th>器具</th><th>项目</th><th>周期</th><th colspan="4">要 求</th><th>说明</th></tr>
<tr><td rowspan="10">1</td><td rowspan="10">电容型验电器</td><td>启动电压试验</td><td>1年</td><td colspan="4">启动电压值不高于额定电压的40%，不低于额定电压的15%</td><td>试验时接触电极应与试验电极相接触</td></tr>
<tr><td rowspan="9">工频耐压试验</td><td rowspan="9">1年</td><td rowspan="2">额定电压（kV）</td><td rowspan="2">试验长度（m）</td><td colspan="2">工频耐压（kV）</td><td rowspan="9"></td></tr>
<tr><td>持续时间 1min</td><td>持续时间 5min</td></tr>
<tr><td>10</td><td>0.7</td><td>45</td><td>—</td></tr>
<tr><td>35</td><td>0.9</td><td>95</td><td>—</td></tr>
<tr><td>66</td><td>1.0</td><td>175</td><td>—</td></tr>
<tr><td>110</td><td>1.3</td><td>220</td><td>—</td></tr>
<tr><td>220</td><td>2.1</td><td>440</td><td>—</td></tr>
<tr><td>330</td><td>3.2</td><td>—</td><td>380</td></tr>
<tr><td>500</td><td>4.1</td><td>—</td><td>580</td></tr>
<tr><td rowspan="10">2</td><td rowspan="10">携带型短路接地线</td><td>成组直流电阻试验</td><td>≤5年</td><td colspan="4">在各接线鼻之间测量直流电阻，对于25 mm^2、35 mm^2、50 mm^2、70 mm^2、95 mm^2、120mm^2的各种截面，平均每米的电阻值应分别小于0.79mΩ、0.56mΩ、0.40mΩ、0.28mΩ、0.21mΩ、0.16mΩ</td><td>同一批次抽测，不少于2条，接线鼻与软导线压接的应做该试验</td></tr>
<tr><td rowspan="9">操作棒的工频耐压试验</td><td rowspan="9">5年</td><td rowspan="2">额定电压（kV）</td><td rowspan="2">试验长度（m）</td><td colspan="2">工频耐压（kV）</td><td rowspan="9">试验电压加在护环与紧固头之间</td></tr>
<tr><td>持续时间 1min</td><td>持续时间 5min</td></tr>
<tr><td>10</td><td>—</td><td>45</td><td>—</td></tr>
<tr><td>35</td><td>—</td><td>95</td><td>—</td></tr>
<tr><td>66</td><td>—</td><td>175</td><td>—</td></tr>
<tr><td>110</td><td>—</td><td>220</td><td>—</td></tr>
<tr><td>220</td><td>—</td><td>440</td><td>—</td></tr>
<tr><td>330</td><td>—</td><td>—</td><td>380</td></tr>
<tr><td>500</td><td>—</td><td>—</td><td>580</td></tr>
<tr><td>3</td><td>个人保安线</td><td>成组直流电阻试验</td><td>≤5年</td><td colspan="4">在各接线鼻之间测量直流电阻，对于10mm^2、16mm^2、25mm^2各种截面，平均每米的电阻值应小于1.98mΩ、1.24mΩ、0.79mΩ</td><td>同一批次抽测，不少于两条</td></tr>
<tr><td rowspan="9">4</td><td rowspan="9">绝缘杆</td><td rowspan="9">工频耐压试验</td><td rowspan="9">1年</td><td rowspan="2">额定电压（kV）</td><td rowspan="2">试验长度（m）</td><td colspan="2">工频耐压（kV）</td><td rowspan="9"></td></tr>
<tr><td>持续时间 1min</td><td>持续时间 5min</td></tr>
<tr><td>10</td><td>0.7</td><td>45</td><td>—</td></tr>
<tr><td>35</td><td>0.9</td><td>95</td><td>—</td></tr>
<tr><td>66</td><td>1.0</td><td>175</td><td>—</td></tr>
<tr><td>110</td><td>1.3</td><td>220</td><td>—</td></tr>
<tr><td>220</td><td>2.1</td><td>440</td><td>—</td></tr>
<tr><td>330</td><td>3.2</td><td>—</td><td>380</td></tr>
<tr><td>500</td><td>4.1</td><td>—</td><td>580</td></tr>
</table>

续表

序号	器具	项目	周期	要求				说明
5	核相器	连接导线绝缘强度试验	必要时	额定电压（kV）	工频耐压（kV）		持续时间（min）	浸在电阻率小于100Ω·m的水中
				10	8		5	
				35	28		5	
		绝缘部分工频耐压试验	1年	额定电压（kV）	试验长度（m）	工频耐压（kV）	持续时间（min）	
				10	0.7	45	1	
				35	0.9	95	1	
		电阻管泄漏电流试验	半年	额定电压（kV）	工频耐压（kV）	持续时间（min）	泄漏电流（mA）	
				10	10	1	≤2	
				35	35	1	≤2	
		动作电压试验	1年	最低动作电压应达0.25倍额定电压				
6	绝缘罩	工频耐压试验	1年	额定电压（kV）	工频耐压（kV）		持续时间（min）	
				6～10	30		1	
				35	80		1	
7	绝缘隔板	表面工频耐压试验	1年	额定电压（kV）	工频耐压（kV）		持续时间（min）	电极间距离300mm
				6～35	60		1	
		工频耐压试验	1年	额定电压（kV）	工频耐压（kV）		持续时间（min）	
				6～10	30		1	
				35	80		1	
8	绝缘胶垫	工频耐压试验	1年	电压等级	工频耐压（kV）		持续时间（min）	使用于带电设备区域
				高压	15		1	
				低压	3.5		1	
9	绝缘靴	工频耐压试验	半年	工频耐压（kV）	持续时间（min）		泄漏电流（mA）	
				15	1		≤7.5	
10	绝缘手套	工频耐压试验	半年	电压等级	工频耐压（kV）	持续时间（min）	泄漏电流（mA）	
				高压	8	1	≤9	
11	导电鞋	直流电阻试验	穿用≤200h	电阻值小于100kΩ				

续表

序号	器具	项目	周期	要求				说明
				额定电压（kV）	试验长度（m）	工频耐压（kV）	持续时间（min）	
12	绝缘夹钳	工频耐压试验	1年	10	0.7	45	1	
				35	0.9	95	1	
13	绝缘绳	工频耐压试验	半年	100kV/0.5m，持续时间5min				

3.6.4 安全工器具的报废

有下列情况的安全工器具应予报废：

(1) 绝缘操作杆表面有裂纹或工频耐压没有通过。

(2) 绝缘操作杆金属接头破损和滑丝，影响连接强度。

(3) 绝缘手套出现漏气现象或工频耐压试验泄漏电流超标。

(4) 绝缘靴底有裂纹或工频耐压试验泄漏电流超标。

(5) 接地线塑料护套脆化破损，导线断股导致截面小于规定的最小截面，成组直流电阻值小于规定要求。

(6) 防毒面具的过滤功能失效。

(7) 梯子结构松动，横撑残缺不齐，主材变形弯曲。

(8) 安全帽帽壳有裂纹，帽衬不全。

(9) 安全带织带脆裂、断股，如图3-24所示；金属配件有裂纹，铆钉有偏移现象；静负荷试验不合格。

图3-24 损坏的安全带

思考题

1. 安全工器具的管理职责是如何规定的？
2. 绝缘手套使用及注意事项有哪些？

3. 绝缘靴（鞋）使用及注意事项有哪些？
4. 高压验电笔的使用及注意事项有哪些？
5. 安全带的使用及注意事项有哪些？
6. 风电机组上的定位点应该怎么选择？
7. CE 标识分哪些类型？

危险源辨识及防护

4.1 基本知识

4.1.1 基本概念

1. 危险源

危险源是指可能导致人身伤害和（或）健康损害的根源、状态或行为，或其组合。从危险源的角度考虑，所有的事故致因因素都可被视为危险源。

2. 危险点

危险点指在作业中有可能发生危险的地点、部位、场所、设备、设施、工器具及行为动作等。

“危险点包括 3 个方面：一是有可能造成危害的作业环境，直接或间接地危害作业人员的身体健康，诱发职业病；二是有可能造成危害的机器设备等物质，如转机对轮无安全罩，与人体接触造成伤害；三是作业人员在作业中违反有关安全技术或工艺规定，随心所欲地作业。如：有的作业人在高处作业不系安全带，即使系了安全带也不按规定挂牢等。”

3. 危险源辨识

识别危险源的存在、种类、特性等是非常重要的，它是危险源控制和防护的基础，只有辨识了危险源之后才能采取有效措施控制危险源。以前，人们主要根据以往的事故经验进行危险源辨识工作，通过与操作者交谈或到现场检查，查阅以往的事故记录等方式识别危险源。在系统比较复杂的场合，危险源辨识工作会较为困难，需要利用专门的方法，还需要许多知识和经验。

4. 危险源控制

危险源控制指利用工程技术、教育培训和管理手段来控制危险源。危险源控制的基本理论依据是能量意外释放论。控制危险源主要通过技术手段来实现。

从防止危险源能量意外释放导致事故而言，危险源控制技术包括防止事故发生的安全技术和减少或避免事故损失的安全技术。

危险源控制可以从约束、限制系统中的能量，防止发生意外的能量释放和避免或减轻意外释放的能量对人或物的作用这两个层面来解释。显然，在采取危险源控制措施时，我们应该着眼于前者，做到防患于未然。另一方面也应做好充分准备，一旦发生事故，应防止事故扩大或引起其他事故（二次事故），把事故造成的损失限制在尽可能小的范围内。

安全管理也是危险源控制的重要手段，通过一系列有计划、有组织的安全管理活动，控制和协调安全生产过程中人、物、环境等各方面的因素，以有效的控制危险源。

4.1.2 危险源的分类和定义

根据我国1986年发布的国家标准《企业职工伤亡事故分类》(GB 6441—1986)，综合考虑起因物、引起事故的诱导性因素、致害物、伤害方式等，可将危险因素分为20类。本章结合风电企业生产实际，重点介绍以下几类危险因素：

(1) 物体打击：指失控物体的惯性力造成的人身伤害事故，如落物、滚石、锤击、碎裂、崩块、砸伤等造成的伤害，不包括爆炸而引起的物体打击。

(2) 车辆伤害：指本企业机动车辆引起的机械伤害事故，如机动车辆在行驶中的挤、压、撞车或倾覆等事故，在行驶中上下车，以及车辆运输挂钩、跑车事故。

(3) 机械伤害：指机械设备与工具引起的绞、辗、碰、割戳、切等伤害，如工件或刀具飞出伤人、切屑伤人、手或身体被卷入、手或其他部位被刀具碰伤、被转动的机构缠压住等，但属于车辆、起重设备的情况除外。

(4) 起重伤害：指从事起重作业时引起的机械伤害事故，包括各种起重作业引起的机械伤害，但不包括触电、检修时制动失灵引起的伤害、上下驾驶室时引起的坠落式跌倒。

(5) 触电：指电流流经人体，造成生理伤害的事故，适用于触电、雷击伤害，如人体接触带电设备的金属外壳或裸露的临时线、漏电的手持电动工具，起重设备误触高压线或感应带电，雷击伤害，触电坠落等事故。

(6) 淹溺：指因大量水经口、鼻进入肺内，造成呼吸道阻塞，发生急性缺氧而窒息死亡的事故，适用于船舶、排筏、设施在航行、停泊、作业时发生的落水事故。

(7) 灼烫：指强酸、强碱溅到身体引起的灼伤，或因火焰引起的烧伤、高温物体引起的烫伤、放射线引起的皮肤损伤等事故，适用于烧伤、烫伤、化学灼伤、放射性皮肤损伤等伤害，不包括电烧伤以及火灾事故引起的烧伤。

(8) 火灾：指造成人身伤亡的企业火灾事故，不适用于非企业原因造成的火灾。例如，居民火灾蔓延到企业，此类事故属于消防部门统计的事故。

(9) 高处坠落：指出于危险重力势能差引起的伤害事故，适用于脚手架、平台、陡壁施工等高于地面的坠落，也适用于山地面踏空失足坠入洞、坑、沟、升降口、漏斗等情况，但排除以其他类别为诱发条件的坠落。例如，高处作业时，因触电失足坠落应定为触电事故，不能按高处坠落划分。

(10) 坍塌：指建筑物、构筑、堆置物等倒塌以及土石塌方引起的事故，适用于因设计或施工不合理而造成的倒塌，以及土方、岩石塌陷发生的事故，如建筑物倒塌、脚手架倒塌，以及挖掘沟、坑、洞时土石的塌方等情况，不适用于矿山冒顶片帮事故，或因爆炸、爆破引起的坍塌事故。

(11) 爆炸：指与在生产、运输、储藏的过程中发生的爆炸事故，适用于与生产在配料、运输、储藏、加工过程中，由于振动、明火、摩擦、静电作用，或因热分解作用，储藏时间过长或因存药过多发生的化学性爆炸事故，以及熔炼金属时，废料处理不净，残存

废料发生反应引起的爆炸事故。

(12) 容器爆炸：容器（压力容器的简称）是指比较容易发生事故，且事故危害性较大的承受压力载荷的密闭装置，容器爆炸是指压力容器破裂引起的气体爆炸，即物理性爆炸，包括容器内盛装的可燃性液化气在容器破裂后，立即蒸发，与周围的空气混合形成爆炸性气体混合物，遇到火源时产生的化学爆炸，也称容器的二次爆炸。

(13) 其他爆炸：凡不属于上述爆炸的事故均列为其他爆炸事故。

1) 可燃性气体（如煤气、乙炔等）与空气混合形成的爆炸。

2) 可燃蒸气与空气混合形成的爆炸性气体混合物，如汽油挥发引起的爆炸。

3) 可燃性粉尘以及可燃性纤维与空气混合形成的爆炸性气体混合物引起的爆炸。

4) 间接形成的可燃气体与空气相混合，或者可燃蒸气与空气相混合（如可燃固体、自燃物品，当其受热、水、氧化剂的作用迅速反应，分解出可燃气体或蒸气与空气混合形成爆炸性气体），遇火源爆炸的事故。

(14) 中毒和窒息：中毒指人接触有毒物质，如误吃有毒食物或呼吸有毒气体引起的人体急性中毒事故；窒息指在废弃的坑道、暗井、涵洞、地下管道等不通风的地方工作，因为氧气缺乏，发生突然晕倒，甚至死亡的事故。两种现象合为一体，称为中毒和窒息事故，不适用于病理变化导致的中毒和窒息的事故，也不适用于慢性中毒的职业病导致的死亡。

(15) 其他伤害：凡不属于上述伤害的事故均称为其他伤害，如扭伤、跌伤、冻伤、野兽咬伤、钉子扎伤等。

4.1.3 危险源的分类

根据危险源在事故发生、发展中的作用可分为两大类，即第一类危险源和第二类危险源。

1. 第一类危险源

根据能量意外释放理论，事故是能量或危险物质的意外释放，作用于人体的过量能量或干扰人体与外界能量交换的危险物质是造成人员伤害的直接原因。于是，把系统中存在的、可能发生意外释放的能量或能量载体称为第一类危险源。

一般地，能量被解释为物体做功的本领。做功的本领是无形的，只有在做功时才显现出来。因此，实际工作中往往把产生能量的能量源或拥有能量的能量载体视为第一类危险源来处理，如带电的导体、奔驰的车辆等。第一类危险源具有的能量越高，一旦发生事故，其后果就越严重。

2. 第二类危险源

诱发能量物质和载体意外释放能量的直接因素（如物的不安全状态和人的不安全行为）称为第二类危险源。在生产、生活中，为了利用能量，让能量按照人们的意图在系统中流动、转换和做功，必须采取措施约束、限制能量，即必须控制危险源。但即使按人的意图对系统中能量物质或载体采取了约束、限制措施，防止能量意外释放，系统中还是存在潜在的或实际出现的危险因素或不安全因素（实际出现的可称为事故隐患），即第二类危险源。

第二类危险源往往是一些围绕第一类危险源而存在的潜在因素或随机发生的现象，它们出现的情况决定事故发生的可能性。第二类危险源（事故隐患）出现得越频繁，发生事故的可能性就越大。

4.2 风电企业危险源分析

风力发电的生产过程涵盖电力、机械、自动控制等相关专业，因此风电企业的危险源既有电力生产检修方面的危险源，又有机械、液压设备运行过程中的危险点，所以对风电企业危险源的分析要从多方面入手。下面根据危险因素分类来举例分析风电企业在安装、生产、检修过程中存在的部分主要危险源。

4.2.1 物体打击

（1）在风电机组底部工作、巡视过程中，机舱中遗漏的工具掉落砸到人员；检修的人员不慎掉落的物件砸到下方人员。

（2）登塔过程中，平台盖板未盖，检修人员掉落的工具等物件砸到下方工作人员。

（3）使用机舱内提升机时，起吊物品未放置牢靠，或在风速较大时起吊过程中物品或工具掉落砸到下方人员或设备设施。

（4）在不同高度平台上工作，违反管理规定上下抛掷工具、备件，导致工具、备件掉落直接砸到下方工作人员。

（5）在变电设备上高空作业时，如检修断路器、母线等设备时，物品掉落砸到其他工作人员。

（6）在检修风电机组或设备时，工具使用不当，例如，使用液压扳手时，套筒头未放置到位，工作过程中套筒弹出砸伤人员；使用榔头时，因整体滑落或顶部铁头松动甩出，砸伤使用者或其他人员。

4.2.2 机械伤害

（1）机舱内设备巡视过程中，不慎触碰到旋转设备或穿戴物品被卷入旋转设备而引起的绞伤或碾压。

（2）加注润滑油脂时，触碰旋转设备、违规更换旋转设备电刷等造成的绞、刮伤等。

（3）在液压系统工作，未释放压力管路油压，直接拆除压力管路部件，造成带压物件伤人。

（4）检修电动机等转动设备或运动设备过程中发生的绞、刮伤。

（5）液压工具、力矩扳手使用过程中因使用方法不当造成的碰伤、碾压。

（6）大型设备更换作业时，因使用工具不当或设备吊运过程中造成碾压、刮伤。

4.2.3 起重伤害

（1）风电机组吊装期间发生的相关机械事故，如吊车、机械倾倒砸伤人员，吊具坠落

砸伤人员等。

（2）风电机组使用提升机过程中造成的相关机械伤害。

（3）变电设备安装、更换、检修过程中发生的起重机伤害事故。

（4）吊重捆绑不牢、重心找不准、吊绳夹角不符合要求，盲目起吊造成吊重空中移动、偏转、滑落等。

（5）司机操作失误，如越级换挡、猛打转向盘、超速行驶、紧急制动等，造成惯性力、冲击力突然加大而发生的事故。

（6）吊钩、变幅滑轮组、拉索等重要部位的开口销存在缺陷或使用铁丝、电焊条代替，造成作业中吊钩脱落、变幅绳和起吊绳松脱而造成事故。

（7）起重机起升制动器摩擦片磨损超限、制动轮磨出沟槽等未及时修复，造成起吊重物空中溜钩。

（8）吊车司机或指挥人员作业中精力不集中、观察不细、操作或指挥失误，造成事故。

（9）起重机塔身、台车、地脚螺栓松动而未及时紧固，造成塔身垂直度超差造成事故。

（10）行走行程限位开关失灵或碰尺离止挡太近或止挡固定不牢，造成起重机行走超出极限行程而脱轨翻倒。

（11）起重机停机时动臂未放置在最大幅度位置，致使起重机后倾力矩加大，起重机被大风刮倒。

（12）起重机未按规定安装风速仪（龙门式起重机起吊高度达到或超过14m，其他起重机起吊高度达到或超过50m应装），在大风来临时，起重机没有报警和风速指示，操作人员无法及时采取防风措施，而使起重机处于危险状态。

（13）起重机未按规定安装力矩限制器或重量限制器，或超载安全装置失灵未及时修复，当起吊重物已超载时，操作人员尚不清楚，从而造成事故。

（14）起升钢丝绳或吊索具发生断丝、磨损严重、裂纹损坏或吊钩危险端面磨损超限而未及时采取措施，而造成起吊作业过程中，重物突然高空坠落，产生伤害。

4.2.4 触电

（1）线路或设备有单相接地时，未将故障线路停运，进行线路、设备故障排查，在接地点附近造成跨步电压触电。

（2）风电机组电气设备检修，如更换开关、接触器、熔丝等，未做好安全措施或带电更换造成触电伤害。

（3）带电作业使用非电工绝缘螺钉旋具，造成触电伤害。

（4）更换电容器、电抗器等储能设备时未将设备对地充分放电，直接进行更换，造成剩余电荷对人体电伤。

（5）使用绝缘电阻表测量绝缘电阻后，未将可能存有剩余电荷的设备充分放电而引发的电击伤害。

（6）使用万用表、钳形表等测量表计时，选错功能挡位，可能造成表计击穿，使工作人员触电。

(7) 使用电动工具时，未按规定有效安装或使用漏电保护装置，工具漏电造成触电。

(8) 电气设备检修中违反安全规程造成相关触电伤害，如违反工作票制度、违反操作票制度等。

(9) 雷雨天气在室外巡视风电机组、变电设备时造成雷击触电伤害。

(10) 雷雨天气检修风电机组、变电设备时造成雷击触电伤害。

(11) 雷雨天气在高山、草原上行走、在大树下避雨、靠近风电机组塔筒壁等行为而发生雷击触电伤害。

(12) 起重机电路老化或拖式电缆无托架被刮伤破损、接地线断线等，未能及时修复造成人员触电事故。

4.2.5 灼烫

(1) 在齿轮油系统上工作，油温未冷却，飞溅到工作人员皮肤上。

(2) 在液压系统上工作，液压油油温较高时直接触碰到工作人员皮肤。

(3) 更换发电机轴承等需要加热物件时，在加热过程中误碰加热设备或防护工具失效造成烫伤。

(4) 焊接焊点未充分降温，人员误碰。

4.2.6 火灾

(1) 机舱内检修时检修人员吸烟，烟头或火源引燃可燃物。

(2) 机舱内或其他空间内进行电焊切削、金属打磨等作业时未做好防火措施，引燃可燃物。

(3) 风电机组机械制动不按规定安装防护罩，当间隙调整不当或闸体不回位时，制动片和制动盘异常磨损，引燃渗漏的油液及其他可燃物，引起火灾。

(4) 检修电气设备时，因人员违章操作造成短路，电弧引燃可燃物。

(5) 检修电气设备时，因使用工具不当造成带电设备短路放电，电弧引燃设备。

(6) 在电气设备倒闸操作时，误操作引起设备短路放电，电弧引燃设备。

4.2.7 高处坠落

(1) 机舱外检修风速仪、风向标等设备时未正确佩戴安全带或未挂安全绳。

(2) 使用机舱提升机时，未正确佩戴安全带或未挂安全绳。

(3) 安全绳挂点选择不当或挂点不牢固。

(4) 个人安全防护用品失效，如安全带磨损、脱线、严重发霉变形等。

(5) 登高过程中违反安全规定引起的跌落，如不正确佩戴安全带或安全绳等。

(6) 使用云梯作业时，云梯未放置牢固或未做好安全措施。

(7) 进入外入式轮毂过程中发生高处坠落。

(8) 在变压器、隔离开关、母线、构架等设备上工作，由于未做好防坠落安全措施发生高处坠落。

(9) 起重机登机梯子、栏杆松动、踏步不防滑、无踢脚板、平台地板锈蚀严重等未及

时修复，登机人员发生高空坠落。

4.2.8　其他伤害

(1) 冻伤：在北方及高山寒冷地区风电企业极易发生，尤其在户外工作期间，如果未做好保暖工作，外露的皮肤就容易被冻伤。

(2) 蛇、蜈蚣等毒虫容易出现在山区、草地间的风电机组中，这些昆虫、小动物喜欢躲在箱变、控制柜、各种机柜底部角落里，所以在该地区打开箱式变压器、风电机组控制柜门前应作为防护，避免咬伤。

(3) 夏季在相对密封的机舱内或轮毂中工作需特别防范中暑和晕厥，目前风电机组的密封性相对较好，机舱内又有较多发热设备，夏季机舱温度多数都达到或超过40℃，在这样的环境下进行检修等作业极易发生中暑、晕厥的情况，因此要尽量避开高温时段在舱内工作，要禁止在舱内使用挥发性较强的清洗剂，还应根据实际情况制定其他相关高温环境作业安全管理规定。

4.3　风电企业危险点防护

4.3.1　油液（脂）污染防护

风力发电生产中使用油液（脂）非常普遍，如齿轮箱油、减速器油、油浸式变压器油、各种轴承润滑油脂。运检人员与各类油液（脂）的接触比较频繁，随着职业健康教育的重视和环境保护意识的增强，各类油液（脂）对人体、环境的影响被广泛关注，因此，消除或降低这些污染显得越来越重要。

风电企业生产用油液（脂）毒性非常低，偶尔、短时接触，对人体不会产生实质性危害。长期、频繁接触，如不采取有效的保护措施，会对皮肤、眼睛、呼吸系统产生轻度至中度的刺激。试验证明，精制矿油润滑油毒性较低，但加添加剂的润滑油的危害性会增加，因此必须注意防护。即使新油无毒，在使用过程中变质和污染也会增加其危害性。

油品挥发物造成的急性吸入，可能会引起乏力、头晕、头痛等不适反应，严重者可引起油脂性肺炎。

1. 健康危害与预防措施

(1) 要养成良好的个人卫生习惯，常换衣、勤洗手。

(2) 更换滤芯时要佩戴好个人防护用品，如耐油手套、工作服、防护眼镜等，尽可能避免与身体直接接触。

(3) 要避免吸入油品挥发的油雾、油烟或油气。

(4) 避免皮肤与更换下来的废油液（脂）直接接触，如果皮肤有破损、炎症，禁止直接接触。严禁使用汽油、煤油或化学溶剂等清洗皮肤。

(5) 因接触有毒有害物质引发皮肤、呼吸道不适症状，如红肿、痒痛、斑点等，都应及时到医院咨询、治疗。

2. 安全危害与预防措施

绝大部分润滑油产品闪点远大于60℃，属于可燃液体，当与其他易燃材料混合时，或在一定条件下，会存在火灾隐患。需将润滑油产品存放在远离火种、热源的地方，当润滑油产品发生火灾时，要用二氧化碳、干粉或泡沫灭火器来灭火，也可使用沙土对初期小火进行灭火，禁止用水扑救油脂类引发的火灾。

润滑油产品十分滑腻，如撒漏在地面上很容易使人滑倒，撒在工具上也会造成工具滑脱伤人。要及时清理遗留在地面、工具或设备上的润滑油。要将油品废弃物存放在专用带盖的容器内。

3. 环境危害与预防措施

按国家规定，废润滑油属于危险废物（HW08）。由于润滑油所含碳氢化合物生物降解非常缓慢，如将其倾倒在土壤、水中，会对环境造成污染。另外，废润滑油中，特别是发动机油及高速旋转的变速器废油，都含有低浓度的有害物质，如重金属和致癌的多环芳烃，因此禁止随意将废润滑油倒入土壤和污水系统。要将废润滑油集中收集、存放在有标志的容器内。要将废润滑油交给有经营许可证的单位回收利用或处理。

4. 润滑油产品事故急救措施

（1）皮肤接触：脱去污染的衣物，用肥皂及清水彻底冲洗。

（2）眼睛接触：立即用流动清水冲洗至少10min。如有必要，应尽快就医。

（3）吸入：迅速离开现场至空气新鲜处。呼吸困难时，进行人工呼吸，尽快就医。

（4）食入：如误食，可饮牛奶、水、碳酸饮料等降低反应，尽快就医。

4.3.2 触电防护

触电伤害是电力安全生产中对运行检修人员造成最大伤害的危险源之一，是风电企业人身事故案例中一种典型的伤害类型，必须重点防范。触电按伤害类型分为电击、电伤、雷击、电磁场、静电伤害等，风电企业发生的触电伤害主要集中在电击、电伤、雷击伤害上。

风电企业防止电击、电伤伤害的措施如下：

（1）使用机舱提升机吊运工具和设备时，要与下方配电线路保持安全距离，避免大风期间起吊，必要时采取措施进行偏航，保证与配电线路有足够的安全距离。

（2）检修电气设备时，应先断开上级电源开关，经验电无电后，还应做好防止突然来电的安全措施后才可开展相关检修工作。

（3）检修电容器时应进行充分放电，验明确无电压后方可进行工作。

（4）检修变频系统时，应保证变频系统中的直流母线及相关电容无电压后方可进行工作。

（5）严禁带电更换熔丝，更换熔丝时应使用换熔丝的专用工具，禁止使用尖嘴钳、鹰嘴钳、老虎钳等工具拆装更换，更换高压熔丝还应戴护目镜。

（6）在测量电缆、发电机、箱式变压器的绝缘电阻及直流电阻时，测量前后需将设备对地放电。

（7）在有触电危险的场所或容易产生误判断、误操作的地方，以及存在不安全因素的现场，设置醒目的文字或图形标志，提醒人们识别、警惕危险因素。

（8）带电体之间、带电体与地面之间、带电体与其他设施之间、工作人员与带电体之

间必须保持足够的安全距离，安全距离不足时，应采取有效的措施进行隔离防护。

(9) 采用保护接地措施，将电气装置中平时不带电，但可能因绝缘损坏而带电的外露导电部分（设备的金属外壳或金属结构）与大地做电气连接，减少触电的危险。

(10) 在同一台变压器供电的系统中，不得将一部分设备做保护接零，而将另一部分设备做保护接地。

(11) 临时用电的各类电源线必须按照相应规范安装漏电保护开关。

(12) 使用1、2类电动工器具必须使用带有漏电保护装置的电源。

4.3.3 雷击伤害防护

风电企业防止雷击伤害的措施如下：

(1) 风电机组基础在施工结束后或机组吊装前，必须测量一次接地电阻，接地电阻应小于4Ω，不同的测量方法和测量线长度误差很大，所以必须遵照规范执行。测量接地电阻要严格按照《建筑物防雷装置检测技术规范》（GB/T 21431—2008）规定的土壤电阻率选择测量线 *D*（直径）的倍数，风电场土壤电阻率较不均匀，应该选3*D*的测量线长度。同时为了测量的规范性，建议用直线法测量。

(2) 叶片吊装前，须检查并确保叶片疏水孔畅通，叶片引下线做贯通性、可靠性两项检查。

(3) 机组吊装前后，须检查变桨轴承、主轴承、偏航轴承上的泄雷装置（防雷电刷或放电间隙）的完好性，并确认塔筒跨接线连接可靠。

(4) 每年要对风电机组接地电阻进行测量，明显大于设计值或与往年相比明显变大时，要查找原因，进行整改。对于多雷区、强雷区以及运行经验表明雷害严重的风电企业，必须至少每两年测量一次叶片各接闪器至叶根的直流电阻，电阻值不应明显大于50mΩ。雷害严重的风电企业应测量机组接地装置的冲击接地电阻，电阻值应小于10Ω或不大于设计值。

(5) 每年雷雨季节前须检查叶片引下线、机舱避雷针、塔筒跨接线、塔筒接地线的连接情况；检查各处防雷电刷磨损情况；检查电刷与旋转部件的接触面是否存在油污；检查各轴承处放电间隙的间隙距离是否超标（应小于5mm，具体按厂家要求执行）。没有防雷电刷或放电间隙的机组，须及时整改。

(6) 每年雷雨季节前必须检查塔底柜、机舱柜及发电机的防雷模块以及浪涌保护器是否可以正常工作，损坏或故障指示器变色后须及时更换。

(7) 雷雨过后，要及时检查机组的受损情况，叶片有无噪声，有无雷击痕迹；对于有雷击迹象的机组，应检查叶片内部引下线是否熔断，检查接闪器附近的叶片是否有烧灼痕迹；具备振动监测条件的风场，要留意机组振动有无明显加剧；及时检查避雷器动作情况，记录放电计数器数据。

(8) 雷雨天气不得检修户内外设备。

(9) 雷雨天气不得靠近风电机组、避雷器、避雷针以及接地引下线。

(10) 雷雨天气在郊外旷野里，避免站在高处，要找一块地势低的地方，蹲下且两脚并拢，使两腿之间不会产生电位差。

（11）登机前应提前查看当地天气预报并观察天气，看是否有变天、打雷的可能性，在机舱上工作还应定时到舱外观察天气情况，应保证通信设备正常，能随时接收来自集控室、其他相关人员的雷电预警。

（12）驾车遭遇打雷天气时，不要将头、手伸向车外。

4.3.4 高处坠落防护

1. 定义和分类

高处坠落事故是由于高处作业违章引起的，根据高处作业的分类形式对高处坠落事故进行简单的分类。根据《高处作业分级》（GB/T 3608—2008）的规定，凡在坠落高度基准面2m以上（含2m）有可能坠落的高处进行的作业，均称为高处作业。根据高处作业者工作时所处的部位不同，风电企业高处作业坠落事故可分为登塔作业高处坠落事故、悬空作业高处坠落事故、操作平台作业高处坠落事故、临边作业高处坠落事故。

2. 高处坠落事故原因分析

根据事故致因理论，事故致因因素包括人的因素、物的因素、环境因素三个主要方面。从人的不安全行为分析主要有以下原因：

（1）人的因素主要包括：

1）违章指挥、违章作业、违反劳动纪律的“三违”行为，主要表现为：

① 指派无上岗证的人员从事登高作业。例如，指派刚从学校毕业还未取得上岗证的实习生单独到机舱从事相关工作即属于违章指挥。

② 不具备高处作业资格（条件）的人员擅自从事高处作业，根据《风力发电场安全规程》，风电企业工作人员应无妨碍工作的病症，患有高血压、恐高症、癫痫、晕厥、心脏病、美尼尔病、四肢骨关节及运动功能障碍等病症的人员，不应从事风电企业的高处作业。

③ 登塔及高处作业时不按管理规定穿戴好个人劳动防护用品（安全帽、安全带、安全绳、防护鞋）等。

④ 工作人员因身体异常出现的坠落事故。

⑤ 安全带、安全帽等防护用具穿戴不规范，安全带不定期检测、更换。

2）人操作失误，主要表现为：

① 在机舱提升机口、爬塔作业时因踩空、踩滑而坠落。

② 在转移作业地点时因没有及时系好安全带或安全带系挂不牢而坠落。例如，登高时未按规定使用双钩。

③ 在塔架外高处作业时，因作业人员配合失误而导致相关作业人员坠落。

④ 安全卡扣的挂点选择不当引发的人员坠落。

（2）物的因素主要包括：

1）安全防护设施的材质强度不够、设施不合格、磨损老化等。

2）用做防护栏杆的钢管、扣件等材料因壁厚不足、腐蚀、扣件不合格而折断、变形而失去防护作用。

3）脚手架、吊篮及钢丝绳因摩擦、锈蚀而折断导致吊篮倾斜、坠落而引起人员坠落。

4）因其他设施设备（手拉葫芦、电动葫芦等）破坏而导致相关人员坠落。

5）劳动防护用品缺陷，主要表现为高处作业人员的安全帽、安全带、安全绳、防护鞋等用品因内在缺陷而破损、断裂、失去相关功能等引起的高处坠落事故。

(3) 环境因素主要包括：

1）孔洞未被封堵或开启后未加防护。

2）油污引起的滑跌。

3）恶劣天气或火灾导致的慌乱逃生。

4）有毒有害气体引起的知觉丧失。

5）寒冷天气手脚僵硬、酷热天气的中暑现象、照明不足等。

3. 高处作业坠落预防措施

(1) 从事高处作业的人员必须具备《风力发电场安全规程》(DL/T 796—2012) 中关于人员基本要求的相关内容：风电企业工作人员应没有妨碍工作的病症，患有高血压、恐高症、癫痫、晕厥、心脏病、美尼尔病、四肢骨关节及运动功能障碍等病症的人员，不应从事风电企业的高处作业。

(2) 加强高空坠落防护培训，操作人员应取得监管部门颁发的特种作业证件。企业应定期开展高空坠落防护及救援演练工作。

(3) 增强防误坠落“四意识”：防止踩空、防止踩翻、防止踩穿、防止踩滑。

(4) 工作前开展危险点分析工作，大型检修做好事故预想工作。

(5) 按要求定期检查塔架爬梯、钢丝绳等设备。

(6) 风电企业井、洞、坑的沟盖板必须齐全、完整，盖板表面刷黄黑相间的安全警示标志。无盖板的孔洞周围必须装设遮栏，设置安全警告标志，夜间必须装设警示灯。

(7) 严禁不系安全带或未采用防坠器攀爬风电机组，严禁不使用双安全绳进行机舱外作业。

(8) 机舱内人员起吊物品时，吊孔处必须设置可靠的安全硬隔离，塔底人员不得在吊装孔下方走动或停留。

(9) 正确穿戴、使用登高安全防护用品，定期对登高防护用品进行检测、更换。

(10) 防高空坠落防护用具，只能连接到安全带的前部或者背部D形环上，禁止连接到定位腰带的侧面D形环上。定位腰带的侧面D形环，只能用于工作定位绳的工作定位连接使用。

(11) 防高空坠落防护用具禁止“低挂高用”。

(12) 塔架爬梯口、机舱提升机口等人员出入口处的地板应采取防滑措施。

(13) 机舱内外安全挂点应用油漆涂黄处理，安全带挂钩应挂在安全挂点上。

(14) 在塔内、机舱内应设置符合要求的照明系统。

4.3.5 物体打击防护

物体打击是指失控物体的惯性力造成的人体伤害，其中包括落下物、飞来物、滚石、锤击、碎裂崩块等造成的伤害。

1. 物体打击的类型

(1) 物体（工具、零件等）从高处掉落砸伤人。

(2) 正在运行的设备突然发生故障，零部件飞出伤人。

(3) 人为从高处乱扔废物、杂物砸伤路人。

(4) 用工器具误碰运转设备，工器具反弹伤人。

(5) 各类容器爆炸的飞出物击中伤人。

(6) 液压扳手、力矩放大器等使用不当，工具反弹伤人。

(7) 叶片、线路覆冰融解时冰块掉落砸伤人。

2. 物体打击的防护措施

物体打击的防护主要从管理上和教育培训上杜绝，从行业来看，绝大多数物体打击事故都是违章操作引起的，因此要防范物体打击得从根源抓起。开工前要做到充分进行危险点的分析和危险源的查找，现场应编制物体打击事故处置方案，另外还应做好以下几点：

(1) 进入生产现场应戴好安全帽，扣紧下颚带。

(2) 高处作业时严禁抛掷物件。

(3) 设备高处临边部位不得堆放物件。

(4) 机舱提升机吊运备件和工具时应拴牢，不可一次性吊运过多物件。

(5) 吊运大件应使用有防脱钩装置的吊钩或卡环，吊运小件应使用吊笼或吊斗。吊运长件应绑牢固定，吊运散料应用吊篮或吊袋。

(6) 使用液压扳手、力矩扳手前需经过专业培训，充分掌握工具的使用方法，不可盲目使用液压扳手、力矩扳手。

(7) 大型部件的拆除或拆卸作业要设置警戒区域，在有专人监护的条件下进行。

(8) 高处作业的下方不得同时有人作业，必须同时作业时，应做好防止落物伤人的措施，并设专人看护。

(9) 风电机组检修后，在启动前应认真检查，防护装置应保证安全、可靠使用，防止零部件飞出伤人。

(10) 风电机组、线路覆冰时禁止在设备下滞留。

(11) 机舱检修时，风电机组底下四周设置安全警示牌，防止人员随意出入该工作区域。

(12) 禁止线路覆冰期间在线路下方巡视线路。

4.3.6 机械伤害防护

防止机械伤害事故的发生，必须从安全管理工作入手，防止出现人的不安全行为，并消除设备的不安全状态，同时还应改善检修操作的工作环境，避免在环境条件不允许时进行工作。

(1) 加强安全管理，健全机械设备的安全管理制度，编制各类危险点分析手册，并严格落实危险点辨识工作，防止人的不安全行为的发生。

(2) 根据不同类型的机械设备检修工作，按其特点制定安全操作规程。

(3) 转动部件上不要放置物件，以免启动时物件飞出，发生打击事故。

(4) 正确使用和穿戴个体劳动保护用品。劳保用品是保护职工安全和健康的必需品，必须正确穿戴衣、帽、鞋、手套等防护品。

(5) 加注油脂时，人员应尽量远离转动部件，设置较低的转速。

(6) 在进入轮毂给叶片加注油脂前须做好叶片转动测试工作，必须锁定叶轮锁，同时与转动叶片保持足够的安全距离，机舱与轮毂内的人员必须保持通信畅通。

(7) 检修液压系统更换液压阀时必须释放蓄能器等储能设备的压力，并用压力表测试，只有在确保没有压力的情况下才允许拆卸。

(8) 更换机舱大部件须制定详细的更换步骤，并制定安全防护措施，做好事故预想工作。

(9) 在风电机组吊装期间，应确定现场专职安全监护人员，全职监护现场安全工作。

(10) 制定切割机、角磨机等手持电动工具的安全操作规程，使用时按规程操作；对运行检修人员进行相关培训，熟悉设备操作规程和工作原理；禁止未经过培训的人员直接使用电动工器具。

(11) 选用性能质量可靠的切割片、砂轮片、钻头，防止因工具存在缺陷突发故障造成事故。

(12) 严禁使用没有安全防护装置的电动工器具。

(13) 转动机器应加装防护罩，不得触及转动部位。

4.3.7 有毒有害气体的控制和防护

有毒有害气体具有很大的危害，在生产生活中需要采取各种手段进行控制和防护，主要控制方式有工程控制、管理控制和个体防护。

1. 工程控制

工程控制指通过采取适当的技术措施，消除或降低作业场所的危害。

(1) 采用合格的材料物品进行有效替代。

(2) 采用先进的工艺进行变更。

(3) 隔离操作。

(4) 采用闭锁联动。

(5) 加强作业场所监控。

(6) 必要时进行强制通风。

2. 管理控制

管理控制指在有毒有害物品的生产、储存、使用和处理过程中严格按照国家法律法规、技术标准的要求，防范危害的发生，降低危害的后果。

(1) 设立管理机构，配备充足的管理人员。

(2) 建立严格的管理制度。

(3) 培训合格的作业人员。

(4) 在流程中采取管理措施并固化。

(5) 建立应急响应机制和应急管理体系。

3. 个体防护

个体防护是作业人员防范和减轻危害的最后一道防护环节，也是最基本的防线，是防止危害侵犯人体的最重要的屏障。

(1) 利用检测仪器对现场进行检测，检测可燃易燃气体时要注意防爆；进入高浓度气体区域进行检测时应佩戴隔绝式呼吸器，防止窒息性中毒。

(2) 定期对有毒有害气体储存场地进行通风排毒。

(3) 操作腐蚀性、刺激性毒品，宜穿厚布工作服，系胶质围裙，穿胶鞋，佩戴防护眼镜、胶布手套、口罩、布帽，外露皮肤涂防护药膏。

(4) 操作容易引起呼吸或者皮肤中毒的挥发性液体毒物，宜穿紧袖口工作服，佩戴防毒面具、手套、布帽，颈部围毛巾，外露皮肤涂防护药膏，严禁用油脂膏。

(5) 操作粉尘状毒物，宜穿上下身相连、紧口工作服，戴手套、帽子、风镜和防尘口罩，颈部围毛巾，外露皮肤涂防护药膏。

(6) 操作一般有毒品，应穿工作服、戴口罩、手套等。

思考题

1. 什么是危险源，要如何防护?
2. 油脂污染有哪些?
3. 高空坠落防护有哪些要点?
4. 物体打击防护如何进行?
5. 机械伤害如何防护?

电气安全工作制度

安全是企业管理的核心，而“两票三制”是企业保障安全的中枢系统。没有“两票三制”，企业的安全将无从下手，员工的生命就没有保障，企业的效益更是无从谈起。据有关数据统计，在电力行业中，80%的事故都是因违反安全操作规程造成的，而在这80%的事故中均能够在执行“两票三制”的过程中找到原因。

借鉴电网公司和火电、水电等常规电力企业安全管理经验，严格执行“两票三制”是风电企业基本的安全工作组织措施。“两票三制”是一个统称，其中“两票”是“操作票”和“工作票”的简称，两票是保障电力系统工作中人身和设备安全的重要环节，认真执行“两票”制度，能够有效避免人身伤亡和设备损坏事故的发生，确保人身和设备安全；“三制”是指交接班制度、巡回检查制度、设备定期试验轮换制度。

5.1 风电企业操作票的使用与管理

5.1.1 基本知识

1. 使用操作票的目的和意义

风电场电气设备在生产过程中因运行方式变化、定期切换、检测和预防性试验、日常维护、检修或故障处理需要，需经常进行停、送电及安全隔离操作，为达到防误操作和确保检修人员人身安全的目的，必须使用操作票准确完成各项操作任务。

长期的电力系统操作中，因违反有关操作规定，屡次发生误操作事故，轻者造成设备损坏，重则引起短路爆炸、电网失稳、火灾和人员伤亡事故。为保证运行操作的正确性，防止误操作事故，保障人身和设备安全，各级人员必须严格执行操作票制度，以高度安全生产的责任感和“安全第一”的思想，准确地执行操作任务。

2. 基本概念

(1) 倒闸操作。倒闸操作是指电气设备状态转换、电力系统运行方式变化、继电保护定值调整及传动试验、测控及保护装置的启停操作、二次回路切换、自动装置投切等所进行的操作执行过程的总称。

(2) 电气设备状态。电气设备状态一般分为四种：运行、热备用、冷备用、检修。

1) 运行状态：指设备的断路器及隔离开关都在合上位置，将电源至受电端的电路接通（包括辅助设备，如电压互感器、避雷器等）；所有的继电保护及自动装置均在投入位置（除调度有要求的除外），控制及操作回路正常接通。

2）热备用状态：指设备只有断路器断开，而回路其他电气元器件仍在合上位置，视同运行状态。也指设备已具备运行条件，经一次合闸操作即可转为运行状态。

3）冷备用状态：指设备的断路器及隔离开关（简称隔刀）都在断开位置（包括线路压变隔刀），操作电源切断、保护退出。

4）检修状态：指设备的所有断路器、隔离开关均断开，操作电源切断、保护退出，挂上接地线或合上接地开关。

（3）操作票术语。

1）操作指令：值班调度员对其管辖设备变更电气运行方式或事故处理所发布的立即执行的操作指令。

2）操作许可：操作指令执行前，值班调度员、值班长、场站负责人、电网调度对即将开展的操作指令的操作票逐级批准过程。

3）操作监护：操作票必须由操作人和监护人共同执行，一人操作、一人监护（重大及复杂操作可设第二监护人），监护人唱票（严格按已批准的操作票逐项顺序进行），操作人复诵并确认当前操作项与监护人指令一致，监护人再次确认后下达操作命令，每操作一项划勾标记。

4）操作动词：用于断路器、隔离开关、接地开关、二次控制或保护回路的空气开关、熔断器等一、二次回路的关合类动作词语均属于操作动词。

5）复令：操作票执行完毕后的上报工作。

5.1.2 操作票的使用规定

1. 总体要求

仅下列情况之一者可以不使用操作票外，其他一切电气设备的操作必须使用操作票。

（1）事故处理。

（2）拉合开关的单一操作。

（3）拆除全场仅有的一组接地线或拉开全场仅有的一把接地开关。

（4）风电机组的启停机及箱式变压器低压侧操作。

上述操作虽然不使用操作票，但必须有人监护，操作完毕后应将操作情况记入相关记录簿中。

2. 具体要求

（1）操作票所涉及人员的作用和安全责任。

1）予令人和发令人。

予令人和发令人一般由值班调度员、场长或值班负责人担任。发令人发布操作命令应准确、清晰，使用正规操作术语和设备双重名称（即设备名称和编号），同时交待好操作中的安全注意事项。发令人对命令的正确性和完整性负责。

2）监护人。

监护人应由有经验的人员担任，负责接受操作任务并复诵操作任务无误。在接受操作任务后应布置操作人填写操作票，对操作票和倒闸操作过程的正确性负责。

3）操作人。

操作人负责正确填写操作票，在得到值班负责人许可后，在监护人的监护下正确、安全地进行倒闸操作。

4）值班负责人。

值班负责人负责最终审查操作票，发布执行操作的命令，担任重要和复杂操作的监护人，或第二监护人。

(2) 操作票的使用。

1）操作票按统一格式印制和使用。电气倒闸操作过程用《电气倒闸操作前检查表》、《电气倒闸操作票》和《电气倒闸操作后工作表》三部分规范。

2）《电气倒闸操作前检查表》（样票B-1）的内容是每次电气倒闸操作前要准备的工作。一次连续的电气倒闸操作只要填写一份《电气倒闸操作前检查表》。当在电气倒闸操作过程中更换监护人或操作人时，需重新填写新的《电气倒闸操作前检查表》。

3）《电气倒闸操作票》（样票B-2）按操作任务填写，每个操作任务填写一份，每个操作任务分派一个操作任务编号，操作票根据风电场电气接线图和典型操作票要求拟票，当一个操作任务的操作内容较多时，可分多页填写。

4）《电气倒闸操作后工作表》（样票B-3）的内容是每次电气倒闸操作全部结束后要进行的工作，记录操作结束后的收尾工作情况。

5）每份操作票填写一个操作任务，每个操作任务分派一个操作任务编号，操作任务编号由拟票人填写，格式为“GGFF-CZP-YYYYMMNNN”，其中“GG”为公司拼音简写，“FF”为风电场拼音简写，“CZP”为操作票的简写，“YYYYMM”表示年月，年为四位数字，月为两位数字，“NNN”为001～999，每月从001开始，按顺序编号。当一个操作任务的内容较多时，可以分多页填写。当多页填写时，在操作任务编号后标明相应的页码，格式为“GGFF-CZP-YYYYMMNNN-P/Z”，其中“P”为操作票当前页数，“Z”为本份操作票的总页数。写票时出现错误，做废票处理时，重新写票时用原操作任务的任务编号。审票时发现错误，判为不合格票时，重新写票时用原操作任务的任务编号。操作任务未执行时，原操作任务编号继续保留，不作为其他新的操作的任务编号。

6）《电气倒闸操作前检查表》中应填写本次操作的第一个操作任务的任务编号。《电气倒闸操作后工作表》中应填写本次操作的最后一个操作任务的任务编号。

7）电气倒闸操作必须严格执行操作监护制，不允许在无人监护的情况下进行操作。倒闸操作必须由两人执行，其中对设备较为熟悉者担任监护人。特别重要和复杂的倒闸操作，由熟练的值班员操作，值班长担任监护人。

8）对于重大、复杂的操作，调度必须提前一天发予令，受予令人做好记录，并在操作票上记录予令人、受予令人和予令时间。

9）电网调度管辖设备，电网调度员发布正式操作命令，风电场值班长应录音并做好记录，接受完操作命令后必须全文复诵操作命令。在接到电网调度员开始执行的命令后组织执行，并在操作票上记录正令人、受令人和正令时间。

10）风电场调度管辖设备，风电场值班长发布正式操作命令，发布命令应使用正规操作术语和设备双重名称，监护人必须全文复诵操作命令，在接到风电场值班长开始执行的命令后组织执行，并在操作票上记录正令人、受令人和正令时间。

（3）操作票填写要求。

1）操作票应使用统一印制具有连续编号的空白操作票，按操作顺序逐项填写。

2）一律使用钢笔、圆珠笔填写。操作的设备使用双重名称，即设备名称和编号。手写操作票字迹端正，不得涂改。

3）一般操作由副值班员填写，重要操作由主值班员填写。

4）接受任务后应认真研判操作目的。

5）填票前应反复核对系统图和二次图，了解当前设备的运行方式（包括一、二次设备的运行状态），必要时现场查看。

6）一张操作票只能填写一项操作任务。票面上填写的数字，用阿拉伯数字（1、2、3、4、5、6、7、8、9、0）表示，时间按24h（制）计算，年度填写四位数字，月、日、时、分填写两位数字，若是个位数值，应在十位数上面补0。

7）以下项目应填入操作票内：

① 应拉、合的断路器和隔离开关，检查断路器和隔离开关的位置，检查断路器带电显示指示状态。

② 检查弹簧储能或液压气动式开关储能情况。

③ 装接地线、合接地开关前验电；装、拆接地线，拉合接地开关。

④ 检查安全措施布置或拆除情况，检查仪表指示情况和负荷分配情况。

⑤ 投、退保护压板，修改保护定值情况，装上或卸下控制回路或电压互感器回路的熔断器，切换保护回路和检验是否确无电压。

8）一个操作任务当使用多页操作票时，应在操作票最后一行写“下接 X 页”，并在新操作票第一行写“上接 Y 页”，X 和 Y 为操作票的流水编号。每张操作票上方的操作任务编号、页码、总页数、操作任务、操作人、监护人和值班长均需填写。操作票上方的予令、正令及操作时间在操作任务的第一页操作票上填写即可。

9）操作票填写完后，在最后一项操作内容后空白处盖蓝色“以下空白”章，如操作内容填写至最后一行，则在备注栏内盖蓝色“以下空白”章。印章规格为30mm×6mm，使用仿宋字体。

10）电子开票权限必须分级管理，不得越级操作；变电后台模拟操作时，必须遵守五防闭锁要求，严禁强行跳步。

（4）操作票的审核要求。

1）操作人完成写票，检查无误签名确认后，将操作票交给监护人，监护人检查无误签名确认后，将操作票交给值班长，值班长审核无误后签名确认。场内重要操作的操作票需经风电场负责人审核，风电场负责人审核无误后，在值班长签名的后面签字确认。重要操作主要是指新设备投入、全场停电、全场送电、技改试验等项目。

2）审核人员在审核时应逐项进行，如发现名称、编号、操作动词、操作顺序、操作状态、时间、非关键字错误三处以上按作废处理，重新填写操作票。

3）当前值人员填写的操作票，需要交给下值执行操作时，接班的操作人、监护人和值班长要对上值的操作票重新审查，对照操作指令和实际运行方式进行逐项检查，审查无

误后在原对应人员签名的后面签字确认。

（5）操作票的操作要求。

1）倒闸操作开始前，应先在模拟图上进行模拟操作预演，有条件的可进行微机预演，模拟预演按照实际操作的要求进行，监护人逐项唱票，操作人手指设备复诵、模拟操作，监护人确认无误后，在操作票“模拟”栏用红色签字笔打“√”。

2）在正式操作之前，操作人、监护人进行相关的检查和准备，掌握危险点及控制措施，操作人和监护人完成《电气倒闸操作前检查表》的填写，双方确认无误后签字，交值班长检查、确认和保存。

3）开始操作时，监护人在操作票“操作开始时间”栏内填写开始时间。

4）操作时应核对设备名称、编号、位置和状态，核对无误后再进行操作。操作中应认真执行监护复诵制，发布和复诵操作命令应严肃、认真、准确、洪亮、清晰。倒闸操作必须按操作票的顺序逐项操作，操作过程中不准跳项、漏项。操作中发生疑问时，应立即停止操作并向值班长报告，弄清问题后再进行操作。不得随意更改操作票，不准随意解除闭锁装置。每完成一项操作，监护人应检查，核查无误后用黑色签字笔在操作票“执行”栏打“√”。主要和隔离开关的操作，应在操作票“完成时间”栏注明拉、合时间，以时、分、秒记录，如18：20：13。

5）全部操作项目完成后，应全面复查被操作设备的状态、仪表及信号指示等是否正常、有无漏项，核对操作票的要求、模拟图板和设备实际状态三者是否一致。填写《电气倒闸操作后工作表》，操作人和监护人检查无误后签字确认，向发令人汇报操作任务执行完毕，并在操作票“操作结束时间”栏内填写结束时间。

6）已执行的操作票在底部相应盖章处盖蓝色“已执行”章，填写错误或审票作废的操作票，应在底部相应位置盖蓝色“作废”章，未执行的操作票应在底部相应位置盖蓝色“未执行”章。印章规格为30mm×15mm，使用仿宋字体。

7）操作时必须使用防误闭锁解锁工具（钥匙）时，应经风电场负责人批准，并经值班长复核无误，在值班长监护下开启封装和进行解锁操作。使用完毕后由值班长重新封装，并将情况记入专用的“防误装置解锁钥匙使用记录簿”内。

8）下列操作可以不用操作票，记入操作记录簿内：

① 事故紧急处理。

② 程序操作。

③ 拉合断路器（开关）的单一操作。

④ 拉开全站仅有的一组接地开关或拆除仅有的一组接地线。

⑤ 除遇紧急情况和事故处理外，一般操作应避免在交接班时进行，交班前30min，接班后15min内原则上不进行重大操作任务。

（6）设备简称用词。

1）变压器：主变压器称“主变”。

2）断路器：“开关”、“母联开关”、“旁路开关”、“××线路开关”、“主变××kV侧开关”、空气开关（包括二次空气开关）等。

3）隔离开关：刀闸。

4）母线：有“I 母”、“II 母”、“甲母”、“乙母”、“I 段母线”、“II 段母线”、“旁路母线”等。

5）熔断器：“保险”等。

6）线路：××线路。

7）接地开关：接地刀闸。

(7) 操作术语的用词。操作用词一般要求动词在前加操作内容，设备状态改变用词名词在前加初始状态至结果。

1）线路、母线、变压器：×××（设备名称）由×××（现状态）转为×××（结果状态等）。

2）断路器：合上、拉开（包括二次空气开关）。

3）隔离开关：合上、拉开（包括二次隔离开关）。

4）熔断器：装上、卸下。

5）继电保护及自动装置：投入、退出。

6）小车开关：推至、拉至。

7）接地线：装设、拆除。

8）接地开关：合上、拉开。

(8) 检查、验电、装、拆安全措施的用词。

1）检查×××（设备名称）×××（状态）。

2）验电：在×××（设备名称）×××处（明确位置）三相验明确无电压。

3）装设接地线：在×××（设备名称）××处（明确位置）装设#××（编号）接地线。

4）拆除接地线：拆除×××（设备名称）××处（明确位置）#××（编号）接地线。

5.1.3 操作票管理

1. 操作票检查与统计

(1) 操作票管理执行“一级向一级负责，一级查纠一级”的工作原则，企业、风电场、班组各自做好操作票的评价工作。

(2) 风电场对上个月本风电场办理的操作票逐份审核进行统计，并在票面底部对应位置盖红色“合格”或“不合格”章。印章规格为30mm×6mm，使用仿宋字体。评价并在“检查人”栏签名。对于不合格的操作票，指出错误地方。

(3) 已执行、未执行及作废的操作票至少保存1年。

2. 操作票评价

(1) 工作票合格率计算方法：

操作票月合格率=[（当月使用操作票份数－不合格份数）÷当月使用操作票份数]×100%

(2) 操作票有下列情况之一者为不合格：

1）操作票无编号，编号不符合规定，未填写日期时间，操作票缺页，不按规定填写双重编号。

2）一张操作票超过一个操作任务；填写的操作任务不明确，操作项目不完整，设备名称、编号不规范；操作项目顺序错误。

3）装设接地线（合上接地开关）前或检查绝缘前没验电，或没有指明验电地点；装、拆接地线没有写明地点，接地线无编号。

4）开关拉合及保护或自动装置投退时间未填写。

5）操作前不审票、不根据模拟图进行模拟操作预演（有条件的不进行计算机预演）；不根据模拟图或接线图核对操作项目；操作中不唱票，不复诵和监护；全部操作完毕后不进行复查；操作票漏打“√”或多打“√”。

6）各级签名人员不具备资格，代签名，没有签名或未签全名。

7）未盖章或盖章不规范；未用黑色签字笔填写，字迹潦草或票面模糊不清、有涂改。

8）与规定的操作术语不相符，设备名称、编号、操作票修改。

9）违反《电力安全工作规程》的其他行为。

5.1.4 电气操作注意事项

《电力安全工作规程发（发电厂和变电站部分）》（GB 26860—2011）中关于操作中应遵守的要求摘录：

（1）停电拉闸操作应按照断路器—负荷侧隔离开关—电源侧隔离开关的顺序依次进行，送电合闸操作应按与上述相反的顺序进行。禁止带负荷拉合隔离开关。

（2）监护操作时，操作人在操作过程中不得有任何未经监护人同意的操作行为。

（3）不得擅自更改操作票，不得随意解除闭锁装置。解锁工具（钥匙）应封存保管，所有操作人员和检修人员禁止擅自使用解锁工具（钥匙）。若遇特殊情况需解锁操作，应经有关人员批准。

（4）电气设备操作后的位置检查应以设备各相的实际位置为准，无法看到实际位置时，可通过设备机械位置指示、电气指示、带电显示装置、仪表及各种遥测、遥信等信号的变化来判断。判断时，应有两个及以上的指示，且所有指示均已同时发生对应变化，才能确认该设备已操作到位。以上检查项目应填写在操作票中作为检查项。

（5）用绝缘棒拉合隔离开关、高压熔断器或经传动机构拉合断路器和隔离开关，均应戴绝缘手套。雨天操作室外高压设备时，绝缘棒应有防雨罩，还应穿绝缘靴。接地网电阻不符合要求的，晴天也应穿绝缘靴。

（6）雷电时，一般不进行倒闸操作，禁止就地进行倒闸操作。

（7）装卸高压熔断器，应戴护目眼镜和绝缘手套，必要时使用绝缘夹钳，并站在绝缘垫或绝缘台上。

（8）断路器遮断容量应满足电网要求。如遮断容量不够，应将操作机构用墙或金属板与该断路器隔开，再进行远方操作，重合闸装置应停用。

（9）电气设备停电后（包括事故停电），在未拉开有关隔离开关和做好安全措施前，不得触及设备或进入遮栏，以防突然来电。

（10）单人操作时不得进行登高或登杆操作。

（11）在发生人身触电事故时，可以不经许可，自行断开有关设备的电源，但事后应立即报告调度或设备运行管理单位。

（12）手动切除交流滤波器（并联电容器）前，应检查系统有足够的备用数量，保证满足当前输送功率无功需求。

(13) 交流滤波器（并联电容器）退出运行后再次投入运行前，应满足相关设备放电时间要求。

操作票流程如图 5-1 所示。

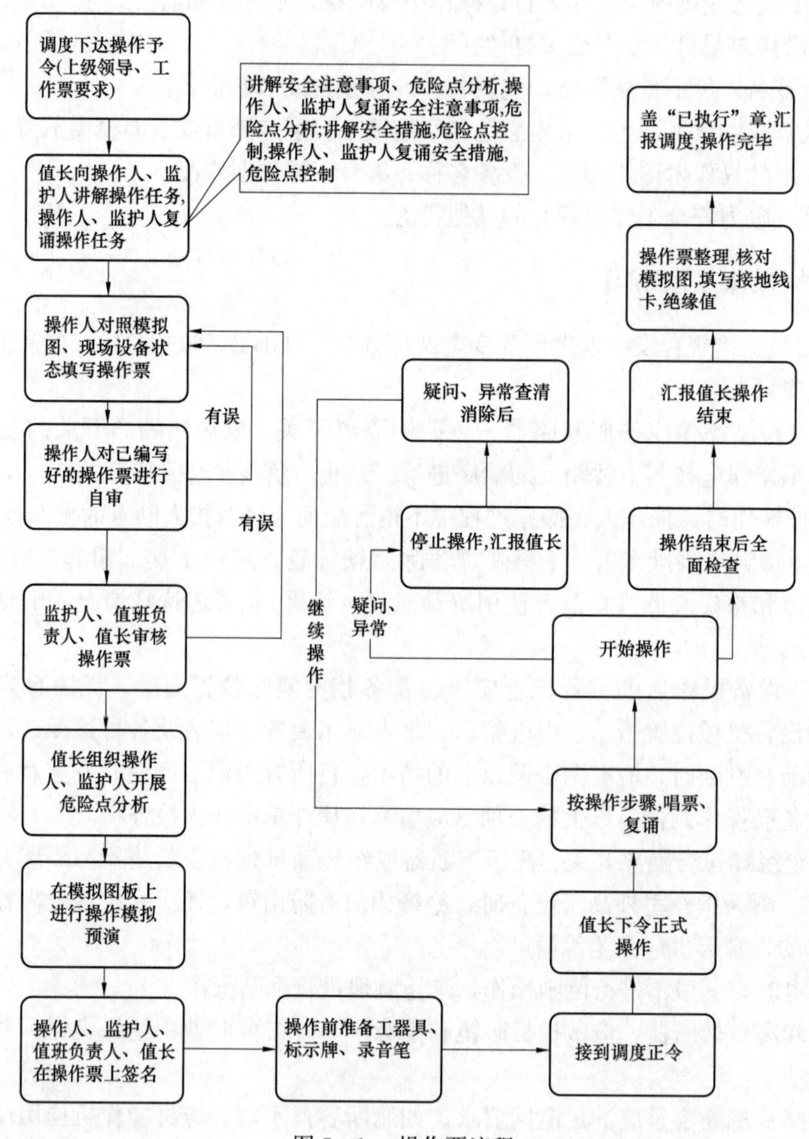

图 5-1　操作票流程

5.2　风电企业工作票的使用与规定

在生产过程中，需要对输变电设备定期开展维护、试验、技改和故障处理等工作，因此必须进行停电、停运设备等操作，以确保检修人员的安全，同时，在工作结束后，又有可能对设备进行试送电、试运行，特殊情况还需进行带电作业，很有可能造成人员和设备事故。

为保障检修人员人身安全，避免设备损坏，明确工作范围，细化人员配置和安全措施，各级人员必须严格执行工作票制度。

5.2.1 管理人员的职责

各级管理人员的职责如下：

(1) 企业安全生产第一责任人负责贯彻落实工作票各项制度。

(2) 企业安全生产部对工作票的执行情况进行监督和考核。

(3) 工作票签发人、工作许可人和工作负责人必须符合《电力安全工作规程》所要求具备的条件，企业每年组织考试，考试合格后，以文件方式公布确认。工作票签发人、工作许可人和工作负责人应遵守相关安全规程，认真履行职责，做好安全措施，确保工作过程中的人身和设备安全。

(4) 工作票签发权限必须设在风电场或专业部门，不得将签发权限下放到班组。临时承包队伍人员不得担任工作票负责人。

(5) 工作票签发人职责：

1) 确认工作的必要性和安全性。

2) 确认是否按规定开展危险点分析工作。

3) 确认工作票中安全措施是否正确和完善。

4) 确认工作负责人、工作班成员人数和技术力量是否适当，是否满足工作需要。

(6) 工作负责人（监护人）职责：

1) 正确、安全地组织工作。

2) 根据工作内容和作业环境，制定相应的安全措施。

3) 负责安全措施的落实，监督工作班成员在工作过程中遵守各项安全规定。

4) 确认危险点分析和控制措施工作到位，工作班成员都已清楚，监督工作班成员按要求执行控制措施。

5) 做好工作班成员安全互保工作，确认工作班成员的精神状态、技能水平满足工作要求。

6) 确认个人安全用品和工器具的完备和良好。

7) 处理工作过程中出现的各种问题。

(7) 工作许可人职责：

1) 确认工作票所列安全措施正确、完备，符合现场条件。

2) 确认危险点控制措施票中危险点分析和控制措施正确、完备，符合现场实际情况；安全互保协议书内容齐全，人员齐全。

3) 确认工作现场的安全措施符合要求。

4) 对工作票中所列内容有疑问，应向工作票签发人询问清楚，必要时要求补充。

(8) 工作班成员职责：

1) 工作前认真学习安全工作规程，积极参加本次作业危险点分析，提出安全控制措施。

2) 清楚本次工作任务、工作内容、作业过程和工器具的使用办法，清楚本次作业的各个危险点和控制措施，清楚本次作业的安全措施。

3) 工作前认真做好工作班成员的安全互保工作。

4）在工作中严格遵守各项安全措施，规范作业行为，确保自身、他人和设备的安全。

5）对工作中有疑问或发现问题时，及时向工作负责人汇报。

5.2.2 工作票的使用范围

（1）电气第一种工作票（样票B－5）适用于以下工作：

1）在高压设备上，需要全部停电或部分停电的工作。

2）在高压室内的二次接线和照明等回路上，需要高压设备停电或做安全措施的工作。

3）在低压场用母线上，需将母线停电或做安全措施的工作。

4）其他需要将高压设备停电或需要做安全措施的工作。

（2）电气第二种工作票（样票B－6）适用于以下工作：

1）带电作业和在带电设备外壳上的工作。

2）控制盘、低压配电盘、配电箱和电源干线上的工作。

3）二次接线回路上，无需将高压设备停电的工作。

4）用绝缘棒和电压互感器定相及用钳形电流表测量高压回路的电流工作。

5）在生产区域，不需要将高压设备停电或做安全措施的工作。

（3）风电机组工作票（样票B－7）适用于以下工作：

1）风电机组登机巡检。

2）风电机组进行消缺作业。

3）风电机组进行故障处理。

4）风电机组进行大修或技术改造。

（4）电力线路第一种工作票（样票B－8）适用于以下工作：

1）在停电线路或在双回线路中的一回停电线路上的工作。

2）在全部或部分停电的配电变压器台架上、配电变压器室内的工作。

（5）电力线路第二种工作票（样票B－9）适用于以下工作：

1）带电线路杆塔上与带电导线符合最小安全距离规定的工作。

2）在运行中的配电变压器台架上或配电变压器室内的工作。

（6）一级动火工作票（样票B－10）适用于以下工作：

1）在变压器等注油设备、蓄电池室、油品备件库、汽油库、档案室、电缆夹层、电缆竖井、机舱、齿轮箱、液压系统等危险性较大的重点防火部位动火作业。

2）在火灾危险性很大，发生火灾时后果很严重的部位或场所动火作业。

（7）二级动火工作票（样票B－11）适用于以下工作：

1）在控制室、保护室、通信室、GIS室、开关室、变压器吊芯现场等动火作业。

2）在禁止明火区作业。

（8）继电保护安全措施票（样票B－12）适用于电气工作：

1）需拆开或恢复二次接线的工作。

2）需对二次回路进行短接或接线改动的工作。

3）由于配合其他工作需对二次回路做临时措施的工作。

4）其他重要的二次回路及直流系统现场工作。

(9) 施工作业工作票适用于以下工作：

1) 在风电场进行挖沟、动土和修路等作业。

2) 在风电场进行修缮、粉刷和绿化等作业。

5.2.3 工作票的印制及填写

工作票的印制和填写要求如下：

(1) 工作票应按照公司的统一格式，一式两份，统一印刷或计算机打印，第一联交工作许可人留存，按值移交；第二联交工作负责人收执。

(2) 工作票应用黑色签字笔填写与签名，填写工作票要求字体端正，关键字不得涂改，非关键字最多可改两处，修改处要有工作票签发人签名确认。

(3) 工作票一般由工作负责人拟写。一份工作票中，工作票签发人、工作负责人和工作许可人三者不得相互兼任。一个工作负责人不应同时执行两张及以上工作票。

(4) 工作负责人应根据工作任务、作业环境、作业流程、工作班成员身体状况、思想情绪和技术水平等可能带来的危险因素，进行危险点分析，提出控制措施，拟写危险点控制措施票。

(5) 工作负责人根据工作任务和安全规定，对作业过程中的安全互保提出要求，确保人身和设备安全，拟写安全互保协议书（样票B-16）。

(6) 根据工作任务和作业条件，在工作票中列明相应的安全措施，如果安全措施较多，可采用工作票安全措施附页（样票B-15），在附页上继续填写安全措施或相应图表。

(7) 工作票的编号规则由公司统一规定，由拟票人填写，格式为“GGFF-LLL-YYYYMMNNN”，其中“GG”为企业简写，“FF”为风电场简写，“LLL”为工作票类型简称，“YYYYMM”表示年月，年为四位数字，月为两位数字，“NNN”为001～999，每月从001开始，按顺序编号。其中“LLL”的定义如下：

1) 电气第一种工作票简写为“DAP”。

2) 电气第二种工作票简写为“DBP”。

3) 风电机组工作票简写为“FJP”。

4) 电力线路第一种工作票简写为“XAP”。

5) 电力线路第二种工作票简写为“XBP”。

6) 一级动火工作票简写为“HAP”。

7) 二级动火工作票简写为“HBP”。

8) 施工作业工作票简写为“SGP”。

(8) 工作票安全措施附页、危险点控制措施票（样票B-14）和安全互保协议书的编号必须与相应的工作票编号一致，总的附页数量应在工作票编号下方的“附页”栏中填写。

(9) 继电保护安全措施票编号应与相应工作票编号一致，作为工作票的附页，计入附页数量中。

(10) 在工作票上时间填写时，“月、日、时、分”均应填写两位数，若是个位数值，应在十位数上补0。

(11)“工作班组”栏填写参加本次工作的所有工作班名称。

(12)“工作负责人（监护人）”栏填写工作负责人姓名；两个及以上班组一起工作

时，填写工作总负责人姓名。

(13)“工作班成员”栏中应列出工作班成员，由拟票人填写，无需各成员本人签名。工作班成员在10人或10以下时，应将每个工作人员的姓名填入“工作班成员”栏；超过10人时，只填写10人姓名，并在工作班成员第10人之后写等共×人。“共__人”的总人数应包括工作负责人。工作负责人的姓名不填写在工作班成员中。

(14)“计划工作时间”栏根据工作内容和工作量，填写预计完成该项工作所需时间。

(15)“安全措施”栏填写内容具体规定如下：

1)“安全措施”栏左侧内容，由工作负责人或工作票签发人填写。“已执行”栏由工作许可人确认完成左侧相应的安全措施后，在“已执行”栏内划“√”。

2) 安全措施栏内的某项安全措施无法完成时，工作许可人要在相应的“已执行”栏内划“×”，同时另起一行填写实际完成的安全措施，并加以说明。

3) 安全措施中的一次设备是指因工作需要应拉开的所有断路器和隔离开关等设备。

4) 安全措施中的二次设备是指因工作需要应断开的低压交、直流开关、隔离开关、电压互感器二次断路器、变压器有载调压电源开关、熔断器及小车开关二次插件和风冷电源开关等设备。

5)“应装接地线、应合接地刀闸”要注明接地线的装设地点和组数。接地线的编号由工作许可人根据实际情况填写。应合接地开关中填写因工作需要合上的所有接地开关，接地开关只填写编号，并注明共几组。

6)“应设遮栏、应挂标志牌”中填写因工作需要所装设的绝缘挡板、临时遮栏、围栏、标志牌、警示旗和所悬挂的各种标志牌等，注明装设和悬挂的地点或设备名称。绝缘挡板的装设应有编号、并注明装设地点。标志牌的式样和种类应符合安全规程的规定。现场装设的安全围栏、临时遮栏应做到将检修设备和运行设备可靠、明显地隔离，出入口要有明显标志。在一经合闸即可送电到工作地点的断路器和隔离开关操作把手上，均应悬挂“禁止合闸，有人工作”标志牌。工作地点设置“在此工作”标志牌。在检修范围内的爬梯上设置“从此上下”标志牌。在安全围栏面向停电检修区悬挂“止步、高压危险”标志牌。临近运行设备应挂“止步、高压危险”或“禁止攀登，高压危险”标志牌等。应在线路断路器和隔离开关操作把手上悬挂“禁止合闸，线路有人工作”标志牌。对安装在固定遮栏内的检修设备应填写“打开××遮栏（围栏）门”，设置“在此工作”标志牌。填写防止二次回路误碰的安全措施时，许可人根据工作需要在临近运行设备悬挂警示旗和装设安全遮栏或室内围栏，在调试、检修设备上悬挂“在此工作”标志牌等。

7)“其他安全措施”根据工作任务、工作内容和现场情况，填写其他的安全措施，以及其他需要说明的事项。

(16)“运行方式简图”栏填写内容具体如下：

1) 应画出施工检修设备所需停电和相关带电设备的单线图，带电部分用红色表示，停电部分用蓝色表示，设备调度编号及接地点用黑色表示。计算机出票时，带电部分与不带电部分应有明显区分，带电部分用粗实线表示，停电部分用细实线表示，接地点用细虚线表示。清晰地把停电范围与带电部分明显分开，并确保工作人员在接地线保护范围之内工作。

2) 图示符号应符合电工制图符号的相关规定，不得随意表示，图示设备名称必须使

用和主接线图一致的双重命名，应画出临时接地线装设位置和编号。

3）画图范围的原则：本工作范围内的停电检修设备应全部画出，与停电检修设备有电气连接的设备画到明显断开点，明显断开点以外的应少部分画出，工作范围以外的设备无论停电与否，均应视为带电。

4）单一断路器停电工作，只画本间隔母线及母线侧隔离开关，两侧相邻的带电运行断路器可以不画。

5）主变压器停电，画到高低侧母线。

6）工作任务只在一路出线或某一设备上进行，可不必将所有设备画出，只画出涉及工作设备部分，但画图须延伸到该设备各端明显断开点以外的少部分母线或出线。

7）全站停电确无外来电源引入，可以不画此图，但必须在图示栏内注明“全站停电”，若进出线有外界电源，要画出带电部分。

(17)“工作票签发人”栏由工作票签发人签名，同时填写签发时间，签发时间应在计划时间之前。

(18)“批准工作结束时间”栏由值班负责人填写并签名，批准工作结束时间不得迟于计划完成时间。

(19)“许可工作开始时间”栏由工作许可人和工作负责人共同到现场检查安全措施执行情况，双方确认无误后填写工作许可时间并分别签名。

(20)“工作负责人变动”栏在原工作负责人发生变化时填写。

(21)“工作票延期”栏填写工作不能在批准工作结束时间内完成时，需要延期的审批情况。

(22)“每日开工和收工时间”栏主要用于工作时间多于一天的工作，每日收工后，工作班人员应清扫工作现场，开放已封闭的道路，并将工作票交回运行值班人员，工作负责人应会同值班负责人一起检查施工现场情况，双方确认后签名并填写收工时间，方告收工。次日复工时，重新办理许可手续，双方签名后取回工作票，工作负责人开工前应重新认真检查安全措施是否符合工作票要求，工作班成员在工作负责人带领下开始工作。

(23)“工作结束”栏是在工作完成后，工作班成员清理工作现场，将设备及安全设施恢复到开工前状态。工作负责人认真检查，确保无误后，组织所有人员撤离工作现场，工作负责人填写工作完成时间并签字，确定工作结束。

(24)“工作终结向值班员交底”栏由工作负责人填写工作情况和遗留缺陷或问题。

(25)“工作票终结”栏是工作结束后，工作负责人和工作许可人到工作现场进行全面检查和验收，核对遗留缺陷或问题，确认无误后，填写工作票终结时间，双方签名，确定工作票终结。

(26)“盖章及审票”栏是工作票终结后值班员根据工作情况，在相应盖印处盖“已执行”章，工作票作废时盖“作废”章。

(27) 动火工作票的相关规定如下：

1）“动火地点及设备名称”栏应填写具体的动火地点，写明具体的动火设备名称，设备名称要求写明设备的双重名称。

2）“申请动火时间”栏应填写计划完成该项动火工作所需要的时间。一级动火工作票的有效时间不得超过 48h；二级动火工作票的有效时间不得超过 7 天（168h）。

3)“运行应采取的安全措施”栏主要内容是动火工作中，需运行人员做的隔离、冲洗等防火安全措施，以及动火设备与运行设备进行隔断所采取的安全措施。

4)“检修应采取的安全措施”栏主要内容是动火工作需要的工器具使用、放置措施，动火设备与易燃易爆物品的隔离措施，根据现场可燃物配备正确的灭火器材和现场防火监护措施。

5)“允许动火时间”栏由值班负责人填写，应根据动火现场的实际情况、动火设备的隔离情况，以及防火和灭火的准备情况，决定是否准许动火。

6)“结束动火时间”栏由值班负责人填写，动火工作结束后，应检查动火现场的工作确已结束，现场确已清理干净，工作班成员确已撤离现场，无遗留火种，方能终结动火工作票。

(28) 施工作业工作票中的安全措施要结合施工作业的实际情况，根据安全的相关规定，列明安全措施，同时根据外来施工人员的特点，认真开展危险点分析和落实控制措施，在安全措施中要特别强调地下电缆、光缆、管道、接地网等设施的防护，以免遭到破坏，影响安全生产。

(29) 危险点控制措施票主要用于预防人身伤亡事故、误操作事故、设备损坏事故和火灾事故，重点防范高处坠落、触电、物体打击、机械伤害、起重伤害等发生频率较高的人身伤害事故。

(30) 危险点分析和控制措施要重点考虑到以下因素：

1) 高处坠落：指因个人安全防护用品使用不当等造成的人员高处坠落伤害。登塔作业人员必须系好安全带，正确使用防坠扣，出舱作业必须使用双钩安全绳；及时清理机舱平台、爬梯等表面油污，定期检查各围栏、爬梯、钢丝绳是否可靠。

2) 火灾：指因设备缺陷和人员操作不当等引起机组着火事故。主要危险源有偏航、冷却风扇等各动力电缆、照明回路的连接线是否有效防护，避免磨损；制动片间隙调整正确，制动盘下部无油污、抹布等可燃物品；电容器设备无漏油、膨胀；电器柜内接线按照要求力矩紧固，无缠绕，无螺栓等遗留物。

3) 物体打击：指失控物体的惯性力造成的人身、设备事故。主要危险源有机舱、轮毂作业时工器具等跌落至地面或者在发电机、齿轮箱等相对高处摆放的工器具、备品备件等跌落、滑落而造成的人身、设备伤害事故。

4) 机械伤害：指风机主传动部件等引起的绞、辗、碰、割戳、切等伤害。主要危险源有齿轮箱与发电机联轴器的机械卷入，工作中使用千斤顶、电动扳手、液压扳手等可能导致切伤、压伤。

5) 起重伤害：指从事起重作业时引起的机械伤害事故，包括外委单位大修吊装作业和风机机舱吊机的使用中可能引起的机械伤害。禁止在机舱吊机口下方逗留，机舱作业人员使用吊机时必须穿好安全带，系好安全绳，进入吊机现场必须戴安全帽。大型吊机作业时禁止在吊臂作业范围内逗留。

6) 触电：指作业时触电、雷击伤害。主要危险源有人体接触带电设备的金属外壳或裸露的临时线、漏电的手持电动手工工具，起重设备误触高压线或感应带电，雷击伤害，触电坠落等。

7) 车辆伤害：指因机动车辆违规使用引起的伤害事故。在工作中应加强车辆管理，在出车前对车况进行检查，对驾驶员的精神、身体状况进行评估，行车时系好安全带，不嬉戏打闹，不超速行驶，做到文明驾乘。

8) 工作场所：如高空、立体交叉作业、塔筒、机舱和轮毂内作业、邻近带电设备作

业等可能给工作人员带来危险因素。

9）工作环境：如高温、大风、沙尘、雷电、冰冻、大雪等作业环境可能给工作人员带来危险因素。

10）工具和设备：如电动工具、起重工具、安全工器具等可能给工作人员带来危险或设备异常。

11）操作方法或检修程序的失误可能给工作人员带来危险或设备异常。

12）工作人员身体状况不佳、思想情绪波动、技术水平达不到作业要求等可能带来的危险因素。工作负责人在组织作业时，要特别重视工作人员的身体健康情况、思想情绪的异常波动，并作为首要的危险因素加以控制。

(31) 安全互保工作是指在完成生产任务过程中，班组成员之间通过相互检查、相互提醒、相互监督和相互保护，严格执行安全生产各项规定，切实做到“四不伤害”（不伤害自己，不伤害他人，不被他人伤害，保护他人不受伤害）。

(32) 填写安全互保协议书时，重点考虑以下因素：

1）工作班成员要牢固树立“安全第一、预防为主、综合治理”的观念，认真学习安全生产和劳动保护相关规定，提高安全互保意识。

2）明确互保工作任务、工作中的危险点和防范措施。安排工作时，工作负责人在部署工作任务的同时应部署安全工作。

3）工作班成员要有安全互保责任，检查安全措施的落实，相互检查个人安全用品的使用，开工前相互检查工作班成员的精神状态和身体情况，在工作中相互监督是否符合安全规定。

4）正确使用安全工器具和劳动保护用品。互保成员在工作前，必须在自检之后互相检查安全工器具完好状况，熟悉安全工器具的性能，正确掌握使用方法，正确佩戴和使用劳动保护用品。

5）在工作时，工作班成员要开展工作交流，讨论工作的工作进展，做好危险点的预防措施，发现问题的处理办法，了解成员的思想动态。对于精神状态不佳、情绪出现波动的成员，要重点关注，合理引导，加强监督，确保安全。

5.2.4 工作票的使用

使用工作票时要注意以下方面：

(1) 工作票签发人根据工作任务，确定工作负责人、工作内容和计划工作期限。

(2) 工作负责人根据工作任务、工作内容及所需的安全措施，选择工作票的类型，调用标准票格式，拟写工作票。

(3) 工作负责人根据工作任务、工作场所、工作环境、工具设备、工艺流程、作业人员身体状况和技术水平等方面存在的危险因素，分析制定预防高处坠落、触电、物体打击、机械伤害、起重伤害等发生频率较高的人身伤害、设备损坏和火灾事故的控制措施，拟写危险点控制措施票。

(4) 工作负责人根据工作任务、工作场所、作业人员身体状况和技术水平等情况，根据安全的相关规定，加强工作班成员之间的安全互保工作，拟写安全互保协议书。

(5) 当工作负责人填写好工作票、危险点控制措施票和安全互保协议书后，交给工作票签发人审核，工作票签发人对工作票、危险点控制措施票和安全互保协议书三项内容审核无误后签发。

(6) 工作许可人接到工作票后，应及时进行审查，发现问题时应向工作负责人询问清楚，如安全措施有错误或有重要遗漏，应立即退回。措施不完善、不明确时，工作许可人可对工作票安全措施进行必要的补充。审查危险点控制措施票和安全互保协议书内容应正确、完整、符合要求。工作许可人和工作负责人到现场共同检查安全措施落实情况，确认无误后，工作许可人填写许可工作开始时间，并和工作负责人签名。工作票一份由工作负责人执有，一份由工作许可人留存。

(7) 工作开始前，工作负责人要对工作班成员进行危险点分析和控制措施讲解，落实控制措施，每个工作班成员都要清楚工作危险点和相应的控制措施，并在危险点控制措施票上签名。

(8) 工作开始前，工作负责人要对工作班成员进行安全教育，强调安全互保工作，落实安全措施，每个工作班成员都要清楚安全互保内容，并在安全互保协议书上签名。

(9) 工作负责人在完成危险点控制措施和安全互保工作后，才能开始工作。

(10) 工作开始后，工作负责人必须始终在工作现场认真履行自己的安全职责，组织工作，监护工作班成员工作。

(11) 工作负责人因故需要离开时，规定如下：

1) 工作负责人变更须征得工作票签发人同意。工作负责人只允许变更一次。

2) 工作负责人因故暂时离开工作现场时，应指定能胜任的人员临时代替，离开前应将工作现场交待清楚，并告知工作班成员，原工作负责人返回工作现场时，也应履行同样的交接手续。

3) 当工作负责人需要离开工作现场时，应由工作票签发人变更工作负责人，履行变更手续。变更工作负责人时，要停止工作，将变更工作负责人情况告知全体工作班成员及工作许可人，原、现工作负责人应进行工作交接，工作交接后，在新的工作负责人组织下，继续开展工作。工作许可人将变动情况记录在工作票上。

(12) 工作间断时，工作班成员应从现场撤出，所有安全措施保持不动，工作票仍由工作负责人执存。间断后恢复工作，无须通过工作许可人，但开工前，工作负责人应重新认真检查安全措施是否符合工作票的要求，确认无误后方可重新工作。

(13) 工作不能在批准结束时间内完成时，需要办理延期审批手续。当日工作，应在工作结束前 2h，由工作负责人向运行值班负责人申请办理延期手续。多日以上工作，应在批准期限前一日办理申请延期手续。经批准后，由值班负责人填写许可延长的时间，值班负责人、工作负责人双方签名。延期手续只能办理一次，如需再延期，应重新办理新的工作票，并注明原因。

(14) 工作结束后，工作班组成员清理工作现场，拆除临时遮栏和标志牌，恢复常设遮栏，拆除临时接地线，并将设备及安全设施全部恢复到开工前状态。工作负责人认真检查，确认无误后，组织所有成员撤离工作现场，工作负责人记录相关情况，并签字

确认。

(15) 工作结束后，工作许可人和工作负责人共同到现场检查和验收，核对工作情况和遗留缺陷或问题，确认无误后，填写工作票终结时间，双方签名，确定工作终结。

5.2.5 工作票管理

工作票的管理工作内容如下：

(1) 工作票管理执行“一级向一级负责，一级查纠一级”的工作原则，企业、风电场、班组各自做好工作票的评价工作。

(2) 风电场对上个月本风电场办理的工作票逐份审核进行评价，并在票面底部对应位置盖红色“合格”或“不合格”章。印章规格为30mm×6mm，使用仿宋字体，并在“检查人”栏签名。对于不合格的工作票，指出错误地方。

(3) 已执行的工作票至少保存1年。

(4) 工作票合格率计算方法如下：

工作票月合格率=[(当月使用工作票份数－不合格份数)÷当月使用工作票份数]×100%

(5) 工作票有下列情况之一者为不合格：

1) 用票种类不当。

2) 无编号、重号、缺号或编号错误。

3) 使用术语不规范且含义不清楚。

4) 工作票无附加的危险点控制措施票和安全互保协议书。

5) 工作内容填写不明确或遗漏，未填写设备名称和编号。

6) 工作票中所填工作班人员与现场工作人员不符。

7) 不使用黑色签字笔填写和签名，字迹潦草或票面模糊不清，对设备名称、编号、时间、动词等关键词有涂改；手写工作票非关键字涂改超过两处；手写工作票涂改处工作票签发人未签名。

8) 安全措施不正确、不具体、不完善，采取的安全措施与系统设备状况不符；重要安全措施有遗漏。

9) 安全措施比安全规程的要求降低，扩大工作票使用范围，工作地点与工作票内容不符。

10) 安全措施栏中，装设的接地线未注明编号。

11) 已终结的工作票，所拆除措施中接地线数目与装设接地线数目不同，而又未注明原因。

12) 安全措施栏中，不按规定填写，而用“同左”、“同上”、“上述”等字样。

13) 一个工作负责人同时执行两张及以上工作票。

14) 工作票签发人、工作负责人和工作许可人不符合规定要求。

15) 代签名、没有签名或未签全名。

16) 工作负责人变更，未经原工作票签发人和工作许可人办理变更手续。

17) 检修工作延期，未在工作票上按规定履行延期手续；提前开工；终结时间超期。

18) 未按规定盖章，未盖“以下空白”、“已执行”或“作废”印章。

5.3 电气安全技术措施

在电气设备和电力线路上工作时，为了保证工作过程的人身和设备安全，必须采取电气安全技术措施，无论是全部停电还是部分停电，均应采取停电、验电、装设接地线、悬挂标志牌和装设遮栏四项基本措施，这是切实保障电力企业工作人员工作安全的重要技术环节。

1. 停电

对以下设备操作时需停电：

(1) 待检修的设备。

(2) 与工作人员在工作中的距离小于表 2-6 规定的设备。

(3) 在 35kV 及以下的设备处工作，如安全距离大于表 2-6 中的规定，但小于表 2-5 中的规定，需要采取绝缘隔板、安全遮栏等防护措施，如无防护设施，该设备需停电。

(4) 带电部分在工作人员后面、两侧、上下，且无可靠安全措施的设备。

(5) 其他需要停电的设备。

将检修设备停电，必须把各方面的电源完全断开（任何运行中的星形接线设备的中性点，必须视为带电设备）。必须断开各个方向断路器，各个方向上至少有一组隔离开关形成明显的断开点，断开断路器和隔离开关的操作电源，隔离开关操作把手必须锁住。与停电设备有关的变压器和电压互感器，必须从高、低压两侧断开，防止向停电检修设备反送电。禁止在只经开关断开电源的设备上工作。

2. 验电

(1) 验电时，必须用电压等级合适而且合格的验电器。在检修设备的进出线两侧分别验电。验电前，应先在有电设备上进行试验，以确认验电器良好。如果在木杆、木梯或木架上验电，不接地线不能指示者，可在验电器上接地线，但必须经值班负责人许可。

(2) 高压验电必须戴绝缘手套。35kV 以上的电气设备，在没有专用验电器的特殊情况下，可以使用绝缘棒代替验电器，根据绝缘棒端有无火花和放电声来判断有无电压，如图 5-2 和图 5-3 所示。

图 5-2　设备验电

图 5-3　线路验电

（3）表示设备断开和允许进入间隔的信号，经常接入的电压表等，不得作为无电压的根据。但如果指示有电，则禁止在该设备上工作。

3. 装设接地线

当验明确无电压后，应立即将检修设备接地并三相短路，这是保证工作人员在工作地点防止突然来电的可靠、安全措施，同时设备断开部分的剩余电荷，也可因接地而放尽。装设接地线应先装接地端，后接导体端，拆除时顺序相反，如图 5-4 和图 5-5 所示。

图 5-4　装设设备接地线

图 5-5　装设线路接地线

4. 悬挂标志牌和装设遮栏

在工作地点、施工设备和一经合闸即可送电到工作地点或施工设备的断路器和隔离开关的操作把手上，均应悬挂“禁止合闸，有人工作!”的标志牌（图 5-6）。如果线路上有人工作，应在线路断路器和隔离开关操作把手上悬挂：“禁止合闸，线路有人工作!”的标志牌。标志牌的悬挂和拆除，应按调度员的命令执行。

图 5-6　标志牌和遮栏

5.4　交接班制度

交接班制度的总体要求：交接班是确保风电场连续不断、安全、经济运行的重要环节，交接班时的签字、交接仪式是使接班人员思想上立即投入到工作状态的有效过程。除遇到重大操作未完或发生重大事故正在处理等特殊情况外，应认真执行交接班制度，交接班双方应做到“交接交的清楚，接班接的满意”。

(1) 值班人员必须按值班轮流表和统一时间进行交接值班，不得擅自变更。交班人员应提前30min做好准备工作，接班人员应提前15min进入控制室。未经履行交接班手续，接班人员不得接班，交班人员不得离开岗位。

(2) 有下列情况之一者不得进行交接班或暂停接班：

1) 倒闸操作或事故处理未告一段落。

2) 接班人员酗酒或精神状态明显不好。

3) 在交接班过程中发生事故或紧急操作任务，应暂停交接班，此时接班人员应听从交班值长指挥，并积极主动协助处理。

4) 公司领导或风电场场长认为需暂缓交班的其他事项。

(3) 交接班时，交班人员应积极主动为接班人员创造条件，并由交班值长交待清楚下列主要内容：

1) 当时系统和本场的运行状况（包括风力发电机一、二次侧、直流、场用电和发电出力情况）；当班期间，风力发电机和变电、线路及设备运行情况。

2) 发现的设备缺陷、事故处理情况和需要引起注意的事项。

3) 调度发布的操作命令、当值内的操作和工作票使用情况。

4) 当值内设备验收和试验情况、尚留接地线情况。

5) 主变压器、场用变压器分接开关位置。

6) 继电保护整定值变动和图纸更改情况，以及工器具、材料、备品的使用情况和库存情况。

7) 收到文件、资料、上级指示和命令及其他必须按值移交的事项。

8) 各项定期切换试验，维护测试工作和微机运行、使用情况。

(4) 接班人员在接班时，应重点检查下列主要内容：

1) 查阅运行日志，了解本值在上次值班后的各方面变动情况，检查所有资料、记录簿册及文件是否完整，记录是否齐全。

2) 了解曾发生的事故异常情况及设备缺陷情况，并到现场核查。

3) 向交班人员了解在场内设备、线路上进行作业的情况，并查阅工作票，核对接地线的使用情况。

4) 检查各种仪表的指示、信号指示是否正常，并试验保护指示灯、闪光电源指示灯是否正常。

5) 核对一、二次模拟图板和设备运行方式是否相符。

6) 检查通信和录音设备是否良好，微机运行情况是否良好。

7) 检查工作场地是否清洁，安全用具、工器具、测量仪表、备品备件、钥匙箱、消防用具及其他物品是否齐全并按规定位置放置。

8) 检查是否按制度规定做好清洁卫生工作。

(5) 在交接班时，交接班全体人员应按规定到位，所有接班人员均应了解上一班的运行与维护情况。

（6）交接班检查过程中，同岗位间陪同检查，双方均无疑问并符合要求时，双方在运行日志上签字，履行交接班手续。

（7）接班后，由当班值长向各级调度汇报本值人员姓名、接班时系统情况，询问各级调度人员姓名，核对时钟。

（8）学习人员未经批准独立值班前，不容许负责岗位的交接班。离职时间较长（一个月以上）的运行人员，应了解本岗位设备系统的变更情况，经值长考核合格后，方可接班独立工作。

（9）在正常情况下，交接班按规定时间进行。先接后交，办理正式签字交接手续。

（10）交班值应向接班值详细交清本值运行情况，接班值如不认真检查就完成交接，所遗留的问题及产生的后果由接班值负责处理并承担责任。

（11）值班人员交班后，由交班值长主持召开班后总结会。

1）总结班组的安全工作任务完成情况、规章制度执行及劳动纪律遵守情况。

2）不安全事件发生的现象、原因、处理及今后的对策。

3）表扬好人好事，批评不良现象。

4）学习或传达上级的指示及有关规定。

（12）只有在完成交接班各项工作后，交班人员方可正式下班。

5.5　巡回检查制度

巡回检查制度的总体要求如下：

（1）巡回检查制度是及时发现设备缺陷，掌握设备运行状况，消除隐患，确保安全运行的一项重要制度，必须严格执行，一丝不苟地做好设备巡视检查工作。

（2）巡回检查必须严格遵守《电业安全工作规程》有关规定，由独立担任工作的值班人员进行。

（3）巡回检查人员应按规定时间及巡检路线进行检查，必须保证检查到位，检查时间间隔不应超过规定。

（4）巡视检查内容按运行规程和有关制度规定的项目进行，并严格按巡回检查路线图逐项检查，不得漏查设备。

（5）巡回检查应认真仔细，采用看、听、摸、闻、比较和分析的方法，判断设备的健康状态。

（6）单人巡视时，不准攀登电气设备，不准移开或进入遮栏内，不准触动操作机构和易造成误动的运行设备。

（7）每次巡回检查后，应在运行日志上做好记录。发现的设备缺陷应记入设备缺陷记录簿内，对发现的各类缺陷，按风电场发供电设备缺陷管理制度中的处理程序进行处理。

（8）如遇下列情况，应对设备进行特殊巡视，并在运行日志上做详细记录：

1）设备在异常运行时或有重大缺陷时。

2）新安装或大修后新投入运行的设备以及长期停运初投的设备。

3）采用特殊运行方式和新技术时。

4）高温、高峰负荷时，特别是严重超载运行的设备。

5）雷雨后、台风、大雾、高温、冰、雪等恶劣天气时。

6）事故跳闸后。

(9) 巡视配电装置，进出高压室，必须随手锁门。

(10) 雷雨天气巡视室外高压设备时，应穿绝缘靴，并不得靠近避雷器、避雷针和风力发电机。

(11) 巡回检查中要注意小动物的危害，发现有通向开关室电缆沟的小洞时，应立即采取措施，予以堵塞。如发现小动物在电气设备上活动，不得草率行事，应向值长汇报妥善处理，必要时汇报有关调度停电处理。

5.6 设备定期试验轮换制度

定期试验切换项目及试验切换周期按表 5－1 执行。

表 5－1

序号	试验项目	测试时间	有关事项
1	备用场用变	每月一次	带全场交流负荷进行切换自投
2	三相重合闸装置	每年试验一次	仅限于风电场年度检修期间试验
3	蓄电池	每月一次	观察并测量浮充、全组电压和室温，并做好记录。免维护不要求检查
4	事故照明	每月一次	断开场用变压器低压侧电源进行自投试验

试验切换时应注意的事项：

(1) 试验切换前应取得值长的同意。

(2) 在有关记录簿上做好详细记录。

(3) 试验切换前值班员和调度员应做好各种事故预想。

(4) 试验切换中出现异常情况应立即停止试验，恢复正常运行并及时与有关部门联系，寻找、分析原因并进行处理。

思考题

1. 什么叫做倒闸操作？
2. 电气设备的四种状态是什么？
3. 哪些情况下可以不使用操作票？
4. 操作票上所列人员的安全责任是什么？
5. 操作票的填写有什么要求？哪些项目不得涂改？

6. 工作票有哪几种？哪些情况可以不使用工作票，但仍应做好相关安全措施方可工作？

7. 工作票所列人员的安全责任是什么？

8. 工作票的许可有什么要求？

9. 工作票的终结有什么要求？

10. 简述一级动火工作票的审批程序。

消 防 安 全

6.1 基本知识

风电企业的消防安全包括火灾危险识别、火灾预防、火灾扑救、火灾逃生、消防管理等各个方面，其中电气火灾是风电企业主要的火灾类型。电气火灾的主要原因是由于电气设备的缺陷、安装不当、设计和施工不符合安全标准以及在运行中过电流或短路电流产生的热量、电火花和电弧等引起。电气火灾和爆炸事故除造成人身伤亡和设备损坏外，还可能造成大规模或长时间停电，严重影响生产和生活。因此，做好电气防火防爆工作，对防止事故的发生极其重要。

6.1.1 电气火灾和爆炸形成的原因

发生电气火灾和爆炸要具备两个条件：首先有易燃易爆物质，其次有引燃条件。

1. 易燃易爆物质

在生产和生活场所中，广泛存在着易燃易爆易挥发物质，其中，在生产过程中经常见到的各种油品、压力容器、保温材料等，都极易引起火灾或者爆炸。

2. 引燃条件

生产场所中的动力、照明、控制、保护、测量等设备和生活场所中的各种电气设备和线路，在正常工作或事故中常常会产生电弧、火花和危险的高温，这就具备了引燃或引爆条件。

(1) 有些电气设备在正常工作情况下就能产生火花、电弧和危险高温，如电气开关的分合，交流绕线电动机电刷与滑环间总有或大或小的火花、电弧产生；弧焊机工作产生电弧；电灯和加热器利用电流发热的原理工作，工作温度很高，100W 白炽灯泡的表面温度为 150～190℃，100W 荧光灯管表面温度为 100～120℃，碘钨灯管温度高达 500～700℃。

(2) 电气设备和线路由于绝缘老化、积污、受潮、化学腐蚀或机械损伤会造成绝缘强度降低或破坏，导致相间或对地短路，熔断器熔体熔断，连接点接触不良，铁芯铁损过大。电气设备和线路由于过负荷或通风不良等原因都可能产生火花、电弧或危险高温。

(3) 静电、内部过电压和大气过电压产生的火花和电弧。如果在生产或生活场所中存在着可燃可爆物质，当空气中的含量超过其危险浓度时，如遇电气设备产生的火花、电弧或高温，就会造成电气火灾和爆炸。

6.1.2 电气火灾和爆炸的预防措施

防火防爆措施是综合性的措施，包括选用合理的电气设备，保持必要的防火间距，电气设备正常运行并有良好的通风，采用耐火设施，有完善的继电保护装置等技术措施。

1. 正确选用电气设备

(1) 应根据场所特点，选择适当的电气设备。我国爆炸性气体危险场所按爆炸性气体混合物出现的频繁程度和持续时间分为三个区：

1) 0 区：连续出现或长期出现爆炸性气体混合物的环境。

2) 1 区：在正常运行时可能出现爆炸性气体混合物的环境。

3) 2 区：在正常运行时不可能出现爆炸性气体混合物的环境，或即使出现也仅是短时存在的爆炸性气体混合物的环境。

(2) 防爆型电气设备依其结构和防爆性能的不同分为以下几种：

1) 隔爆型（d）：具有隔爆外壳的电气设备，是指把能点燃爆炸性混合物的部件封闭在一个外壳内，该外壳能承受内部爆炸性混合物的爆炸压力并阻止向周围的爆炸性混合物传爆的电气设备。

2) 增安型（e）：正常运行条件下，不会产生点燃爆炸性混合物的火花或危险温度，并在结构上采取措施，提高其安全程度，以避免在正常和规定过载条件下出现点燃现象的电气设备。

3) 本质安全型（i）：在正常运行或在标准实验条件下所产生的火花或热效应均不能点燃爆炸性混合物的电气设备。

4) 正压型（p）：具有保护外壳，且壳内充有保护气体，其压力保持高于周围爆炸性混合物气体的压力，以避免外部爆炸性混合物进入外壳内部的电气设备。

5) 充油型（o）：全部或某些带电部件浸在油中使之不能点燃油面以上或外壳周围的爆炸性混合物的电气设备。

6) 充砂型（q）：外壳内充填细颗粒材料，以便在规定使用条件下，外壳内产生的电弧、火焰传播，壳壁或颗粒材料表现的过热温度均不能够点燃周围的爆炸性混合物的电气设备。

7) 无火花型（n）：在正常运行条件下不产生电弧或火花，也不产生能够点燃周围爆炸性混合物的高温表面或灼热点，且一般不会发生有点燃作用的故障的电气设备。

8) 防爆特殊型（s）：在结构上不属于上述各型，而是采取其他防爆形式的电气设备。例如，将可能引起爆炸性混合物爆炸的部分设备装在特殊的隔离室内或在设备外壳内填充石英砂等。

9) 浇封型（m）：它是防爆型的一种，将可能产生点燃爆炸性混合物的电弧、火花或高温的部分浇封在浇封剂中，在正常运行和认可的过载或认可的故障下不能点燃周围的爆炸性混合物的电气设备。

按爆炸危险场所分区，电气设备的选型如表 6－1～表 6－5 所示。

表 6-1　　旋转电动机防爆结构的选型

电气设备 \ 防爆结构 \ 爆炸危险区	1区			2区			
	隔爆型(d)	正压型(p)	增安型(e)	隔爆型(d)	正压型(p)	增安型(e)	无火花型(n)
鼠笼型感应电动机	○	○	△	○	○	○	○
绕线型感应电动机	△	△		○	○	○	×
同步电动机	○	○	×	○	○	○	
直流电动机	△	△		○	○	○	
电磁滑差离合器（无电刷）	○	△	×	○	○	○	△

注　○—适用，△—慎用，×—不适，下同。

绕线型感应电动机及同步电动机采用增安型时，其主体是增安型防爆结构，发生电火花的部分是隔爆或正压型防爆结构。

无火花型电动机在通风不良及户内具有比空气密度大的易燃物质区域内慎用。

表 6-2　　低压变压器类防爆结构的选型

电气设备 \ 防爆结构 \ 爆炸危险区	1区			2区			
	隔爆型(d)	正压型(p)	增安型(e)	隔爆型(d)	正压型(p)	增安型(e)	无火花型(n)
变压器（包括启动用）	△	△	×	○	○	○	○
电抗线圈（包括启动用）	△	△	×	○	○	○	○
仪表用互感器	△		×	○		○	○

表 6-3　　低压开关和控制器类防爆结构的选型

电气设备 \ 防爆结构 \ 爆炸危险区	0区	1区					2区				
	本质安全型(ia)	本质安全型(ia、ib)	隔爆型(d)	正压型(p)	充油型(o)	增安型(e)	本质安全型(ia、ib)	隔爆型(d)	正压型(p)	充油型(o)	增安型(e)
隔离开关、断路器			○					○			
熔断器			△					○			
控制开关及按钮	○	○	○		○		○	○		○	
电抗启动器和启动补偿器			△				○				○
启动用金属电阻器			△	△		×		○	○		○
电磁阀用电磁铁			○			×		○			○
电磁摩擦制动器			△			×		○			△
操作箱、柱			○	○				○			
控制盘			△	△				○			
配电盘			△					○			

电抗启动器和启动补偿器采用增安型时，是指将隔爆结构的启动运转开关操作部件与增安型防爆结构的电抗线圈或单绕组变压器组成一体的结构。

电磁摩擦制动器采用隔爆型时，是指将制动片、滚筒等机械部分也装入隔爆壳体内者。

在2区内电气设备采用隔爆型时，是指除隔爆型外，也包括主要产生火花部分为隔爆结构而其外壳为增安型的混合结构。

表 6-4 灯具类防爆结构的选型

电气设备 \ 防爆结构 \ 爆炸危险区	1区		2区	
	隔爆型 (d)	增安型 (e)	隔爆型 (d)	增安型 (e)
固定式灯	○	×	○	○
移动式灯	△		○	
携带式电池灯	○		○	
指示灯类	○	×	○	○
镇流器	○	△	○	○

表 6-5 信号、报警装置等电气设备防爆结构的选型

电气设备 \ 防爆结构 \ 爆炸危险区	0区	1区				2区			
	本质安全型 (ia)	本质安全型 (ia、ib)	隔爆型 (d)	正压型 (p)	增安型 (e)	本质安全型 (ia、ib)	隔爆型 (d)	正压型 (p)	增安型 (e)
信号、报警装置	○	○	○	○	×	○	○	○	○
插接装置			○				○		
接线箱（盒）			○		△		○		○
电气测量表计			○	○	×		○	○	○

2. 保持防火间距

为防止电火花或危险温度引起火灾，断路器、插销、熔断器、电热器具、照明器具、电焊器具、电动机等均应根据需要，适当避开易燃易爆建筑构件。天车滑触线的下方，不应堆放易燃易爆物品。

变、配电站是企业的动力枢纽，电气设备较多，而且有些设备工作时产生火花和较高温度，其防火、防爆要求比较严格。室外变、配电装置距堆场、可燃液体储罐和甲、乙类厂房库房不应小于25m；距其他建筑物不应小于10m；距液化石油气罐不应小于35m。变压器油量越大，防火间距也越大，必要时可加防火墙。

10kV及以下变、配电室不应设在火灾危险区的正上方或正下方，且变、配电室的门窗应向外开，通向非火灾危险区域。10kV及以下的架空线路，严禁跨越火灾和爆炸危险

场所；当线路与火灾和爆炸危险场所接近时，其水平距离一般不应小于杆柱高度的1.5倍。在特殊情况下，采取有效措施后，允许适当减小距离。

3. 保持电气设备正常运行

电气设备运行中产生的火花和危险温度是引起火灾的重要原因。因此，保持电气设备的正常运行对防火防爆有着重要意义。保持电气设备的正常运行包括保持电气设备的电压、电流、温升等参数不超过允许值，保持电气设备足够的绝缘能力，保持电气连接良好等。

保持电压、电流、温升不超过允许值是为了防止电气设备过热。在这方面，要特别注意线路或设备连接处的发热。连接不牢或接触不良都容易使温度急剧上升而过热。

保持电气设备绝缘良好，除可以避免造成人身事故外，还可避免由于泄漏电流、短路火花或短路电流造成火灾或其他设备事故。

此外，保持设备清洁有利于防火。设备脏污或灰尘堆积既降低设备的绝缘又妨碍通风和冷却。特别是正常时有火花产生的电气设备，很可能由于过分脏污引起火灾。因此，从防火的角度出发，应定期或经常清扫电气设备，保持清洁。

4. 通风

在爆炸危险场所，良好的通风装置能降低爆炸性混合物的浓度，达到不致引起火灾和爆炸的限度，这样还有利于降低环境温度。这对可燃易燃物质的生产、储存、使用及对电气装置的正常运行都是必要的。

5. 接地

爆炸和火灾危险场所内的电气设备的金属外壳应可靠地接地（或接零），以便在发生相线碰壳时迅速切断电源，防止短路电流长时间通过设备而产生高温发热。

6. 其他方面的措施

(1) 爆炸危险场所，不准使用非防爆手电筒。

(2) 在爆炸危险场所内，因条件限制，如必须使用非防爆型电气设备时，应采取临时防爆措施。例如，安装电气设备的房间，应用非燃烧体的实体墙与爆炸危险场所隔开，只允许一面隔墙与爆炸危险场所贴邻，且不得在隔墙上直接开设门洞；采用通过隔墙的机械传动装置时，应在传动轴穿墙处采用填料密封或有同等密封效果的密封措施；安装电气设备的房间的出口，应通向非爆炸危险区域和非火灾危险区域，当安装电气设备的房间必须与爆炸危险场所相通时，应保持相对的正压，并有可靠的保证措施。

(3) 密封也是一种有效的防爆措施，密封有两个含义，一是把危险物质尽量装在密闭的容器内，限制爆炸性物质的产生和逸散；二是把电气设备或电气设备可能引爆的部件密封起来，消除引爆的因素。

(4) 变、配电室建筑的耐火等级不应低于二级，油浸式变压器室应采用一级耐火等级。

6.1.3 电气火灾的扑救常识

电气火灾对国家和人民生命财产有很大威胁，因此，应贯彻预防为主的方针，防患于未然，同时，还要做好扑救电气火灾的充分准备。发生电气火灾时，应立即组织人员使用正确方法进行扑救，同时向消防部门报警。

1. 电气火灾的特点

电气火灾与一般性火灾相比，有以下两个突出的特点：

(1) 着火后电气装置可能仍然带电，且因电气绝缘损坏或带电导线断落等发生接地短路事故，在一定范围内存在着危险的接触电压和跨步电压，灭火时如不注意或未采取适当的安全措施，会引起触电伤亡事故。

(2) 有些电气设备本身充有大量的油，如变压器、油断路器、电容器等，受热后有可能喷油，甚至爆炸，造成火灾蔓延并危及救火人员的安全。所以，扑灭电气火灾，应根据起火的场所和电气装置的具体情况，做一些特殊规定。

2. 扑救电气火灾的安全措施

发生电气火灾时，应先切断电源，而后再灭火，以防人身触电，切断电源应注意以下几点：

(1) 停电时，应按规程所规定的程序进行操作，防止带负荷拉闸。在火场内的断路器和隔离开关，由于在火场环境，其绝缘水平可能降低，因此，操作时应戴绝缘手套，穿绝缘靴，使用相应电压等级的绝缘工具。

(2) 切断带电线路电源时，切断点应选择在电源侧的支持物附近，以防导线断落后触及人体或短路。切断低压多股绞线时，应使用有绝缘手柄的工具分相剪断。非同相的相线、中性线应分别在不同部位剪断，以防在钳口处发生短路。

(3) 夜间发生电气火灾，切断电源时，应考虑临时照明措施。

(4) 需要越级切断电源时，应迅速联系，说明情况。切断电源后的电气火灾，多数情况可按一般性火灾扑救。

3. 扑救电气火灾的特殊安全措施

发生电气火灾，如果情况十分危急，为争取灭火时机，或因其他原因不允许和无法及时切断电源时，就要带电灭火。为防止人身触电，应注意以下几点：

(1) 扑救人员与带电部分应保持足够的安全距离。

(2) 高压电气设备或线路发生接地，在室内，扑救人员不得进入故障点 4m 以内的范围；在室外，扑救人员不得进入故障点 8m 以内的范围；进入上述范围的扑救人员必须穿绝缘靴。

(3) 应使用不导电的灭火剂，如二氧化碳和化学干粉灭火剂，因泡沫灭火剂导电，故在带电灭火时严禁使用。

(4) 对架空线路或空中电气设备进行灭火时，人体位置与带电体之间的仰角不应大于45°，并应站在线路外侧，以防导线断落后触及人体。

4. 充油电气设备的灭火措施

充油电气设备着火时，应立即切断电源，然后进行扑救。备有事故储油池时，则应设法将油放入池内，池内的油火可用干粉扑灭。池内或地面上的油火不得用水喷射，以防油火飘浮水面而蔓延。

6.2 易燃易爆品消防安全管理规定

易燃易爆品指汽油、酒精、乙炔、煤气、液化气、氯气、烷气等。

易燃易爆品的管理，主要包括设备的选购、进场验收、安装调试、使用维护、修理改造和更新等，其基本要求是合理地选择、正确地使用、安全地操作、经常维护与保养、及时更换和维修。

6.2.1 易燃易爆品的种类

易燃易爆品目前常见的并用途较广的约有数千种，其性质各不相同，每一种往往具有多种危险性，但其中必有一种是对人类危害最大的。

(1) 爆炸物：是一种固态或液态物质（或物质的混合物），其本身能够通过化学反应产生气体，而产生气体的温度、压力和速度能对周围的环境造成破坏。其中也包括发火物质，即使它们不放出气体。

(2) 易燃气体：是指在20℃和101.3kPa条件下，满足爆炸下限≤13%的气体或不论其燃烧性下限如何，其爆炸极限（燃烧值范围）≥12%的气体。

(3) 易燃气溶胶：是指气溶胶罐内强制压缩、液化或溶解的气体，包含或不包含液体、膏剂或粉末，配有释放装置，可使所装物质喷射出来，形成在气体中悬浮的固体或液体微粒或形成泡沫、膏剂或粉末或处于液态或气态。

(4) 氧化性气体：是指一般通过提供氧气，比空气更能导致或促使其他物质燃烧的任何气体。

(5) 压力下气体：是指高压气体在压力不小于200kPa（表压）下装入储器的气体，或液化气或冷冻液化气。

(6) 易燃液体：是指闪点不高于93℃的液体。

(7) 易燃固体：是指容易燃烧或通过摩擦可能引燃或助燃的固体。

(8) 自反应物质或混合物：是指即使没有氧（空气）也容易发生激烈放热分解的热不稳定液态或固态物质或混合物。

(9) 自燃液体：是指即使数量小也能在与空气接触后5min之内引燃的液体。

(10) 自燃固体：是指即使数量小也能在与空气接触后5min之内引燃的固体。

(11) 自热物质和混合物：是指除发火液体或固体以外，与空气反应不需要能源供应就能够自己发热的固体或液体物质或混合物。

(12) 遇水放出易燃气体的物质或混合物：是指通过与水作用，容易具有自燃性或放出危险数量的易燃气体的固态或液态物质或混合物。

(13) 氧化性液体：是指本身未必燃烧，但通过因放出氧气可能引起或促使其他物质燃烧的液体。

(14) 氧化性固体：是指本身未必燃烧，但通过因放出氧气可能引起或促使其他物质燃烧的固体。

(15) 有机过氧化物：是指含有二价—O—O—结构的液态或固态有机物质，是热不稳定物质或混合物，容易放热自加速分解。

6.2.2 易燃易爆品的设备管理

易燃易爆品具有易燃、易爆、腐蚀、毒害等危险特性，其发生火灾爆炸事故的危险性大、造成的损失大、人员伤亡大、火灾扑救难度大。做好易燃易爆物品的生产、使用、储存、经营、运输等环节的消防安全管理工作，对保护人身、设备和财产安全具有十分重要的意义。

1. 易燃易爆设备按其使用性能的分类

（1）化工反应设备。

（2）可燃的、氧化性气体的储存。

（3）可燃的、强氧化性的液体、储罐及其管线。

（4）易燃易爆物料的化工单元设备。

2. 易燃易爆设备的火灾危险性

（1）生产装置、设备日趋大型化。

（2）生产和储存过程中承受高温高压。

（3）生产和储存过程中易产生跑冒滴漏。

3. 易燃易爆设备使用的消防安全要求

（1）合理配备设备。

（2）严把试车关。

（3）配备与设备相适应的操作人员。

（4）涂易明显的颜色标记。

（5）为设备创造较好的环境。

（6）严格操作规程。

（7）保证双电源供电，备有手动操作机构。

（8）严格交接班制度。

（9）坚持例行设备保养制度。

（10）建立设备档案。

4. 易燃易爆设备的安全检查

易燃易爆设备的安全检查是对设备的运行情况、密封情况、受压情况、仪表灵敏度、各零部件的磨损情况和开关、阀门的完好情况进行检查。

（1）设备安全检查的分类。按照时间可以分为日检查、周检查、月检查、年检查等几种；从技术上还可以分为机能性检查和规程性检查。

（2）易燃易爆设备检查的要求。

在设备运转的条件下进行动态检查，能够及时、准确地预报设备的劣化趋势、安全运转状况，为提出修理意见提供依据。首先应根据设备制造厂家说明书中的要求，结合操作维修工和生产部门的意见，初步暂定一个周期。再根据维修记录中所记的故障，对暂定检查周期进行修改，最后再根据维修后设备的性能和可能发生着火或爆炸事故的几率来确定。

6.2.3 易燃易爆品储存的管理

易燃易爆品的储存，由于物资相对集中、品种多、数量大，对环境条件要求各不相同，如管理不慎易发生特大火灾。

(1) 火源管理。

1) 内部火源主要由电源（电器）设计、安装、使用、维修不符合有关要求所产生，如电源线不穿管、电器设备不防爆、照明灯功率过大或照明灯与储存物品之间的距离不符合要求。

2) 外来火源主要有汽车排气管溅出的火花、吸烟、违章动火等。

(2) 性质相抵触的物品不得混存。

(3) 对物品按照规程进行养护管理。

(4) 易燃易爆品的包装不得损坏，需符合相关要求。

(5) 防止物品遭受雷击及其他意外。

(6) 易燃易爆品必须存储在经公安消防机构批准设置的专业的仓库中，未经批准不得随意设置存储仓库。

(7) 管理人员必须针对存储物品的不同特性，结合季节特点，从加强通风、控制温度、相对湿度等方面做好易燃易爆品的养护。

6.3 灭火器的配置、管理规定

灭火器是火灾扑救中群众性的灭火工具，对于有效扑灭初期火灾，最大限度地减少火灾损失起着至关重要的作用，属消防实战灭火过程中较理想的第一灭火装备（据国内有关数据统计，有90%的初期火灾是被灭火器扑灭和控制的）。正确地选择灭火器的类型，确定灭火器的配置规格与数量，保证足够的灭火能力（即需配灭火级别），合理的定位及设置灭火器，及时检查维护是发挥其效能的关键。

2005年10月1日实施的《建筑灭火器配置设计规范》(GB 50140—2005) 和2008年11月1日实施的《建筑灭火器配置验收及检查规范》(GB 50444—2008)，是灭火器配置、检查及维护保养的国家标准，主要有以下要求。

6.3.1 灭火器配置场所的火灾种类和危险等级

1. 灭火器配置场所的火灾种类

灭火器配置场所的火灾种类可划分为以下五类：

(1) A类火灾：固体物质火灾。

(2) B类火灾：液体火灾或可熔化固体物质火灾。

(3) C类火灾：气体火灾。

(4) D类火灾：金属火灾。

(5) E类火灾（带电火灾）：物体带电燃烧的火灾。

2. 灭火器配置场所的危险等级

工业建筑及民用建筑灭火器配置场所的危险等级划分为三级：严重危险级、中危险级、轻危险级。

6.3.2 灭火器的设置

1. 灭火器的设置位置

灭火器应设置在位置明显和便于取用的地点，且不得影响安全疏散。

(1) 要求灭火器的设置位置明显、醒目，是为了在平时和发生火灾时，能让人们一目了然地知道何处可取用灭火器，减少因寻找灭火器而花费的时间，从而能及时有效地将火灾扑灭在初起阶段。沿着经常有人路过的通道、楼梯间、电梯间和出入口处设置灭火器，是及时、就近取得灭火器的可靠保证之一。室内灭火器固定布置如图 6-1 所示。

(2) 要求灭火器的设置能够便于取用，是为了在发现火情后，现场人员在没有任何障碍的情况下，就能够跑到灭火器设置点，方便地取得灭火器，并进行灭火。如果取用不便，那么即使灭火器设置点离着火点再近，也有可能因时间的拖延，致使火势蔓延而殃成大火，从而使灭火器失去扑救初起火灾的最佳时机。

图 6-1 室内灭火器固定布置

2. 灭火器的布置

(1) 灭火器的设置位置和设置方式在正常情况下，不得影响现场人员走路。

(2) 在火灾紧急情况时，不得影响现场人员安全疏散。

(3) 对有视线障碍的灭火器设置点，应设置指示其位置的发光标志。

(4) 灭火器的摆放应稳固，其铭牌应朝外。

(5) 手提式灭火器宜设置在灭火器箱内或挂钩、托架上，其顶部离地面高度不应大于 1.50m，底部离地面高度不宜小于 0.08m。灭火器箱不得上锁。

(6) 灭火器不宜设置在潮湿或强腐蚀性的地点。当必须设置时，应有相应的保护措施。灭火器设置在室外时，应有相应的保护措施。

3. 灭火器的最大保护距离

(1) 设置在 A 类火灾场所的灭火器，其最大保护距离应符合表 6-6 的规定。

表 6-6 A 类火灾场所配置的灭火器最大保护距离 (m)

灭火器种类	手提式灭火器	推车式灭火器
严重危险级	15	30
中危险级	20	40
轻危险级	25	50

(2) 设置在B、C类火灾场所的灭火器，其最大保护距离应符合表6-7的规定。

表6-7　B、C类火灾场所配置的灭火器最大保护距离　(m)

灭火器种类	手提式灭火器	推车式灭火器
严重危险级	9	18
中危险级	12	24
轻危险级	15	30

(3) D类火灾场所的灭火器，其最大保护距离应根据具体情况研究决定。

(4) E类火灾场所的灭火器，其最大保护距离不应低于该场所内A类或B类火灾的规定。

6.3.3　灭火器的配置规定

灭火器的配置一般规定如下：

(1) 一个计算单元内配置的灭火器数量不得少于2具。考虑到在发生火灾时，若能同时使用两具灭火器共同灭火，则对迅速、有效地扑灭初起火灾非常有利，同时两具灭火器还可起到相互备用的作用，即使其中一具失效另一具仍可正常使用。

(2) 每个设置点的灭火器数量不宜多于5具。这主要是从消防实战考虑，就是说在失火后可能会有许多人同时参加紧急灭火行动。如果同时到达同一个灭火器设置点来取用灭火器的人员太多，而且许多人都手提1具灭火器到同一个着火点去灭火，则会互相干扰，使得现场非常杂乱，影响灭火，容易贻误战机。

6.3.4　灭火器的分类

灭火器的分类方式有很多，按其移动方式可分为手提式和推车式；按所充装的灭火剂则可分为二氧化碳灭火器、干粉灭火器、机械泡沫灭火器、水基型灭火器等。

1. 二氧化碳灭火器

二氧化碳灭火器（见图6-2）是利用其内部所充装的高压液态二氧化碳本身的气体压力作为动力进行灭火的。由于二氧化碳灭火剂具有灭火不留痕迹，有一定的绝缘性能等特点，因此，适用于扑救600V以下的带电电器、贵重设备、图书资料、仪器仪表等场所的初起火灾以及一般的液体火灾，不适用扑救轻金属火灾。

2. 干粉灭火器

干粉灭火器（见图6-3）按其充装灭火剂种类分为磷酸铵盐干粉灭火器（又称ABC干粉灭火器）和碳酸氢钠干粉灭火器（又称BC干粉灭火器）。磷酸铵盐干粉灭火器适用于扑救A类（固体物质）、B类（液体和可熔化的固体物质）、C类（气体）和E类（带电设备）的火灾。碳酸氢钠干粉灭火器适用于扑救B类、C类火灾。两种都不适宜扑救轻金属燃烧的火灾。

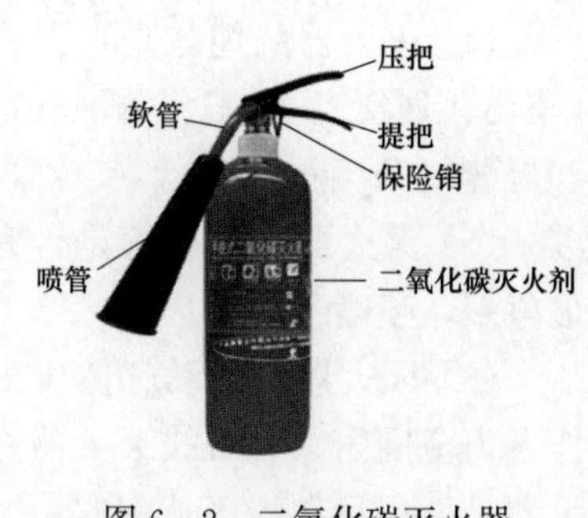

图 6-2 二氧化碳灭火器

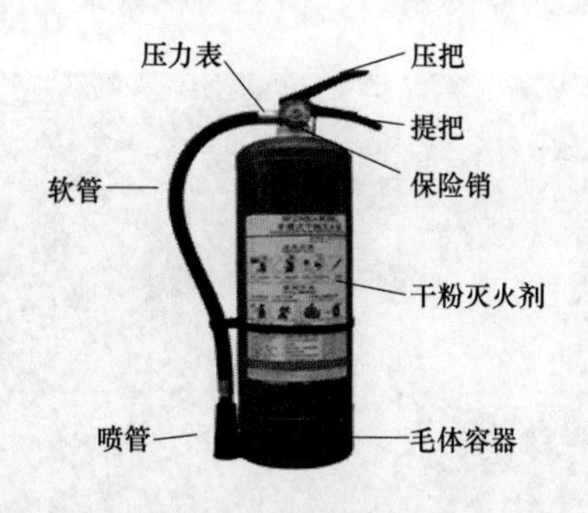

图 6-3 干粉灭火器

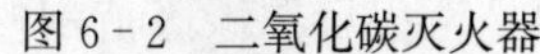

3. 水基型灭火器

水基型灭火器可分为清水灭火器和强化水系灭火器，适用于扑救 A 类火灾。能够喷成雾状水滴的水基型灭火器也可以扑救部分 B 类火灾，如少量柴油、煤油等的初起火灾。

6.3.5 灭火器的检查与维护

1. 灭火器检查维护的一般规定

(1) 灭火器的检查与维护应由相关技术人员承担。

(2) 每次送修的灭火器数量不得超过计算单元配置灭火器总数量的 1/4。超出时，应选择相同类型和操作方法的灭火器替代，替代灭火器的灭火级别不应小于原配置灭火器的灭火级别。

(3) 检查或维修后的灭火器均应按原设置点的位置摆放。

(4) 需维修、报废的灭火器应由灭火器生产企业或专业维修单位进行。

2. 灭火器的配置检查方法

(1) 灭火器的落地、托架、挂钩等设置方式是否符合配置设计要求。手提式灭火器的挂钩、托架安装后是否能承受一定的静载荷，并不出现松动、脱落、断裂和明显变形。

(2) 灭火器的铭牌是否朝外，并且器头宜向上。

(3) 灭火器的类型、规格、灭火级别和配置数量是否符合配置设计要求。

(4) 灭火器配置场所的使用性质，包括可燃物的种类和物态等，是否发生变化。

(5) 灭火器是否达到送修条件或维修期限，是否达到报废条件或报废期限。

(6) 室外灭火器是否有防雨、防晒等保护措施。

(7) 灭火器周围是否存在有障碍物、遮挡、拴系等影响取用的现象。

(8) 灭火器箱是否上锁，箱内是否干燥、清洁。

3. 灭火器的外观检查方法

(1) 灭火器的铭牌是否无残缺，并清晰明了。

(2) 灭火器铭牌上关于灭火剂、驱动气体的种类、充装压力、总质量、灭火级别、制造厂名和生产日期或维修日期等标志及操作说明是否齐全。

(3) 灭火器的铅封、销闩等保险装置是否未损坏或遗失。

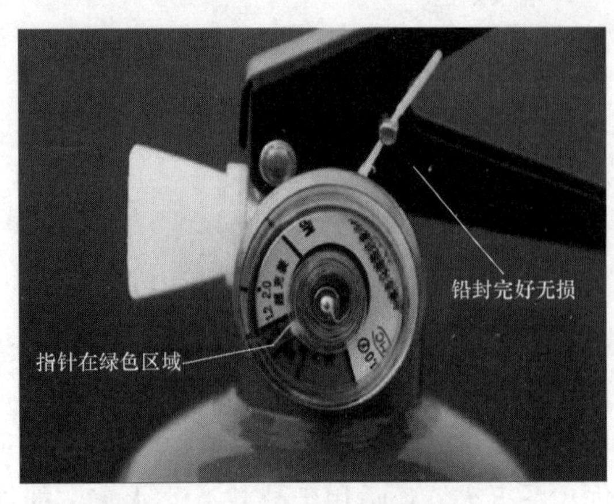

图 6－4　灭火器的外观检查方法

(4) 灭火器的筒体是否无明显的损伤（磕伤、划伤）、缺陷、锈蚀（特别是筒底和焊缝）、泄漏。

(5) 灭火器喷射软管是否完好，无明显龟裂，喷嘴不堵塞。

(6) 灭火器的驱动气体压力是否在工作压力范围内（储压式灭火器查看压力指示器是否指示在绿区范围内，二氧化碳灭火器和储气瓶式灭火器可用称重法检查）。

(7) 灭火器的零部件是否齐全，并且无松动、脱落或损伤。

(8) 灭火器是否未开启、喷射过。

灭火器的外观检查方法如图 6－4 所示。铅封完好无损，压力表指针指在绿色区域，才是合格的灭火器。

4. 灭火器的维修期限

存在机械损伤、明显锈蚀、灭火剂泄漏、被开启使用过或符合其他维修条件的灭火器应及时进行维修，具体维修期限如表 6－8 所示。

表 6－8　　各类灭火器的维修期限

灭火器类型		维修期限
干粉灭火器	手提式（储压式）干粉灭火器	出厂期满 5 年，首次维修以后每满 2 年
	手提式（储气瓶式）干粉灭火器	
	推车式（储压式）干粉灭火器	
	推车式（储气瓶式）干粉灭火器	
洁净气体灭火器	手提式洁净气体灭火器	
	推车式洁净气体灭火器	
二氧化碳灭火器	手提式二氧化碳灭火器	
	推车式二氧化碳灭火器	

5. 灭火器的报废

有下列情况之一的灭火器应报废：

(1) 筒体严重锈蚀，锈蚀面积不小于筒体总面积的 1/3，表面有凹坑。

(2) 筒体明显变形，机械损伤严重。

(3) 器头存在裂纹，无泄压机构。

(4) 筒体为平底等结构不合理。

(5) 没有间歇喷射机构的手提式。

(6) 没有生产厂名称和出厂年月，包括铭牌脱落，或虽有铭牌，但已看不清生产厂名称，或出厂年月钢印无法识别。

(7) 筒体有锡焊、铜焊或补缀等修补痕迹。

(8) 被火烧过。

(9) 一般干粉灭火器的报废年限为10年，二氧化碳灭火器报废年限为12年。

灭火器报废后，应按照等效替代的原则进行更换。

6.4 风电企业其他消防设施及使用

根据《电力设备典型消防规程》(DL 5027—2015)，风电企业除按规定配置足量的灭火器外，还应配置火灾自动报警装置或固定灭火系统，注油设备或仓库附近还应配置消防砂箱、消防斧、消防铲、消防桶，并配置正压式呼吸器。

6.4.1 火灾自动报警装置

火灾自动报警装置是由火灾探测装置、火灾报警装置、联动输出装置以及具有其他辅助功能装置组成的，它能在火灾初期，将燃烧产生的烟雾、热量、火焰等物理量，通过火灾探测器变成电信号，传输到火灾报警控制器。火灾报警控制器一方面能联动消防泵维持消防栓水压和启动自动水喷淋装置或其他固定灭火装置进行灭火，另一方面能同时显示出火灾发生的部位、时间等，使人们能够及时发现火灾，并及时采取有效措施，扑灭初期火灾，最大限度地减少因火灾造成的生命和财产的损失，是人们同火灾做斗争的有力工具。

图6-5 室内火灾探测装置

1. 火灾探测装置

室内火灾探测装置如图6-5所示。

(1) 感烟型火灾探测装置。在火灾初期，由于温度较低，物质多处于阴燃阶段，会产生大量烟雾，因此，烟雾是早期火灾的重要特征之一。感烟式火灾探测器就是利用这种特征而开发的，它是将被探测部位烟雾浓度的变化转换为电信号而实现触发的一种器件。感烟式火灾探测器有离子感烟式、光电感烟式、红外光束感烟式等几种探测器。

1) 离子感烟式探测器是点型探测器，在电离室内装有少量放射性物质，可使电离室内空气成为导体，允许一定电流在两个电极之间的空气中通过。当烟粒子进入电离室时，它们会和离子相结合而降低了空气的导电性，当导电性低于预定值时，探测器发出警报。

2) 光电感烟式探测器也是点型探测器，它是利用起火时产生的烟雾能够改变光的传播特性这一基本性质而研发的。根据粒子对光线有吸收和散射作用，光电感烟式探测器又分为遮光型和散光型两种。

3) 红外光束感烟式探测器是线性探测器，它是对警戒范围内某一线性窄条状周围烟气参数进行响应的火灾探测器。它同上述两种点型感烟式探测器的主要区别在于红外光束感烟式探测器将光束发射器和光束接收器分为两个独立的部分，使用时分装相对的两处，中间用光束连接起来。红外光束感烟探测器又分为对射型和反射型两种。

感烟型火灾探测装置适宜安装在发生火灾后产生烟雾较大或容易产生阴燃的场所，不宜安装在平时烟雾较大或通风速度较快的场所。

(2) 感温型火灾探测装置。感温型火灾探测器工作原理主要是利用热敏元件来探测火灾。在火灾初始阶段，一方面会有大量烟雾产生，另一方面物质在燃烧过程中会释放出大量的热量，周围环境温度急剧上升，导致探测装置中的热敏元件发生物理变化，从而将温度信号转变成电信号，并进行报警处理。

感温型火灾探测器种类很多，根据其感热效果和结构形式不同可分为定温式、差温式及差定温式三种探测器。

1) 定温式探测器。定温式探测器是在规定时间内，火灾引起的温度上升超过某个定值时启动报警的火灾探测器。它有线型和点型两种结构。其中线型定温式探测器是当局部环境温度上升达到规定值时，可熔绝缘物熔化使两导线短路，而产生报警信号；点型定温式探测器是利用双金属片、易熔金属、热电偶、热敏半导体电阻等元件在规定的温度值上产生火灾报警信号。

2) 差温式探测器。差温式探测器是在规定的时间内，火灾引起的温升超过某个规定值时启动报警的火灾探测器。它也有线型和点型两种结构。线型差温式探测器是根据广泛的热效应而动作的，点型差温式探测器是根据局部的热效应而动作的。主要感温元件是空气膜盒、热敏半导体电阻等。

3) 差定温式探测器。差定温式探测器结合了定温和差温两种作用原理并将两种探测器结构组合在一起，一般取两个性能相同的热敏电阻进行搭配，一个放在金属屏蔽罩内，另一个放在外部。外部的热敏元件感应速度快，内部的由于隔热作用感应速度慢。利用它们的变化差异来达到差温报警。同时外部热敏电阻设置在某一固定温度（62℃、70℃、78℃三级灵敏度），以达到定温报警的目的。

2. 火灾报警装置

火灾报警装置是指在火灾自动报警系统中，用以接收、显示和传递火灾报警信号，并能发出控制信号和具有其他辅助功能的控制指示设备。火灾报警控制器就是其中最基本的一种。火灾报警控制器担负着为火灾探测器提供稳定的工作电源，监视探测器及系统自身的工作状态，接收、转换、处理火灾探测器输出的报警信号，进行声光报警，指示报警的具体部位及时间，同时执行相应辅助控制等任务，是火灾报警系统中的核心组成部分。

火灾报警控制器按其用途不同，可分为区域火灾报警控制器、集中火灾报警控制器和通用火灾报警控制器三种基本类型。

(1) 区域火灾报警控制器的主要特点是控制器直接连接火灾探测器，处理各种报警信号，是组成自动报警系统最常用的设备之一。

(2) 集中火灾报警控制器的主要特点是一般不与火灾探测器相连，而与区域火灾报警控制器相连，处理区域级火灾报警控制器送来信号，常使用在较大型系统中。

(3) 通用火灾报警控制器的主要特点是它兼有区域、集中两级火灾报警控制器的双重特点。通过设置或修改某些参数（可以是硬件或者是软件方面）即可作为区域级使用，连接探测器；又可作为集中级使用，连接区域火灾报警控制器。

3. 联动输出装置及辅助功能装置

当火灾报警装置接收到火灾探测信号时，除能自动发出火灾声光信号外，还能自动或手动启动相关消防设备，包括启动消防泵、消火栓、水喷淋，关闭防火门，开启排烟系统和空调通风系统，开启应急广播、应急照明和疏散指示标志等。

6.4.2 固定灭火系统

固定灭火系统可分为消防给水系统、自动喷水灭火系统、气体灭火系统、泡沫和干粉灭火系统、卤代烷灭火系统等。这里主要介绍风电企业最常用的消防给水系统和卤代烷灭火系统。

1. 消防给水系统

消防给水是扑救火灾必不可少的消防设施，主要由消防水源（消防水池）、室外消防给水系统、室内消防给水系统等组成（图6-6～图6-8）。

消防水源（消防水池）是储存消防水的容器，提供火灾时的灭火水源，室外消防水系统主要由各种规格的消火栓和消防水管路组成，室内消防水系统由稳压罐、消防泵、稳压泵及其控制电源和动力电源以及相应管道和阀门组成。

图6-6 室内喷淋灭火装置

2. 卤代烷灭火系统

对于电缆层等防火重点部位由于处于密闭场所且属于带电设备，

图 6－7　室外布置消火栓

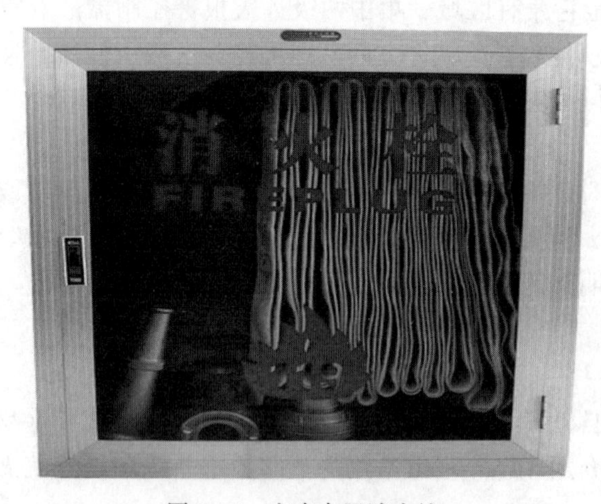

图 6－8　室内布置消火栓

适宜采用卤代烷固定灭火系统。它由一只氮气驱动罐和若干个卤代烷储气罐以及相应的管道、阀门、火灾探测器、气体灭火控制器等组成。

卤代烷固定灭火系统启动方式一般有自动和手动方式。

(1) 自动方式：控制器的控制模式选择“自动”模式时，当有一只火灾探测器动作时，气体灭火控制器发出声光报警，当人员现场察看后，确认有火灾发生，可人为启动灭火系统；当有两只及以上火灾控制器动作时，气体灭火控制器首先发出声光报警，经过一定时间的延时，自动启动灭火系统。

(2) 手动方式：控制器的控制模式选择“手动”模式时，当有一只及以上火灾探测器动作时，灭火控制器发出声光报警信号，但不启动灭火系统灭火，只有人为按下“紧急启动按钮”时，方可启动灭火系统。

卤代烷固定灭火系统的动作原理是当得到启动命令后，氮气驱动罐的电磁阀动作，氮气顶开卤代烷储气罐的阀门，储气罐释放卤代烷，卤代烷迅速扩散充实整个电缆层，并能实现快速灭火。

3. 其他消防设施

注油设备如变压器、油罐等发生火灾时，往往造成油液外流，此时外流的油液容易着火，由于油的密度比水轻，因此使用水枪扑救油类火灾效果较差。若大量的油液外流时，使用灭火器灭火效果也有限，因此可以使用黄砂覆盖灭火。在升压站的主变压器附近、油品库附近应配置必要的消防砂箱、消防铲、消防桶等灭火工具。

6.5 风电企业消防管理

风电企业消防管理要点如下：

(1) 风电企业消防工作应贯彻“预防为主、防消结合”的方针，坚持“谁主管，谁负责”的原则，达到消除火灾、控制火警、确保安全的目标。

(2) 风电企业所有人员应熟悉消防工作的“四懂”、“四会”：

1)“四懂”：懂得本岗位火灾的危险性，懂得预防火灾的措施，懂得扑救火灾的方法，懂得逃生疏散的方法。

2)“四会”：会使用消防器材，会报火警，会扑救初起火灾，会组织疏散逃生。

(3) 风电企业应建立相应的消防组织体系：包括消防领导小组、消防管理办公室、消防工作小组、义务消防队。领导小组一般由总经理担任组长，分管领导任副组长，负责传达贯彻上级消防指示精神，组织消防演练，批准消防管理制度，审批消防工作计划和消防费用。消防管理办公室为消防对口管理部门，负责制订消防工作计划，提出消防措施和消防经费要求，制订消防管理制度，传达上级领导指示精神、组织应急预案演练和消防检查等。消防工作小组具体落实上级消防指示精神，贯彻消防规章制度，落实消防措施，开展火灾预案演练等。义务消防队主要职责是加强灭火技能培训和演练，熟练掌握“四懂”、“四会”，在发生火警时能够快速、正确地组织扑救。

6.5.1 风电企业防火重点部位

风电企业防火重点部位如下：

(1) 开关室、中控室、继保室、计算机房、档案室、通信机房、蓄电池室。

(2) 主变压器、电抗器、电缆间及电缆沟。

(3) 机舱、塔筒内。

(4) 各类仓库。

(5) 油品储存区及其他风场认定的区域。

6.5.2 消防措施

1. 一般消防管理规定

(1) 风电企业重点防火部位应有明显标志，并落实责任人。

(2) 风电企业应有两图，即重点防火部位位置图和全场消防器材布置图。

(3) 存放物资和易燃易爆物品的库房一律禁止动用明火，并悬挂“严禁烟火”的警告标志。

(4) 保持现场整洁干燥，禁止存放腐蚀、易燃易爆物及其他杂物。

(5) 室内使用的各种电器用具用毕后必须及时切断电源。

(6) 对重点部位设备经常巡视。

(7) 室内发生火灾，首先切断着火部位相应的电源，使用灭火器扑救，以免造成设备损坏及保护装置误动。

(8) 室内发生火情，必须立即组织积极扑救，同时向有关部门迅速正确报警。

(9) 主变压器着火时，应立即断开相应的各侧电源，如变压器外部（顶部）着火，应迅速排油至燃烧处以下，使燃烧点油源断绝，自行灭火。如主变压器内部着火，压力释放器没有动作前，绝对不能放油。

(10) 主变压器着火，必须注意周围的电缆沟不能被燃油喷溅起火，应采用砂土封堵，防止电缆起火蔓延。

(11) 主变压器着火，在断开主变压器各侧电源后，可使用各种类型的灭火器材进行扑救。

(12) 检查或操作配电柜应随手关门，以防小动物进入损坏电缆而引起火灾，严禁烟火进入电缆竖井。

(13) 防止电缆火灾延燃，措施有封、堵、涂、隔和其他方式。

(14) 凡穿越墙壁、楼板和电缆沟道而进入控制室电缆夹层、控制柜仪表盘、保护盘等处的电缆孔洞，必须经防火涂料严密封堵。

(15) 风电企业根据国家消防条例有关规定，配置相应种类数量的消防设施和器材。

(16) 消防器材应根据设备的分布、火灾的性质、取用方便的原则进行合理布置配备，各消防通道必须保持畅通。

(17) 消防设施、器具是专用器具，不能移做他用，不得随意损坏。

(18) 消防设备、器材实行定置管理，使用、调换情况必须有记录。检查中发现不符合要求的消防设施器材应与有关部门联系处理或调换，保证消防设施器材随时可用。

(19) 按照国家的要求定期对消防器材进行检验，取得合格证并在有效期内使用。

(20) 风电企业每月全面进行一次检查，并根据节日安全保卫和上级要求，增加节日前后的防火特别检查。

(21) 义务消防队应定期组织训练及活动，提高预防火灾和扑救火灾的能力。

(22) 新员工进场上岗前，在进行安全教育时，也要进行防火意识教育，了解风电企业消防工作的重要性。

(23) 值班人员在当值时间内巡视检查时，应对防火安全措施情况一同检查，发现问题及时处理汇报。

(24) 管理不善、制度执行不严、玩忽职守造成火警事故、火灾事故者按有关规定进行严肃处理。

2. 易燃易爆品管理规定

风电企业蓄电池室在正常运行时会有少量的氢气产生，在直流系统交流电源中断后，蓄电池会快速放电而产生大量的氢气，氢气与空气混合会产生爆炸气体混合物；油品库存放较多的油液、油脂，在气温较高时会产生大量的油气混合物。因此蓄电池室、油品库是风电企业防火防爆重点部位。相关管理规定如下：

(1) 蓄电池室、油品库应单独设置，集中管理，不得与其他设备共处一室。

(2) 照明、开关、插座应采用防爆型，导线应采用耐酸的套管防护，并采用耐酸材料将管口四周封堵。

(3) 库房应采用不燃建筑材料，耐火等级 1～2 级。

(4) 蓄电池室、油品库应设置常开的气孔，安装防爆型排气风扇，气孔上部应与室内天花板平齐，以防可燃气体在屋顶积聚。排气风扇的电源开关应设在室外，在室内时应为防爆开关。

(5) 门应采用防火门，耐火等级不应低于 2 级，且门应向外开启。门上应有醒目的“严禁烟火”标志。

(6) 进入蓄电池室、油品库应禁带火种，并先开启通风 10～15min。

(7) 加强设备的检查维护，防止导线接头松动打火。

(8) 附近 30m 内禁止动火。

(9) 如发生火灾时应立即切断电源，并设法灭火，人员不宜靠近灭火，以防爆炸伤人。

3. 风电机组消防安全管理措施

风电机组塔筒及机舱内有较多的电气设备，机舱内还有较多的注油设备，如检查维护不当，极易发生风机火灾事故。因此，必须做好风电机组消防安全，防止风机火灾事故。风电机组消防安全管理规定及机舱防火、灭火措施如下：

(1) 建立健全预防风电机组火灾管理制度，严格风电机内动火作业管理，定期巡查机组防火控制措施。

(2) 严格按照设计图册施工，布线整齐，各类电缆按规定分层布置，电缆的弯曲半径应符合要求，避免交叉，保证接线工艺，满足接线工艺标准。

(3) 变压器、变频器、母线、并网接触器和励磁接触器等一次设备动力电缆必须选用阻燃电缆，定期对其连接点及设备本体进行温度检测。

(4) 机组叶片、机舱、塔筒的电缆应选用阻燃电缆，靠近加热器等热源的电缆应有隔热措施，靠近带油设备的电缆槽盒应密封，电缆通道采取分段阻燃措施。电缆外护套必须使用阻燃材料。

(5) 塔筒通往机舱穿越平台、盘柜等处电缆空洞和盘面缝隙采用有效的封堵措施且涂刷电缆防火涂料。

(6) 机舱的隔音海绵应去除，保温材料必须使用阻燃材料，机舱内壁应涂刷防火涂料。

(7) 保持风电机组内部清洁，严禁在风电机组内存放易燃易爆品和沾油物品。偏口钳等工具禁止放在机舱柜内线槽的高处，机组检修或维护结束后，应做到工完、料净、场地清，机舱内不得留有废弃的备件、易耗品等杂物。

(8) 定期监控设备轴承、发电机、齿轮箱及机舱内部环境温度的变化，发现异常及时采取有效措施处理。

(9) 机舱、塔筒内的电气设备及防雷设施预防性试验应合格，定期对发电机、防雷系统和接地系统进行检查、测试。机组基础接地网和机组的接地电阻应定期测试，电阻值应在规定范围内。

(10) 严格控制齿轮油和液压油系统的温度在允许范围内，其超温保护可靠、有效。

(11) 高速刹车系统必须采取对火花或高温碎屑的封闭隔离措施。机舱内部卫生必须保持清洁，易燃的物质必须得到及时的清理。

(12) 制动片与制动盘的间隙必须在规定的范围内，应定期检查并调整。制动片摩擦材料的厚度在规定的范围内，磨损不得超限，否则应及时更换。制动器的制动盘磨出沟槽等应及时修复或更换。

(13) 机组的齿轮油、液压油系统密封应严密，无渗漏。法兰不得使用铸铁材料，不得使用塑料垫、橡胶垫（含油橡胶垫）和石棉纸、钢纸垫。

(14) 机舱、塔筒内的照明装置应使用冷光源设备，并配备漏电保护。

(15) 叶片接闪器和引雷线装置应完整并符合要求，其功能应有效。

(16) 机舱、塔筒内应装设火灾报警系统和灭火装置。必要时可装火灾检测系统，每个平台处应摆设合格的消防器材。

(17) 机舱装设或配备的提升机、缓降器及安全绳、安全带、逃生装置应定期检验且合格。

(18) 进入机舱、塔筒内，严禁携带火种、禁止吸烟。不得存放易燃易爆物品。清洗、擦拭设备时，必须使用非易燃清洗剂，严禁使用汽油、酒精等易燃物。清洗塔筒必须开工作票。

(19) 机组内部的动火作业必须开具动火工作票，严格履行动火作业手续。作业前清除动火区域内的可燃物，且不能应用阻燃物隔离。氧气、乙炔气瓶应固定在塔筒外且气瓶间的距离不得小于 5m 并不得暴晒。电焊机应放置在塔筒外，电源也应取自塔筒外。严禁在机舱内油管上进行焊接作业，作业场所应保持良好通风和照明。动火结束后清理场地，动火人员必须停留观察 15min，确认无残留火种后方可离开。

(20) 机舱内有升压变压器的机组，变压器室内不应存有易燃物品；高压侧发生单相接地时，应具备快速切除功能，切除故障时间不得大于 1min；变压器室内应有可靠的防凝露和防盐雾腐蚀等辅助装置；严格按照变压器维护要求进行定期维护，定期检查是否存在污闪、放电情况。机载变压器发生弧光保护、过电流保护、差动保护（如有）动作后，未查明原因，不得恢复送电。

(21) 风向多变季节需加强电缆自由放展段的检查；对绕缆严重的风电机组电缆，要及时松缆并对扭缆传感器和解缆保护开关进行检查、测试，保证解缆开关可靠运行。

(22) 电缆和塔架平台交汇处必须有可靠的防磨损护套，定期检查电缆绝缘层磨损情况，发现电缆有磨损，要立即检查电缆绝缘情况，并采取可靠措施。

(23) 应加强检修质量管理，齿轮箱、发电机、主轴等主要传动部件更换应编制检修作业指导书，并进行严格审核，必须落实“三级”检修验收管理，确保检修工艺到位。

思考题

1. 简述风电机组应配备的基本消防设备、注意事项及风电机组着火处理方案。
2. 消防工作的“四懂”、“四会”指什么？
3. 蓄电池室防火有哪些规定？
4. 常用的灭火器种类有哪些？各适宜扑救哪些类型的火灾？
5. 叙述风电机组具体的防火措施。

现　场　急　救

7.1　触电急救

7.1.1　触电的定义及危害

1. 触电的定义

电击伤俗称触电，是由于一定量的电流或电能量（静电）通过人体引起组织损伤或功能障碍，重者发生心跳骤停和呼吸停止。高电压还可引起电热灼伤。闪电损伤（雷电）属于高电压损伤范畴。

2. 触电的危害

电击损伤程度取决于通过人体电流的大小、持续时间、途径、种类（交流或直流）等。一般而言，直流比交流危险、低频率比高频率危险、电流强度越大、接触时间越长越危险。

电流通过人体的线路分两种：其一是电流由一手进入，另一手或一足通出，电流通过心脏，即可立即引起室颤；其二是电流自一足进入经另一足通出，不通过心脏，仅造成局部烧伤，对全身影响较轻。感知电流：人手能感知的最低直流为 5～10mA（毫安感觉阈值），对 AC60Hz 的感知电流为 1～10mA。

触电死亡直接原因（严重并发症除外）：室颤、呼吸麻痹、电击性休克。

7.1.2　触电的临床表现

1. 全身表现

轻度者出现头晕、心悸、皮肤及脸色苍白、口唇发绀、惊慌和全身乏力等，并可有肌肉疼痛，甚至有短暂的抽搐。较重者出现持续抽搐与休克症状。由低电压电流引起室颤，开始时尚有呼吸，数分钟后呼吸即停止，进入“假死”状态；高电压电流引起呼吸中枢麻痹时，病人呼吸停止，但心搏仍存在，如不施行人工呼吸，可于 10min 左右死亡。心脏与呼吸中枢同时受累，多立即死亡。另外肢体急剧抽搐可引起骨折。

2. 局部表现

(1) 局部表现主要是进出口和通电路线上的组织电烧伤。

(2) 随着病程进展，由于肌肉、神经或血管的断裂或凝固，可在一周或数周后，逐渐表现出坏死、感染、出血等。

(3) 血管内膜受损，常可形成血栓，有继发组织坏死和出血，甚至肢体广泛坏死。

3. 并发症

(1) 中枢神经系统后遗症可有失明或耳聋（枕叶与颞叶的永久性损伤所致）。

(2) 少数可出现短期精神失常。

(3) 电流损伤脊髓可致肢体瘫痪，血管损伤可致继发性出血或血供障碍，局部组织灼伤可致继发性感染。

(4) 触电后从高处跌下，可伴有颅脑外伤、胸腹部外伤或肢体骨折。

7.1.3 触电现场急救

1. 脱离电源

(1) 关闭电源：立即关闭电源开关。

(2) 挑开电线：用干燥木棒、竹杆等将电线从病人身上挑开，并将此电线固定好。

(3) 斩断电路：在现场用干燥木柄铁锹、斧头将电线斩断。

(4)"拉开"触电者：如触电者全身趴在铁壳机器上，此时抢救者应在自己脚下垫一块干燥木板或塑料板，用布条、绳子或绕成绳条状的衣服套住病人，将病人拉开，脱离电源。

2. 心肺复苏

(1) 呼吸不规则或已停止者，需立即打开气道，进行口对口人工呼吸。

(2) 心搏停止者，需立即进行胸外心脏按压。

(3) 心搏呼吸同时停止者，应需立即采用心肺复苏法进行抢救，不得延误或中断，去医院途中也不得间断。

(4) 针刺或用手掐人中、十宣、涌泉等穴位。

7.2 心肺复苏法

心肺复苏法是用于呼吸和心跳突然停止、意识丧失病人的一种现场急救方法。其目的是通过口对口吹气和胸外心脏按压来向伤员提供最低限度的脑供血。呼吸心跳骤停，医学上称为猝死，多见于冠心病、溺水、电击、雷击、严重创伤、大出血等病人，多发生在公共场所、家庭和工作单位，多来不及送医院抢救。在发病4min内能开始进行正确有效的心肺复苏术，能救活无数的猝死病人。

心肺复苏法的基本步骤如下

(1) D (Dangerous)：检查现场是否安全。

(2) R (Response)：检查伤员情况、反应。

(3) A (Airway)：保持呼吸顺畅。

(4) B (Breathing)：口对口人工呼吸。

(5) C (Circulation)：建立有效的人工循环。

1. D——检查现场是否安全

在发现伤员后应先检查现场是否安全。若安全，可当场进行急救；若不安全，需将伤员转移后进行急救。

2. R——检查伤员情况、反应

在安全的场地，应先检查伤员是否丧失意识、自主呼吸、心跳。

(1) 检查意识的方法：轻拍重呼，轻拍伤员肩膀，大声呼喊伤员。

(2) 检查呼吸的方法：一听二看三感觉，将一只耳朵放在伤员口鼻附近，听伤员是否有呼吸声音，看伤员胸廓有无起伏，感觉脸颊附近是否有空气流动。

(3) 检查心跳的方法：检查颈动脉的搏动，颈动脉在喉结下 2cm 处。

3. A——保持呼吸顺畅

昏迷的病人常因舌后移而堵塞气道，所以心肺复苏的首要步骤是畅通气道。急救者以一手置于伤员额部使头部后仰，并以另一手抬起后颈部或托起下颏，保持呼吸道通畅。对怀疑有颈部损伤者只能托举下颏而不能使头部后仰；若疑有气道异物，应从伤员背部双手环抱于伤员上腹部，用力、突击性挤压。

4. B——口对口人工呼吸

在保持伤员仰头抬颏前提下，施救者用一手捏闭伤员的鼻孔（或口唇），然后深吸一大口气，迅速用力向伤员口（或鼻 ）内吹气，然后放松鼻孔（或口唇)，照此每 5s 反复一次，直到恢复自主呼吸。

每次吹气间隔 1.5s，在这个时间抢救者应自己深呼吸一次，以便继续口对口呼吸，直至专业抢救人员的到来。

在口对口人工呼吸时要用呼吸膜防止伤员体内细菌传播，在没有呼吸膜保护的情况下急救员可以不进行人工呼吸。

若伤员口中有异物，应使伤员面朝一侧（左右皆可)，将异物取出。若异物过多，可进行口对鼻人工呼吸，即用口包住伤员鼻子，进行人工呼吸。

各种体位人工呼吸如图 7-1～图 7-3 所示。

图 7-1 仰头-抬颏体位人工呼吸

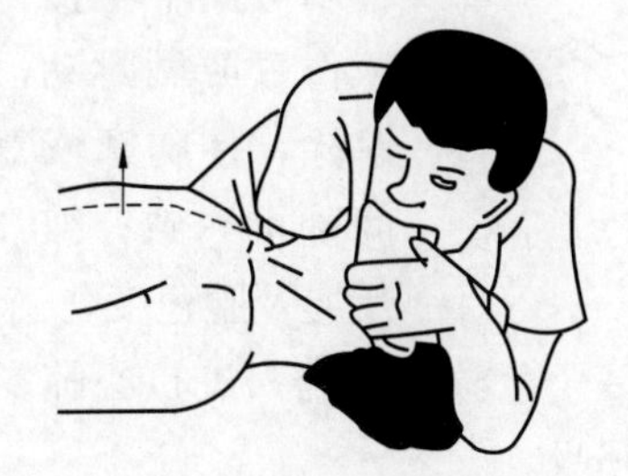

图 7-2 仰头-托颌体位人工呼吸

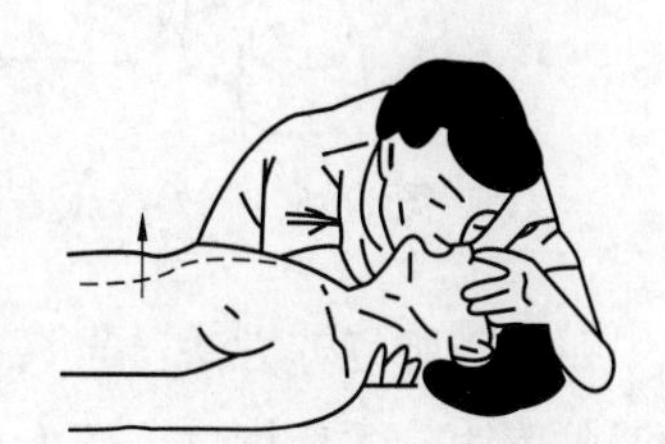

图 7-3 仰头-托颈体位人工呼吸

5. C——建立有效的人工循环

检查心脏是否跳动，最简易、最可靠的是颈动脉。抢救者用 2～3 个手指放在伤员气管与颈部肌肉间轻轻按压，时间不少于 10s。

如果伤员停止心跳，在未进行胸外按压前，先手握空心拳，快速垂直击打伤员胸前区胸骨中下段 1～2 次，每次 1～2s，力量中等，若无效，则立即胸外心脏按压，以维持心、脑等主要器官最低血液需要量。

急救员应跪在伤员躯干的一侧，两腿稍微分开，重心前移，之后选择胸外心脏按压部

位：先以左手的中指、食指定出肋骨下缘，而后将右手掌掌跟放在胸骨下 1/3，再将左手放在右手上，十指交错，握紧右手。按压时不可屈肘。按压力量经手掌根部而向下，手指应抬离胸部。胸外心脏按压方法：急救者两臂位于病人胸骨下 1/3 处，双肘关节伸直，利用上身重量垂直下压，对中等体重的成人下压深度应大于 5cm，而后迅速放松，解除压力，让胸廓自行复位。如此有节奏地反复进行，按压与放松时间大致相等，频率为每 min 不低于 100 次，如图 7－4 和图 7－5 所示。

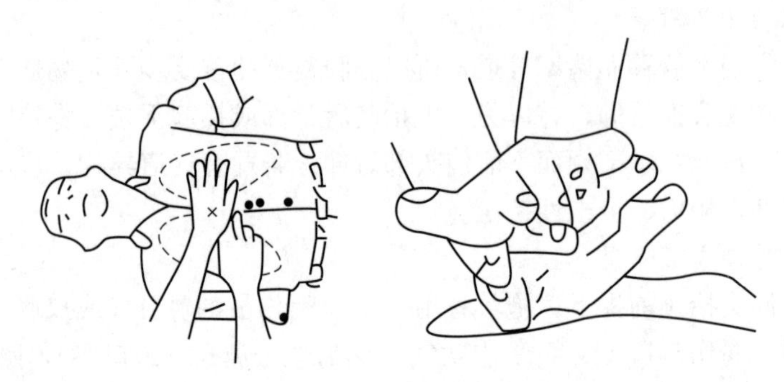

图 7－4　胸外按压位置及手部姿势

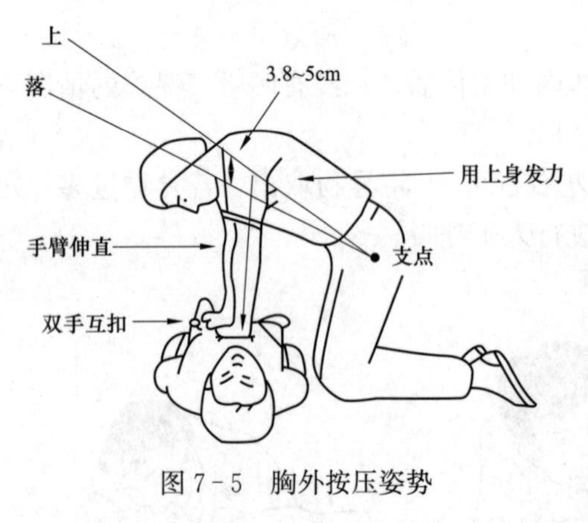

图 7－5　胸外按压姿势

胸外心脏按压的注意事项：按压位置必须正确，掌根不能放在胸骨下端的剑突上；胸外心脏按压时，除紧贴伤病者胸骨上的掌根外，救护员的其他身体部位均不应接触其胸骨及肋骨；按压及松弛时，上身不应前后摆动；按压时两手肘部必须伸直；按压时掌根不可向下猛撞；松弛时，掌根不可离开按压位置或做跳动，但应使其胸骨上压力完全解除，使胸廓恢复正常位置；按压与松弛时间基本一致；按压时，救护员需观察伤病者反应及脸色变化。

一人心肺复苏方法：当只有一个急救者给病人进行心肺复苏术时，应是每做 30 次胸外心脏按压，交替进行 2 次人工呼吸。

二人心肺复苏方法：当有两个急救者给病人进行心肺复苏术时，首先两个人应呈对称位置，以便于互相交换。此时，一个人做胸外心脏按压，另一个人做人工呼吸。两人可以数着 1、2、3 进行配合，每按压心脏 30 次，口对口或口对鼻人工呼吸 2 次。

此外在进行心肺复苏前应先将伤员恢复仰卧姿势，恢复时应注意保护伤员的脊柱。先将伤员的两腿按仰卧姿势放好，再用一手托住伤员颈部，另一只手翻动伤员躯干。

若伤员患有心脏疾病（非心血管疾病），则不可进行胸外心脏按压。

7.3 外伤急救

止血、包扎、固定、搬运是外伤救护的四项基本技术。实施现场外伤救护时，现场人员要本着救死扶伤的人道主义精神，在通知就近医院的同时，要沉着、迅速地开展现场急救工作，其原则是：先抢后救，先重后轻，先急后缓，先近后远；先止血后包扎，再固定后搬运。

7.3.1 止血

1. 出血方式

(1) 按出血方式分为以下几种：

1) 外出血：身体表面受伤引起的出血，血液从伤口流出。

2) 内出血：体内的脏器和组织受损伤而引起的出血，血液流入体腔内，外表看不见，如肝破裂、胸腔受伤引起的血胸等。

3) 皮下出血：皮肤未破，只在皮下软组织内出血，如挫伤、瘀斑等。

(2) 按损伤血管分为以下几种：

1) 动脉出血：量大鲜红，呈喷射状、搏动状。

2) 静脉出血：暗红色，持续从伤口外溢。

3) 毛细血管出血：鲜红的点、片状渗血。

2. 止血的常用方法

(1) 局部加压包扎法。

(2) 指压止血法：其优点是止血迅速、不需要任何工具；其缺点是止血不能持久，多处、多人难以处理。

(3) 屈肢加垫止血法；适用于四肢止血，骨折及脱位禁用。

(4) 绞棒止血法：简单易行。

(5) 止血带止血法：主要用于肢体严重创伤引起大、中血管的出血。前臂和小腿一般不适用止血带，因有两根长骨，使血流阻断不全。

3. 止血的现场处理方法及注意事项

(1) 伤口渗血：用较伤口稍大的消毒纱布数层覆盖伤口，然后进行包扎。若包扎后仍有较多渗血，可再加绷带适当加压止血。

(2) 伤口出血呈喷射状或鲜红血液涌出时，立即用清洁手指压迫出血点上方（近心端），使血流中断，并将出血肢体抬高或举高，以减少出血量。

(3) 用止血带或弹性较好的布带等止血时，应先用柔软布片或伤员的衣袖等数层垫在止血带下面，再扎紧止血带以刚使肢端动脉搏动消失为度。上肢每 60min，下肢每 80min 放松一次，每次放松 1～2min。开始扎紧与每次放松的时间均应书面标明在止血带旁。扎紧时间不宜超过 4h。不要在上臂中 1/3 处和窝下使用止血带，以免损伤神经。若放松时观察已无大出血可暂停使用。

(4) 严禁用电线、铁丝、细绳等作为止血带使用。

(5) 高处坠落、撞击、挤压可能有胸腹内脏破裂出血。受伤者外观无出血，但常表现面色苍白、脉搏细弱、气促、冷汗淋漓、四肢厥冷、烦躁不安，甚至神志不清等休克状态，应迅速躺平，抬高下肢，保持温暖，速送医院救治。若送院途中时间较长，可给伤员饮用少量糖盐水。

7.3.2 包扎

用敷料或其他洁净的毛巾、手绢、三角巾等覆盖伤口，加压包扎达到止血目的。

1. 绷带进行现场包扎处理的方法

(1) 简单螺旋包扎：由受伤部位的下方开始，由下而上包扎；包扎时应用力均匀，由内而外扎牢，每绕一圈时，绷带应遮盖前一圈绷带 2/3，露出 1/3；包扎应将敷料完全盖住。

(2) 螺旋反折包扎：常用于包扎四肢粗细不等的部位；包扎时先用环行法固定始端，旋转方法每圈反折一次，反折时，以一手拇指按住绷带上面正中处，用另一手将绷带向下反折，向后绕并拉紧，反折处不要在伤口上。

(3) 人字形包扎：用于能弯曲的关节，如肘部、膝部、手及脚跟，在关节中央开始重复绕一圈做固定，然后绕一圈向下，一圈向上，结束时，在关节的上方重复绕一圈做固定。

(4) 手（足）部包扎：将绷带在手腕（足踝）处重复绕一圈做固定，然后将绷带斜绕过手背（足背）、手掌到指（趾）旁；将绷带围绕手掌（足底），使绷带的下边恰好贴住指（趾）甲部，然后再将其斜绕回手腕（足踝）处；用 8 字形包扎手（足）部，直到包扎将敷料完全遮盖，结束时在手腕（足踝）处重复绕一圈做固定。

2. 包扎注意事项

(1) 要结扎在伤口的近心端。

(2) 不能直接结扎在皮肤上。

(3) 方法要准确。

(4) 禁止在上臂中 1/3 处结扎，以免损伤桡神经。

(5) 每扎 1h 要松一次，每次松 1～2min。

注意：颅脑损伤、鼻腔、外耳道有出血的病人，不能堵塞，防止逆流至颅腔内引起颅内感染。

7.3.3 固定

外伤急救四项基本技术之一的固定术主要用于骨折的时候，因此，在学习固定方法之前要先了解骨折的症状和急救要点，才能正确地使用固定方法。

1. 骨折的分类

人体骨骼因外伤发生完全或不完全的断裂时称为骨折。由于致伤外力的不同，可造成不同类型的骨折，骨折断端与外界直接相通的称为开放性骨折，未与外界相通的称为闭合性骨折。根据骨折的程度不同，又可分为完全性骨折、不完全性骨折。依骨折线的走向不同，可分为横行骨折、斜行骨折、粉碎性骨折、压缩性骨折等。还可按骨骼的名称分为股骨骨折、尺骨骨折、桡骨骨折等。不同类型的骨折其治疗处理的方法不尽相同。

2. 骨折的主要症状

骨折的类型和部位不同，其症状不完全相同，但骨折的局部症状主要有：

(1) 疼痛：骨折部位疼痛，活动时疼痛加剧，局部有明显的压痛，可有骨摩擦音。

(2) 肿胀：由于骨折端小血管的损伤和软组织损伤水肿，故骨折部位可出现肿胀。

(3) 畸形：由于骨折端的错位，肢体常发生弯曲、旋转、缩短等畸形，当骨折呈完全断裂型时，还可出现假关节样的异常活动。

(4) 功能障碍：骨折后，肢体原有的骨骼杠杆支持功能丧失，如上肢骨折时不能拿、提，下肢骨折时不能行走、站立。

(5) 大出血：当骨折端刺破大血管时，伤员往往发生大出血，出现休克。大出血多见于骨盆骨折。

3. 骨折的急救要点

骨折的临时固定，是对伤处加以稳定避免活动，使伤员在运送过程中不因搬运、颠簸造成断骨刺伤血管、神经，免遭额外损伤，减轻伤员痛苦，其要点如下：

(1) 止血：要注意伤口和全身状况，如伤口出血，应先止血，后包扎固定。

(2) 加垫：为使固定妥帖稳当和防止突出部位的皮肤磨损，在骨突处要用棉花或布块等软物垫好，要使夹板等固定材料不直接接触皮肤。

(3) 不乱动骨折的部位：为防止骨断端刺伤神经、血管，在固定时不应随意搬动；外露的断骨不能送回伤口内，以免增加污染。但是，现场急救时，搬动伤员伤肢是难免的，如为使伤员远离再次受伤的危险，则要先将伤员搬到安全地方，在包扎固定时也不可避免要移动伤肢，这时可以一人握住伤处上方，另一人握住伤处下端匝着肢体的纵轴线做相反方向的牵引，在伤肢不扭曲的情况下让骨断端分离开，然后边牵引边同方向移动，另外的人可进行固定，固定应先捆绑断处上端，后绑下端，然后固定断端的上下两个关节。

(4) 固定、捆绑的松紧要适度，过松容易滑脱，失去固定作用，过紧会影响血液循环。固定时应外露指（趾）尖，以便观察血流情况，如发现指（趾）尖苍白或青紫，可能是固定包扎过紧，应放松重新包扎固定。固定完成后应记录固定的时间，并迅速送医院做进一步的诊治。

4. 骨折固定的材料

(1) 夹板：用于扶托固定伤肢，其长度、宽度要与伤肢相适应，长度一般要跨伤处上下两个关节。没有夹板时可用健侧肢体、树枝、竹片、厚纸板、报纸卷等代替。

(2) 敷料：用于垫衬的如棉花、布块、衣服等；用于包扎捆绑夹板的可用三角巾、绷带、腰带、头巾、绳子等，但不能用铁丝、电线。

5. 骨折固定的方法

(1) 前臂骨折的固定方法：用夹板时，可把两块夹板分别置放在前臂的掌侧和背侧，可在伤员患侧掌心放一团棉花，让伤员握住掌侧夹板的一端，使腕关节稍向背屈，然后固定，再用三角巾将前臂悬挂于胸前。无夹板时，可将伤侧前臂屈曲，手端略高，用三角巾悬挂于胸前，再用一条三角巾将伤臂固定于胸前（见图 7-6）。

(2) 上臂骨折的固定方法：有夹板时，可将伤肢屈曲贴在胸前，在伤臂外侧放一块夹板，垫好后用两条布带将骨折上下两端固定并吊于胸前，然后用三角巾（或布带）将上臂固定在胸部。无夹板时，可将上臂自然下垂用三角巾固定在胸侧，用另一条三角巾将前臂挂在胸前；也可先将前臂吊挂在胸前，用另一条三角巾将上臂固定在胸部（见图7-7）。

(3) 小腿骨折的固定方法：有夹板时，将夹板置于小腿外侧，其长度应从大腿中段到脚跟，在膝、踝关节垫好后用绷带分段固定，再将两下肢并拢上下固定，并在脚部用8字形绷带固定，使脚掌与小腿成直角。无夹板时，可将两下肢并列对齐，在膝、踝部垫好后用绷带分段将两腿固定，再用8字形绷带固定脚部，使脚掌与小腿成直角（见图7-8和图7-9）。

(4) 大腿骨折的固定方法：将夹板置于伤肢外侧，其长度应从腋下至脚跟，两下肢并列对齐，垫好膝、踝关节后用绷带分段固定。用8字形绷带固定脚部，使脚掌与小腿成直角。无夹板时也可用健肢固定法（见图7-10和图7-11）。

(5) 锁骨骨折的固定方法：让病人坐直挺胸，包扎固定人员用一膝顶在病人背部两肩胛骨之间，两手把病人的肩逐渐往后拉，使胸尽量前挺，然后做固定，方法是在伤者两腋下垫棉垫，用两条三角巾分别在两肩关节紧绕两周，在背部中央打结，打结时应将三角巾用力拉紧，使两肩稍后张，打结后将伤员两肘关节屈曲，两腕在胸前交叉，用另一条三角巾在平肘处绕过胸廓，在胸前打结固定上肢。也可用绷带在挺胸、两肩后张下做8字形固定。

(6) 脊椎骨折的固定方法：脊椎骨折抢救过程中，最重要的是防止脊椎弯曲和扭转，不得用软担架和徒手搬运。如有脑脊液流出的开放性骨折，应先加压包扎。固定时，由4～6人用手分别扶托伤员的头、肩、背、臀、下肢，动作一致地将伤员抬到硬木板上。颈椎骨折时，伤员应仰卧，尽快给伤员上颈托，无颈托时可用砂袋或衣服填塞头、颈部两侧，防止头左右摇晃，再用布条固定。胸椎骨折时应平卧，腰椎骨折时应俯卧于硬木板上，用衣服等垫塞颈、腰部，用布条将伤员固定在木板上。

图7-6　前臂骨折的固定方法

图7-7　上臂骨折的固定方法

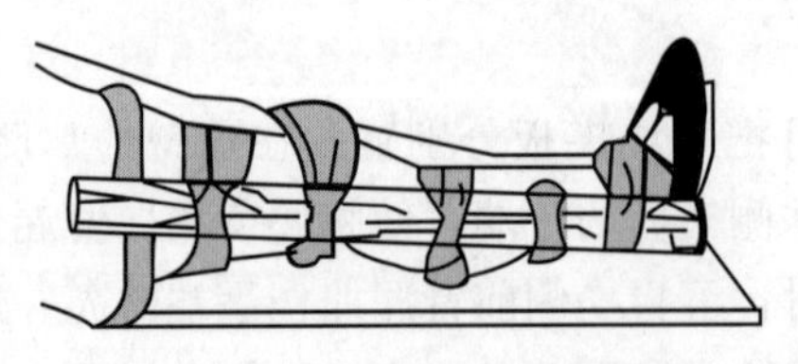

图7-8　小腿骨折的固定方法

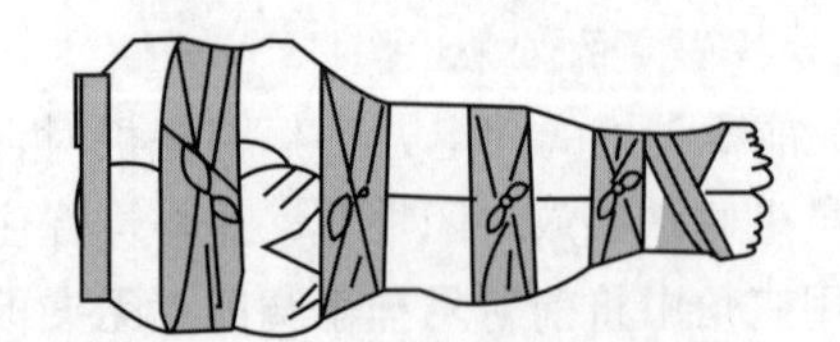

图7-9　小腿骨折的健肢固定法

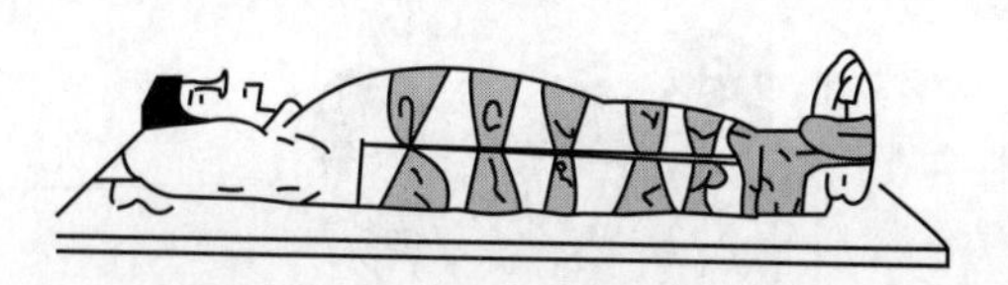

图 7-10 大腿骨折的固定方法

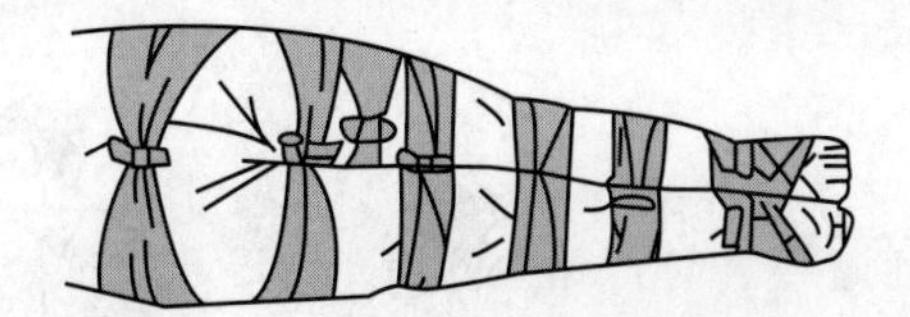

图 7-11 大腿骨折的健肢固定法

7.3.4 搬运

伤员经过现场初步急救处理后，要尽快用合适的方法和震动小的交通工具将伤员送到医院去做进一步的诊治。搬运过程中要随时注意观察伤员的伤情变化。常用搬运方法有徒手搬运和使用器械（包含担架、轮椅等）搬运两大类。

（1）徒手搬运法：适用于病情较轻且搬运距离短的伤病者，但必须注意徒手搬运法不可应用于怀疑有脊椎受伤或肢体骨折的伤病者。

1）单人搬运法是用搀扶、背、抱等方法（见图 7-12）。

2）双人搬运法是用双人椅式、平托式、拉车式等方法（见图 7-13）。

3）多人搬运法是用平卧托运等方法（见图 7-14）。

（2）使用器械搬运法：用于病情较重，路途较远又不适合徒手搬运的伤员。常用搬运工具有帆布担架、绳络担架、被服担架、门板、床板以及铲式、包裹式、充气式担架。伤员上担架时，要由 3～4 人分别用手托伤员的头、胸、骨盆和腿，动作一致地将伤员平放到担架上，并加以固定。不同的病情选用不同的担架和搬运方法，如上肢骨折伤员多能自己行走，可用搀扶法。下肢骨折伤员可用普通担架搬运，而脊柱骨折时则要用硬担架或木板，并要填塞固定，颈椎和高位胸脊椎骨折时，除要填塞固定外，还要有专人牵引头部，避免晃动。

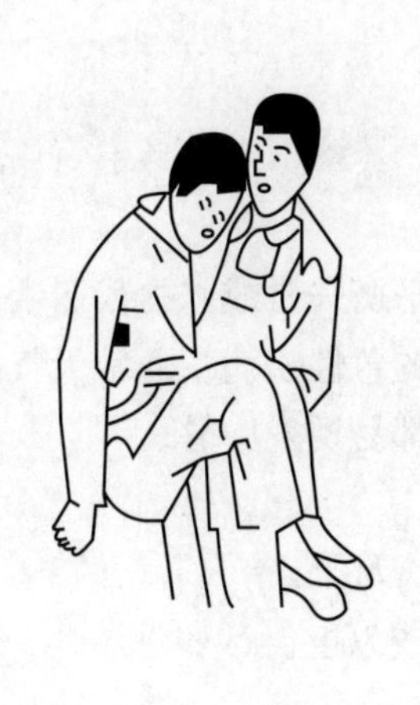

图 7-12 单人搀扶、抱、背搬运法

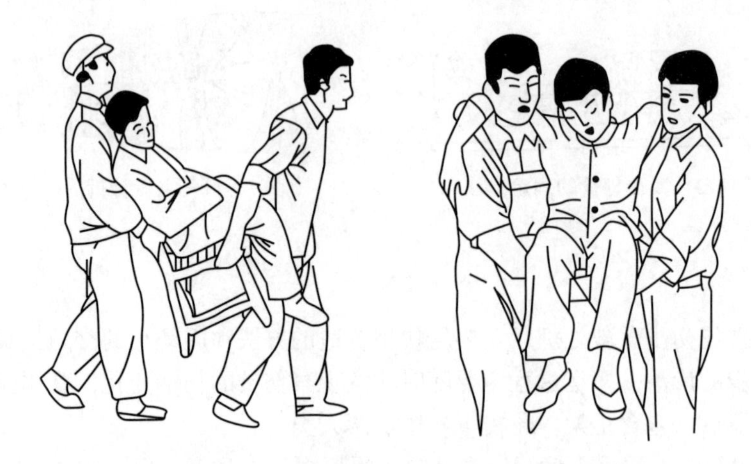

图 7-13　双人椅式、平托式搬运法

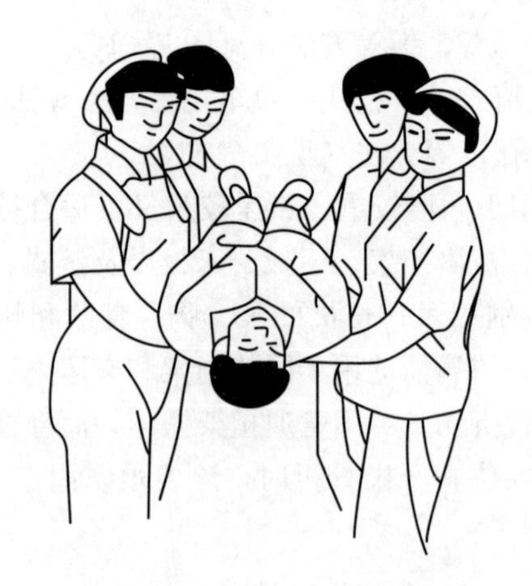

图 7-14　多人平托式搬运法

7.4　中暑急救

中暑是在高温环境下由于热平衡失常或水盐代谢紊乱等因素引起的一种以中枢神经系统或心血管系统障碍为主要表现的急性疾病。通常天气闷热、气温过高、体质虚弱、不耐热、劳动强度过大、过度疲劳等都易诱发中暑。

1. 症状体征

(1) 伤病者皮肤潮红、干燥、无汗。

(2) 体温上升，可达到 40℃或以上。

(3) 脉促而强。

(4) 神志不清。

2. 处理方法

(1) 将伤病者移至阴凉处。

(2) 尽快为伤病者降温：解开衣服；在伤病者额头上经常更换凉水毛巾或用酒精（湿冷布）擦身；在伤病者两侧腋下及腹股沟放置湿冷布；用扇子扇风降温。

(3) 如有晕倒者，用手指甲刺激人中穴（鼻唇中间上1/3处）。

(4) 密切关注伤病者呼吸、脉搏。

(5) 速送医院。

3. 预防中暑

(1) 避免长时间在酷热的环境下工作。

(2) 做好防晒措施并多饮水。

(3) 及时补充盐分。

(4) 保证充足的睡眠时间。

(5) 随身必备防暑药品。

7.5 安全救援

安全救援要点如下：

(1) 一个救援计划开始实施之前，任何在风电机组上的工作人员都需要使用个人防护设备，防止高空坠落。进行救援之前，拨打当地的紧急援救电话，然后描述五方面内容：谁、什么事、何时、何地、为什么。

(2) 需注意，不能将被救援人员悬挂在安全带上超过15min。长时间悬挂在安全带上容易悬挂性休克，有死亡的危险。

(3) 即使没有明显的外伤标志，伤员也应该先保持蹲坐的姿势，并逐步过渡到一个平躺的姿势。如果让伤者迅速平躺下来，会由于心脏负荷过重或肾功能衰竭使伤者有生命危险。

思考题

1. 简述触电急救的步骤。
2. 简述伤员脱离电源后的处理。
3. 夏季中暑后如何处理？

典型事故案例分析

近年来，随着我国风电行业的迅猛发展，由于安全管理不当引发的风电事故也时有发生。为了让广大员工更深刻的认识各种危险源和不安全因素对人身和设备造成的危害，本章汇总、统计了近年来全国风电行业内发生的各类人身、设备事故，并按事故原因、类型进行分类，以便广大员工更全面、直观的了解不同时期的安全形势，不同危险源对员工人身造成的伤害，以及设备事故给企业造成的损失，提高全体员工的安全意识。同时，通过对事故案例的学习，掌握这些重要事故的详细信息，做好事故原因分析，吸取事故教训，更能促进“安全第一，预防为主，综合治理”工作方针的贯彻落实，促使我们举一反三，采取有效的措施防止事故重复发生。

8.1 人身伤亡事故

（违章进入带电区域导致的人身重伤事故，触电受伤1人）

1. 事故经过

2010年3月21日，某风电场正在进行风电机组调试工作，一名员工在进行风电机组箱式变压器的送电工作中，触碰带电部位，造成该员工双手严重灼伤。

经过调查，这是一起违反电力安全规程和两票三制有关规定引起的人身重伤事故，事故也暴露出风电场现场管理和培训教育不到位。当事人作为工作负责人，安全意识淡薄，开工前未履行相关手续办理工作票，在无人员监护、未落实安全措施，且不熟悉设备结构的情况下开展工作。在检查箱式变压器绝缘的过程中，未对设备进行验电，强行破坏高压侧内网门进入带电区域，碰到箱式变压器35kV侧带电部位，造成触电事故发生。

2. 事故原因

员工安全意识不强，违反电力安全规程和两票三制的安全管理制度，开工前不验电，且强行破坏带电设备门锁（见图8－1和图8－2），造成触电受伤。

3. 防止事故重复发生的措施

（1）严禁强行破坏各类电气设备闭锁装置，严禁无人监护单人在高压设备上工作。

（2）严禁不使用工作票在电气设备上工作或不按程序执行“两票”；严禁未经验电，且在工作地段未挂接地线的情况下，在高压设备上作业。

（3）进行电气作业时，工作人员必须穿绝缘鞋和戴绝缘手套，穿工作服，严禁穿化纤衣服进行电气作业。

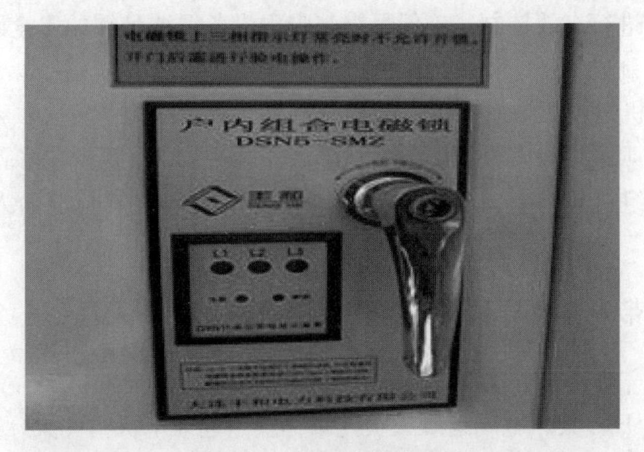

图 8-1　电磁闭锁装置

图 8-2　带电设备

案例2 （未有效控制吊物绳索导致的触电伤亡事故，触电死亡 1 人，重伤抢救无效死亡 2 人）

1. 事故经过

2011 年 1 月 5 日，某风电场施工工地进行风电机组安装调试作业时，发生触电事故，造成机组厂家现场调试人员 1 人当场死亡，2 人重伤后经抢救无效死亡。

经调查，事故当日风电机组厂家 3 名调试人员在机舱内工作结束后，需要将机舱内拆下的备件带走，因机舱内吊车未通电无法使用，调试人员采用自备的带有钢芯的吊物绳，将物品从机舱吊装孔吊下。由于没有对吊物绳进行有效控制，在绳子要到达地面时，突发阵风（10m/s 左右）将吊物绳吹偏，落到风电机组旁的 35kV 集电线路上，造成 35kV 集电线路单相通过吊物绳钢芯对风电机组设备放电，当场造成 3 人全部触电，风电机组设备起火。

2. 事故原因

施工工人擅自在突发天气下进行作业，且使用不符合规定的工器具（钢芯吊物绳），在吊物过程中未采取缆风绳导向，导致吊物绳触碰带电线路。

3. 防止事故重复发生的措施

(1) 采用吊绳往机舱上下运输物品（或人）时，机组底部必须至少有两组人员采用缆绳对吊物（或人）进行有效控制，确保吊绳与带电设备保持足够的安全距离；吊绳及缆绳必须由非导电材料制成。

(2) 维修风电机组用的吊篮，必须配置制动器、行程限位、安全锁及防滑底板；人员在吊篮上工作，必须采用双安全绳保险；风速大于 8m/s 时，禁止在吊篮上工作。

(3) 在风电机组机舱内有人工作时，必须确保机舱内人员与地面人员有可靠的通信联系。

案例3 (违章带电作业导致的人身伤亡事故，死亡 2 人)

1. 事故经过

2012 年 2 月 7 日，某风电场运维人员违章作业引起风电机组失火，造成 2 人死亡，机舱烧毁，3 支叶片根部过火损坏。

经过调查，风电场运维人员在机舱内处理变频器故障时，带电更换网侧熔断器，误碰 690V 网侧进线造成短路起火，一人当场触电死亡，另一人在逃生过程中从塔筒坠落身亡（未佩戴安全带及安全帽），大火持续燃烧 12h 后自然熄灭。

2. 事故原因

员工违章作业，误触碰带电设备，造成短路着火，同时在紧急情况下，在塔筒逃生时，未穿戴个人防护用品，造成二次伤亡。

3. 防止事故重复发生的措施

(1) 从事电气作业前，必须确认作业设备不带电或无危害；同时，工作人员必须穿绝缘鞋和戴绝缘手套，穿工作服。

(2) 严禁不挂防坠器攀爬风电机组，进入生产现场必须戴安全帽，高空作业必须系好安全带。

(3) 机舱、塔筒爬梯、平台上的油污必须及时清理。

案例4 (输电线路安全距离不足导致的人身伤亡事故，死亡 1 人)

1. 事故经过

2012 年 05 月 20 日，某风电场发生架空线触电事故，造成当地一名农民死亡。

5 月 20 日 15 时 38 分，该风电场中控室变电设备后台监控机报警，35kV・A 线接地，告警信号瞬间复位，系统恢复正常运行。随后，附近农民到升压站反映架空线路下有农用四轮车辆着火，风电场工作人员立即赶往现场发现，35kV・A 线一处架空线下有农用拖拉机正在燃烧，车上一名当地农民已死亡。风电场人员立即停运事故线路并对现场进行紧急灭火处理。根据调查，该风电场 35kV・A 线的边相导线与地面垂直距离较近（不符合设计要求），农民驾驶拖拉机施撒农药过程中危险作业导致农药喷雾器与线路的距离小于安全距离，最终造成高压线对拖拉机放电，事故现象如图 8-3 所示。

2. 事故原因

风电场场区架空线路导线与地面安全距离小，且周边无任何警示标示，村民缺乏电力安全常识，导致农具间接触电，发生事故。

图 8-3 事故现场

3. 防止事故重复发生的措施

（1）在线路的巡视和维护保养中，发现线路弧垂或交叉跨越距离超出规定时，必须马上整改，确保输电线路对地安全距离满足要求。

（2）风电场架空线路穿越通道和有可能进行交叉作业的现场必须设立明显的安全警示标志。

案例5 （不系安全带超速驾驶导致的人身伤亡事故，车祸死亡1人）

1. 事故经过

2012年1月5日，某风电场员工驾驶风电场皮卡前往场外公交车站接值班员工途中车辆失控翻滚，致使驾驶员被甩出车外，因抢救无效死亡。

根据调查，这是一起不系安全带超速驾驶导致的责任事故，事故车辆拐弯时速度过快，失控侧滑向左侧1.5m深路沟时侧翻打滚，车辆翻滚时将未系安全带的驾驶员（安全带完好，而驾驶员被甩出车外）甩出车外，倒在地上的驾驶员被翻滚的车辆右前方轮胎压砸到头部造成死亡；风电场未对违章驾驶和不系安全带驾驶的行为坚决制止，青年员工的交通安全意识不强，存在侥幸心理，也没有处置车辆意外情况的经验，也是造成事故的重要原因。

2. 事故原因

员工严重违反安全生产红线，在行车时不系安全带，且超速行驶。

3. 防止事故重复发生的措施

（1）机动车行驶时，驾驶人、乘坐人员必须系好安全带。

（2）在场区内的车辆速度必须有明确的限制，严禁超速驾驶，特别是道路狭窄、转弯较多的路段。

（3）风电场车辆必须实行“准驾证”制度，无本企业准驾证或考试不合格人员，严禁驾驶本企业车辆。

8.2 火灾事故

案例6 （机舱遗留工具导致的风电机组火灾事故）

1. 事故经过

2007年7月17日，某基建调试期风电场一台风电机组发生火灾事故，造成机舱全部烧毁，叶轮（包括轮毂和三叶片）完全过火损坏（见图8-4），事故发生前机组刚刚完成安装。

图8-4 事故现场

通过调查，事故发生前风电场人员在机组底部操作高压开关对机舱35kV干式变压器送电，合闸后从顶部机舱不断传来异常响声，在场人员判断为变压器短路并断开高压开关，数分钟后机舱顶部通风口处有烟冒出，机舱起火并烧毁。事故后的勘查中，在35kV干式变压器的A相低压母线附近发现了一长约35cm、直径10mm的螺纹杆，是用于风电机组安装的自制工具。

2. 事故原因

由于变压器初次上电前没有执行必要的检查工作或现场验收不规范不细致，导致金属工器具遗留在即将带电的区域，待设备上电时，遗留金属工器具造成设备短路，发生火灾。

3. 防止事故重复发生的措施

(1) 每次机舱内作业结束后，必须清点工具；机舱内不得留有工具、废弃备件、易耗品等一切杂物。

(2) 变压器、高压电缆等高压电气设备送电前必须对外观做全面检查，严禁盲目送电。

案例7 （违规焊接作业导致的风电机组火灾事故）

1. 事故经过

2009年7月14日，某风电场一台风电机组发生火灾事故，机舱全部过火烧毁，机组三支燃烧的叶片先后坠落并引燃部分草场，后被当地消防人员扑灭。

经过调查，该机组于2008年12月17日完成吊装，但由于塔筒与机舱对接螺栓存在紧固不到位、无法穿入等问题，需要把螺栓退出重新更换，机组一直未投入运行。更换螺栓处理方法需要用到电焊作业，事故当日，3名施工人员进入事故机组进行螺栓更换作

业，期间因电钻钻头用完停止施工，在切断施工电源下塔返回驻地途中发现机舱起火。

通过在同类型机组实地情景模拟，需要处理的螺栓的焊接作业点距离机舱外壳内表面粘附的隔音保温海绵和粘合胶水仅40cm，焊接作业产生的火花溅落在隔音保温海绵缝隙及其粘合胶水上，经过一定时间将其引燃并最终产生明火引燃机舱罩和液压油，导致火灾的发生（见图8-5）。

图8-5 火灾现场

2. 事故原因

机舱上动火作业时，电焊作业点距离易燃物较近，且在作业结束后未停留现场15min进行明火检查，导致隐藏火花引燃周边易燃物品。

3. 防止事故重复发生的措施

(1) 动火工作间断、终结时，工作人员必须停留观察15min，确认现场无火种残留后，方可离开现场；电焊工离开工作场所时，必须切断电源。

(2) 机舱内从事焊接工作，必须设有防止金属熔渣飞溅、掉落引起火灾的措施（用围屏或石棉布遮盖）以及防止烫伤、触电、爆炸等措施。

(3) 机舱的隔音保温棉应去除，保温材料必须使用阻燃材料，机舱内壁应涂刷防火涂料。

案例8 （机舱照明灯具老化导致的风电机组火灾事故）

1. 事故经过

2011年7月02日，某风电场一台风电机组发生火灾事故，事故造成机舱损坏严重，机组顶部控制箱、轮毂导流罩完全烧毁，齿轮箱、发电机、顶段塔筒上法兰和叶片根部过火。

经过调查，事故机组机舱照明灯具中采用了老式的电感线圈镇流器，灯具外壳由可燃塑料制成，灯具安装位置与机舱隔音海绵（可燃物）过近。在多年的高温、高湿、盐雾腐蚀环境下，灯具启辉器发生故障，引起电感线圈镇流器过热，引燃了日光灯底座，由于底座与海绵距离近，继而点燃机舱内壁的海绵，最终造成机舱烧毁（见图8-6）。

图8-6 事故现场

2. 事故原因

机舱照明灯具采用老式电感线圈镇流器，由于年久发热老化，镇流器过热高温引发灯具底座着火，火源顺势引燃周边易燃海绵物，最终导致机舱着火事故。

3. 防止事故重复发生的措施

(1) 机舱和塔筒内禁止使用线圈镇流器式日光灯。所有灯具应是低发热、具有阻燃材料外壳的新型照明灯具。

(2) 机舱内禁止使用可燃海绵作为保温、降噪等材料；对降噪或保温等有特殊要求的机组，所使用的降噪或保温材料必须为阻燃材料。

案例9 (制动间隙调整不当导致的风电机组火灾事故)

1. 事故经过

2011年9月12日，某风电场一台风电机组发生火灾事故，机组机舱严重烧毁，两支叶片根部过火。

经调查，这是一起由于管理不到位、人员安全意识淡薄造成的典型的责任事故。事故中检修人员在更换齿轮箱后，未严格按照作业规程进行制动盘和制动片的间隙测量和调整便将风机投入运行。机组投运后，制动盘和制动片持续摩擦产生火花；同时，机舱环境卫生打扫不彻底，致使工作现场存有可燃或易燃物，火花经由制动盘护罩的空隙喷出，溅落在制动盘下侧的可燃物上引起火灾（见图8-7）。

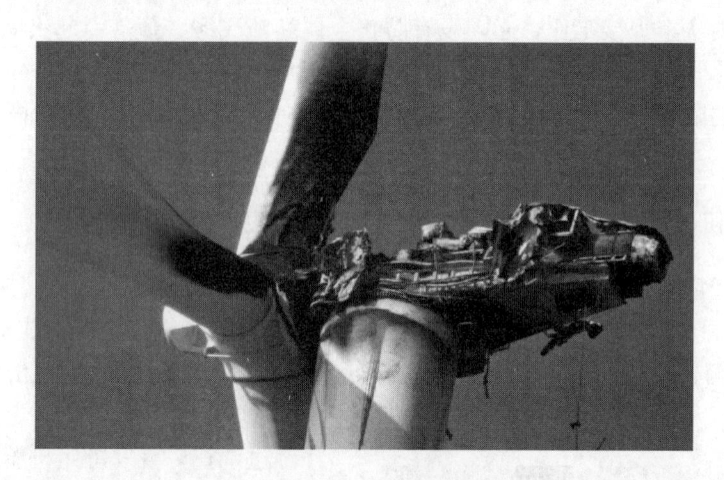

图8-7 事故现场

2. 事故原因

检修工作结束后，检修人员安全意识不强，未严格按照检修规程开展相关检查工作，未对高速制动系统制动盘、制动片间隙进行有效调整，造成制动盘和制动片间持续摩擦，并发出火花，火花经护罩缝隙飞溅至周边可燃物上引起火灾。

3. 防止事故重复发生的措施

(1) 任何有关机组制动系统部件的维修和安装，必须经过严格调试和验收，确保有合理的制动间隙（应小于2mm，具体按厂家要求执行）。

(2) 严禁将未恢复制动系统防护罩的机组投入运行。

(3) 机组检修或维护结束后必须全面清理渗漏油，机舱内不得留有废弃的备件、易耗

品等杂物及易燃易爆物品。

8.3 倒塔事故

案例10 (人为屏蔽故障信号导致的飞车倒塔事故)

1. 事故经过

2010年2月8日，某风电场一台风电机组发生倒塔事故，机组倒塌后机舱砸毁，齿轮箱油漏出，与制动盘等高温发热部件接触起火。

经过调查，由于该风电场同型号机组运行期间多次出现变桨电池和发电机故障信号，为避免影响设备可用率，两个故障信号被厂家客服人员人为屏蔽。事故机组的发电机故障扩大后，触发安全链，风电机组进入紧急停机过程并与电网脱开，因变桨蓄电池电量不足，风电机组无法完成顺桨，进而造成机组失速，一只叶片空中解体飞出，进一步加大了振动及不平衡载荷，最终造成事故发生。

2. 事故原因

运维人员安全意识淡薄，注重经济指标，轻视安全指标，人为屏蔽风电机组重要故障信息（变桨电池和发电机故障信号），故障发生后，机组无法正常顺桨停机，造成机组失速飞车，最终倒塔。

3. 防止事故重复发生的措施

(1) 任何人不得擅自解除或修改风电机组保护程序，不得擅自屏蔽故障告警信号和传感器信号。

(2) 在移交生产和出质保验收环节，风电场和设备厂家必须共同对每台风电机组的信号和参数进行核查，确保设置完整、准确。

案例11 (主控系统和变桨系统故障导致的飞车倒塔事故)

1. 事故经过

2010年5月18日18时30分左右，某风电场一台风电机组塔筒由第二段中部折断，机舱、叶片落地，倒塌的风电机组将场内集电线路砸断，造成线路接地跳闸。

经过调查，该机组首先出现故障，并进入停机程序；由于变桨系统内部的设计缺陷，变桨控制器内部数据出现乱码，致使交流供电不能正常顺桨，触发机组控制系统紧急制动程序，发电机甩负荷脱网运行，电磁转矩为零；由于变桨电池失效，放电容量不足致使风电机组紧急情况下变桨不成功，叶轮转速急速上升，最终引起塔筒钢结构长时间共振，造成疲劳屈服，机组倾覆（见图8-8）。

2. 事故原因

故障发生后，由于变桨系统内部的设计缺陷，变桨控制器内部数据出现乱码，系统无法正常收发指令，导致交流电源无法正常供电，触发紧急制动程序，同时由于变桨电池失效，机组无法实现顺桨停机，最终导致机组倒塔。

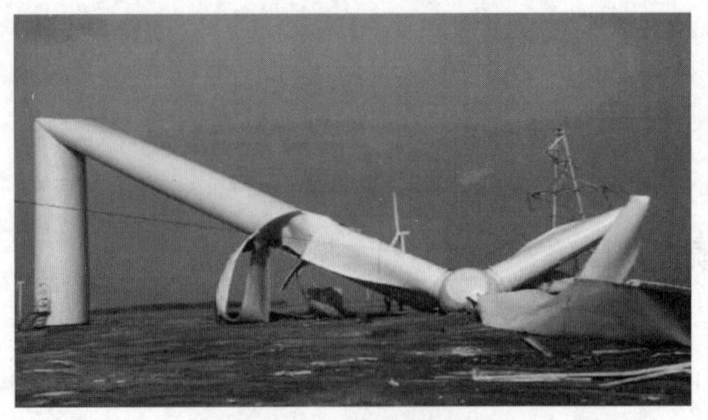

图 8-8　事故现场

3. 预防事故重复发生的措施

(1) 风电场必须开展变桨系统后备电源带载顺桨测试工作，确保机组失电或紧急故障下能安全停机，变桨蓄电池定期试验检测周期最长不得超过 2 个月。

(2) 变桨蓄电池必须按照厂家要求定期更换，根据实际情况需延长使用的不得超过 6 个月。

案例12　(齿轮箱高速轴齿轮失效导致的飞车倒塔事故)

1. 事故经过

2012 年 1 月 2 日，某风电场一台风电机组报“叶轮过速”故障，现场手动操作偏航接触器进行强制偏航后，转速有所下降，随后现场风速突然增加，叶轮被快速吹至下风向，多次执行偏航操作失败，风电机组发生飞车事故，叶轮长时间高速转动直至 1 月 3 日倒塔。事故造成机组机舱、叶轮、塔筒设备损坏，基础产生一条明显的贯穿性裂纹。

经过调查，该风电场事故机型的定期维护项目中缺少齿轮箱内部检查等重要项目，机组齿轮箱长期运行后，存在高速轴齿轮损坏隐性缺陷并引发机组紧急停机、风电机组叶尖甩出、机械制动动作，但此时高速轴个别齿轮突然折断并掉入啮合区，导致传动链卡顿、叶轮骤停，叶尖扰流片碳纤维棒无法承受这一冲击载荷，发生断裂，空气制动失效。由于风电机组在大风速情况下机械制动不能完全瞬时制动，齿轮副两方轮齿进一步遭到破坏，在很短的时间内造成高速轴一周轮齿全部断裂失效，力矩无法传递，叶轮丧失机械制动效果，发生飞车。在机组报“叶轮过速”故障后，值班人员未及时核对故障信息，在发生故障 4 个多小时后才发现机组处于过速飞车的状态，延误了故障处理时间，机组长时间飞车，最终失稳倒塔（见图 8-9）。

图 8-9　事故现场

2. 事故原因

运检人员日常巡视缺少高速轴齿轮箱内部检查项目，无法发现轮齿隐性缺陷，在机组由故障引发紧急停机后，部分齿轮发生折断，并调入啮合区，导致齿轮卡顿、叶轮骤停，由于叶片叶尖扰流片整体无法承受这一冲击载荷，发生断裂，空气制动失效，机组机械制动无法及时制动，进一步破坏掉高速齿轮，最终导致力矩无法传递，发生飞车并倒塔。

3. 预防事故重复发生的措施

(1) 每年用内窥镜等手段开展齿轮箱内部检查，确认是否存在齿面裂纹、点蚀和崩齿等情况；每年用振动分析和油液监测等技术监督手段评估齿轮箱的运行情况。

(2) 对于机组故障信息，运检人员必须在第一时间予以检查、核对和处理；风电场主控室变电后台与风电机组监控系统必须具备故障声响报警功能。

(3) 在定桨距机组的年度定检中，应检查扰流片收放情况和碳纤维棒是否完好。

8.4 输变电设备事故

案例13 (风电场保护配置不当导致的输变电设备事故)

1. 事故经过

2013年，某风电场先后在3月18日和3月26日两次发生箱变起火，造成二期项目2台箱式变压器及其辅助电缆烧毁，造成35kV接地变压器损坏、接地电阻柜起火烧毁，该风电场一、二期66台风电机组及110kV升压站长时间停运，其中二期项目停运超过3个月（见图8-10）。

图8-10 事故现场

经过调查，事故箱式变压器存在批次质量问题，事故中风电场的保护均因配合不当而存在非正确动作和越级跳闸情况，造成事故扩大。事故发生前，风电场二期项目刚刚投运，35kV系统经小电阻接地运行，当3月18日箱式变压器内部发生单相接地故障时，由于35kV保护整定错误，线路未能实现快速切除，较大的故障电流长时间流过中性点接地电阻柜，引起电阻柜过热和燃烧，在这个过程中，单相故障演变为三相短路故障，短路电流急剧增大，直至触发线路过电流保护，二期项目 35kV 集电线路跳闸。电阻柜烧毁后，风电场未查明原因便在 3 月 26 日将二期风电机组并网，风电场按照中性点不接地方式运行，无法实现单相接地故障快速切除。当再次有箱式变压器内部发生单相接地时，零序电流流过 35kV 母线 TV 一次绕组，导致 TV 损坏退出运行，保护和故障录波装置无法采集到 35kV 母线电压；由于线路过电流保护和主变压器低压侧后备保护的判别条件含方向闭锁，TV 断线后，装置无法判别功率方向，闭锁无法解除，保护拒动；最终故障发展为三相金属性短路，超过主变压器高压侧过电流保护定值，主变压器高后备保护过电流 I 段动作，跳开 111 开关，全场停电。

2. 事故原因

箱式变压器存在批次性缺陷，在箱变发生单相接地故障后，由于站内主设备保护整定错误，保护动作失灵，未能事先快速切除故障源，同时，由于较大的故障电流引起电阻柜过热和燃烧，单相接地故障演变为三相短路故障，造成事故进一步扩大，直到触发线路保护动作，线路跳闸，后期在未查明原因的情况下，同类故障再次发生，由于站内运行方式设计不合理、设备损坏导致保护无法正常动作，引起越级动作，造成全场失电事故。

3. 预防事故重复发生的措施

(1) 风电场因继电保护动作导致风电机组脱网甚至全站停电时，在原因未查明之前，禁止自行并网。

(2) 对于新建、改建、扩建的风电项目，必须确保各期项目的继电保护设计合理并有效配合。

(3) 风电企业必须履行继电保护定值的整定和审批手续，每年必须对所辖设备的整定值进行全面复算和校核，不得漏项，不得超期检验。

附录A　相关记录表格式

表 A-1　　风电场安全生产调度会记录格式

××风电场安全生产调度会记录

<table>
<tr><td>时间</td><td colspan="2">年　月　日　时　分</td><td>地　点</td><td></td></tr>
<tr><td>主持人</td><td></td><td colspan="2">记录人</td><td></td></tr>
<tr><td>应到人数</td><td></td><td colspan="2">实到人数</td><td></td></tr>
<tr><td>参会人员</td><td colspan="4"></td></tr>
<tr><td>缺席人员</td><td colspan="4"></td></tr>
<tr><td>会议内容</td><td colspan="4"></td></tr>
<tr><td colspan="5">场长签名：</td></tr>
</table>

表 A－2　　　　　　　风电场班前班后会记录格式

××风电场班前会记录

时间	年　月　日　时　分			地　点	
主持人			记录人		
应到人数		实到人数		未参加人员	

	项　目	结　果
工作前安全检查		

	项　目	工作负责人
本　班工作任务		

	主要危险点及注意事项	控制措施
主要危险点及控制措施		

确认布置的工作任务和危险点及控制措施交底内容，参会人员签名：

续表

××风场场班后会记录

时间	年　月　日　时　分			地　点		
主持人			记录人			
应到人数		实到人数		未参加人员		
本班工作任务完成情况	项　目				结　果	
工作总结	项　目				工作负责人	
下一班工作计划	项　目				备注	
确认当班工作中不安全事项，并在日后工作中改进，参会人员签名：						

表 A-3　风电场安全日活动记录格式

××风电场安全日活动记录

<table>
<tr><td>时间</td><td colspan="2">年　月　日　时　分</td><td>地　点</td><td></td></tr>
<tr><td>主持人</td><td></td><td colspan="2">记录人</td><td></td></tr>
<tr><td>应到人数</td><td></td><td colspan="2">实到人数</td><td></td></tr>
<tr><td>参会人员</td><td colspan="4"></td></tr>
<tr><td>缺席人员</td><td colspan="4"></td></tr>
<tr><td>活动主题</td><td colspan="4"></td></tr>
<tr><td>活动内容</td><td colspan="4"></td></tr>
<tr><td>风场评价</td><td colspan="4"></td></tr>
</table>

表 A-4　　施工前安全技术交底会记录格式

××风电场施工前安全技术交底会记录

时　间	年　月　日　时　分	地点	
主持人		记录人	
参会单位			
工作任务	项　目		备　注
对作业方案的补充内容	项　目		备　注
主要危险点及控制措施	主要危险点及注意事项		控制措施

确认熟知作业方案、工作任务、危险点及控制措施交底内容，参会人员签名：							
交底单位代表签名：			接收单位代表签名：				

表 A－5　　风电场安全生产分析会记录格式

××风电场安全生产分析会记录

<table>
<tr><td>时间</td><td colspan="2">年　月　日　时　分</td><td>地　点</td><td></td></tr>
<tr><td>主持人</td><td></td><td colspan="2">记录人</td><td></td></tr>
<tr><td>应到人数</td><td></td><td colspan="2">实到人数</td><td></td></tr>
<tr><td>参会人员</td><td colspan="4"></td></tr>
<tr><td>缺席人员</td><td colspan="4"></td></tr>
<tr><td>会议内容</td><td colspan="4"></td></tr>
<tr><td>风场评价</td><td colspan="4"></td></tr>
</table>

表 A-6　　风电场不安全事件分析会记录格式

××风电场不安全事件分析会记录

时间	年　月　日　时　分	地　点	
主持人		记录人	
应到人数		实到人数	
参会人员			
缺席人员			
事件简称			
事件经过			
原因分析			
防范措施			
风场评价			

表 A-7　　　　　　风电场安全生产专题会议记录格式

××风电场安全生产专题会议记录

时间	年　　月　　日　　时　　分	地　点	
主持人		记录人	
参会人员			
会议议题			
会议内容			
风场评价			

附录B 相关样票格式

样票B-1:

电气倒闸操作前检查表

<table>
<tr><td>开始任务编号</td><td colspan="2"></td><td colspan="2">开始任务名称</td><td></td></tr>
<tr><td>操作开始计划时间</td><td colspan="5">年 月 日 时 分</td></tr>
<tr><td>序号</td><td>检查内容</td><td>检查情况</td><td>序号</td><td>检查内容</td><td>检查情况</td></tr>
<tr><td>1</td><td>核实本次操作与检查检修作业交待记录是否相符</td><td>是（ ）
否（ ）</td><td>6</td><td>所要操作的电气连接中是否有不能停电的设备</td><td>有（ ）
无（ ）</td></tr>
<tr><td>2</td><td>是否已核实目前设备运行方式</td><td>是（ ）
否（ ）</td><td>7</td><td>所要操作的电气连接中是否有不能送电的设备</td><td>有（ ）
无（ ）</td></tr>
<tr><td>3</td><td>是否已核实要操作开关（刀闸）的状态</td><td>是（ ）
否（ ）</td><td>8</td><td>操作人员精神和身体状况是否正常</td><td>是（ ）
否（ ）</td></tr>
<tr><td>4</td><td>检查电气防误闭锁装置工作是否正常</td><td>是（ ）
否（ ）</td><td>9</td><td>人员搭配是否合理</td><td>是（ ）
否（ ）</td></tr>
<tr><td>5</td><td>核实设备自动装置或保护与操作票是否相符</td><td>是（ ）
否（ ）</td><td>10</td><td>天气、环境等自然条件是否满足操作要求</td><td>是（ ）
否（ ）</td></tr>
<tr><td colspan="3">危险点</td><td colspan="3">危险点控制措施</td></tr>
<tr><td colspan="3"></td><td colspan="3"></td></tr>
<tr><td colspan="3"></td><td colspan="3"></td></tr>
<tr><td colspan="3"></td><td colspan="3"></td></tr>
<tr><td>操作需使用安全工器具</td><td colspan="5"></td></tr>
<tr><td>操作需使用安全标志牌</td><td colspan="5"></td></tr>
<tr><td>其他</td><td colspan="5"></td></tr>
<tr><td colspan="6">参加操作、监护人员声明：我已掌握上述危险点预控措施，在操作过程中，我将严格执行。
操作人： 监护人：</td></tr>
<tr><td colspan="6">完成工作准备时间： 年 月 日 时 分</td></tr>
</table>

样票 B-2：

电气倒闸操作票

予令人		受予令人		予令时间	年 月 日 时 分
正令人		受令人		正令时间	年 月 日 时 分

操作开始时间	年 月 日 时 分	操作结束时间	年 月 日 时 分
任务编号		任务名称	

模拟（√）	执行（√）	序号	操作内容	完成时间

备注	

操作人		监护人		值班长	
盖（已执行/未执行/作废）印		盖（合格/不合格）印		检查人	

样票 B-3：

电气倒闸操作后工作表

<table>
<tr><td>结束任务编号</td><td colspan="2"></td><td>结束任务名称</td><td colspan="2"></td></tr>
<tr><td>操作结束时间</td><td colspan="5">年　　月　　日　　时　　分</td></tr>
<tr><td>序号</td><td>工作内容</td><td colspan="3">完成情况</td><td>备注</td></tr>
<tr><td>1</td><td>模拟图恢复原状</td><td colspan="3">完成（　　）未完成（　）</td><td></td></tr>
<tr><td>2</td><td>接地线放回原处</td><td colspan="3">完成（　　）未完成（　）</td><td></td></tr>
<tr><td>3</td><td>安全工器具放回原处</td><td colspan="3">完成（　　）未完成（　）</td><td></td></tr>
<tr><td>4</td><td>安全标志牌放回原处</td><td colspan="3">完成（　　）未完成（　）</td><td></td></tr>
<tr><td>5</td><td>登记接地线拆接情况</td><td colspan="3">完成（　　）未完成（　）</td><td></td></tr>
<tr><td>6</td><td>登记保护投退情况</td><td colspan="3">完成（　　）未完成（　）</td><td></td></tr>
<tr><td>7</td><td>登记倒闸操作情况</td><td colspan="3">完成（　　）未完成（　）</td><td></td></tr>
<tr><td>8</td><td>汇报倒闸操作情况</td><td colspan="3">完成（　　）未完成（　）</td><td></td></tr>
<tr><td colspan="3">需解除的安全控制措施</td><td colspan="3">解除情况</td></tr>
<tr><td colspan="3"></td><td colspan="3"></td></tr>
<tr><td colspan="3"></td><td colspan="3"></td></tr>
<tr><td colspan="3"></td><td colspan="3"></td></tr>
<tr><td colspan="6">参加操作、监护人员声明：我已完成所有操作内容，原布置的安全措施已解除，完成设备状态的检查，做好相关记录，并已向值班长汇报，倒闸操作结束。
操作人：　　　　　　　　监护人：</td></tr>
<tr><td colspan="6">完成时间：　　年　　月　　日　　时　　分</td></tr>
</table>

样票 B-4：

操作票评价汇总表

<table>
<tr><td>序号</td><td>任务编号</td><td>操作任务</td><td>不合格原因</td><td>值班长</td><td>检查人</td></tr>
<tr><td></td><td></td><td></td><td></td><td></td><td></td></tr>
<tr><td></td><td></td><td></td><td></td><td></td><td></td></tr>
<tr><td></td><td></td><td></td><td></td><td></td><td></td></tr>
<tr><td></td><td></td><td></td><td></td><td></td><td></td></tr>
<tr><td></td><td></td><td></td><td></td><td></td><td></td></tr>
<tr><td></td><td></td><td></td><td></td><td></td><td></td></tr>
<tr><td></td><td></td><td></td><td></td><td></td><td></td></tr>
<tr><td>月度
汇总</td><td colspan="5">本风电场________月份；
操作票共________份，合格________份，不合格________份，合格率________%。</td></tr>
<tr><td colspan="6">风电场评价：</td></tr>
<tr><td colspan="6">安生部评价：

评价人签字：
年　月　日</td></tr>
</table>

样票 B-5：

电气第一种工作票

编号：____________

附页：　　　张

1. 工作班组：____________　工作负责人（监护人）：____________
2. 工作班成员：____

____共______人

3. 工作地点：____
4. 工作内容：____
5. 计划工作时间：自______年______月______日______时______分

　　至______年______月______日______时______分

6. 安全措施：（由工作票签发人或工作负责人填写，安全措施较多时，可写在安全措施附页上。运行方式简图较大时，可单独附页。）

应断开的开关、刀闸，应取下的熔丝，及应断开的二次设备（注明编号）：	已执行（√）	运行方式简图：
应装接地线、应合接地刀闸（注明准确地点）	已执行（√）	
应设遮栏、应挂标示牌（注明装设地点）	已执行（√）	
其他安全措施：	已执行（√）	

7. 工作票签发人：____________　______年____月____日____时____分
8. 批准工作结束时间：______年____月____日____时____分　值班负责人：______
9. 许可工作开始时间：______年____月____日____时____分

　工作许可人：__________　工作负责人：__________

10. 工作负责人变动：原工作负责人__________离去，变更__________为工作负责人。变动时间：

　______年____月____日____时____分

　工作票签发人：__________　工作许可人：__________

11. 工作班成员变动情况（变动人员姓名、变动原因日期及时间）：__________

　原工作班成员因离去，离开时间：______年____月____日____时____分；增加为新工作班成员，加入时间______年____月____日____时____分。工作负责人：__________

12. 工作票延期：有效期延长到______年____月____日____时____分

　工作负责人：__________　值班负责人：__________

13. 每日开工和收工时间：

开工时间	值班负责人	工作负责人	收工时间	值班负责人	工作负责人
月　日　时　分			月　日　时　分		

14. 工作结束：工作人员已全部撤离，现场已清理完毕，临时安全措施已恢复，临时接地线共______组，已拆除______组，______年____月____日____时____分，工作负责人______；

　工作人员已全部撤离，现场已清理完毕，常设安全措施已恢复，接地线共______组，已拆除______组，因另有工作保留______组。全部工作于______年____月____日____时____分结束。工作许可人______；

15. 工作终结向值班员交底：____

____

____

____

16. 工作票终结时间：______年____月____日____时____分

　工作负责人：__________　工作许可人：__________

17. 备注：____

盖（已执行/作废）印	盖（合格/不合格）印	检查人	

样票 B－6：

电气第二种工作票

编号：________________

附页：______张

1. 工作班组：__________ 工作负责人（监护人）：______

2. 工作班成员：________________共______人

3. 工作地点：________________________________

4. 工作内容：________________________________

5. 计划工作时间：自______年___月___日___时___分

至______年___月___日___时___分

6. 工作条件（停电或不停电）：________________________

____

____

7. 安全措施：________________________________

____

8. 工作票签发人：______ ______年___月___日___时___分

9. 许可工作开始时间：______年___月___日___时___分

工作许可人：______ 工作负责人：______

10. 工作结束：工作人员已全部撤离，现场已清理完毕。临时安全措施已恢复。

______年___月___日___时___分，工作负责人：______

工作人员已全部撤离，现场已清理完毕，常设安全措施已恢复。

全部工作于______年___月___日___时___分结束，工作许可人：______

11. 工作终结向值班员交底：________________________

____

12. 工作票终结时间：______年___月___日___时___分

工作负责人：______ 工作许可人：______

13. 备注：________________________________

盖（已执行/作废）印	盖（合格/不合格）印	检查人	

样票 B-7：

风电机组工作票

编号：____________

附页：______张

1. 工作班组：__________ 工作负责人（监护人）：__________
2. 工作班成员：______________共______人
3. 工作地点：______________________________
4. 工作内容：______________________________
5. 计划工作时间：自______年____月____日____时____分
   至______年____月____日____时____分
6. 安全措施：（由工作票签发人或工作负责人填写，安全措施较多，无法全部写完时，余下的可写在安全措施附页上。）

应断开的开关、应取下的熔丝、应停运的设备、应切断的远程遥控等内容：	已执行（√）
应设遮栏、应挂标示牌（注明装设地点）：	已执行（√）
其他安全措施：	已执行（√）

7. 补充安全措施：（由工作票许可人填写）

补充安全措施内容：	已执行（√）

8. 工作票签发人：__________ ______年____月____日____时____分
9. 批准工作结束时间：______年____月____日____时____分 值班负责人：__________
10. 许可工作开始时间：______年____月____日____时____分
   工作许可人：__________ 工作负责人：__________
11. 工作负责人变动：原工作负责人离去，变更为工作负责人。变动时间：______年____月____日____时____分
   工作票签发人：__________工作许可人：__________
12. 工作班成员变动情况（变动人员姓名、变动原因日期及时间）：__________
   原工作班成员因离去，离开时间：______年____月____日____时____分；增加为新工作班成员，加入时间______年____月____日____时____分。工作负责人：__________
13. 工作票延期：有效期延长到______年____月____日____时____分
   工作负责人：__________ 值班负责人：__________
14. 工作结束后解除安全措施：

序号	安全措施内容	已执行（√）
1		

15. 工作结束：工作人员已全部撤离，现场已清理完毕。
   全部工作于______年____月____日____时____分结束。工作负责人：__________
16. 工作终结向值班员交底：______________________
17. 工作票终结时间：______年____月____日____时____分
   工作负责人：__________ 工作许可人：__________
18. 备注：______________________________

盖（已执行/作废）印	盖（合格/不合格）印	检查人	

样票 B-8：

电力线路第一种工作票

编号：________________

附页：______张

1. 工作班组：____________ 工作负责人（监护人）：__________
2. 工作班成员：____共______人
3. 停电线路名称（双回线路应注明双重称号）：__________
4. 工作段（注明分、支路名称，线路的起止杆号）：____________
5. 工作任务：____
6. 计划工作时间：自______年___月___日___时___分至______年___月___日___时___分
7. 应采取的安全措施（包括应拉开的隔离开关、断路器、应停电的范围及应设遮栏和标示牌）：______
____

保留的带电线路或带电设备：______________________________

8. 应挂的接地线：

线路名称及杆号				
接地线编号				

9. 工作票签发人：______ ______年___月___日___时___分
10. 批准工作结束时间：___年___月___日___时___分　值班负责人：______
11. 许可工作开始时间：______年___月___日___时___分

工作许可人：________ 工作负责人：________

12. 工作负责人变动：原工作负责人________离去，变更________为工作负责人。变动时间：______年___月___日___时___分

工作票签发人：________ 工作许可人：________

13. 工作班成员变动情况（变动人员姓名、变动原因日期及时间）________

原工作班成员因离去，离开时间：______年___月___日___时___分；增加为新工作班成员，加入时间______年___月___日___时___分。工作负责人：________

14. 工作票延期：有效期延长到______年___月___日___时___分

工作负责人：________ 值班负责人：________

15. 每日开工和收工时间：

开工时间	值班负责人	工作负责人	收工时间	值班负责人	工作负责人
月　日 时　分			月　日　时　分		

16. 工作结束：工作人员已全部撤离，现场已清理完毕，临时安全措施已恢复，临时接地线共___组，已拆除___组。______年___月___日___时___分，工作负责人：________

工作人员已全部撤离，现场已清理完毕，常设安全措施已恢复，接地线共___组，已拆除___组，因另有工作保留______组。

全部工作于______年___月___日___时___分结束。工作许可人：________

17. 工作终结向值班员交底：______________________
18. 工作票终结时间：______年___月___日___时___分

工作负责人：________ 工作许可人：________

19. 备注：____________________________

盖（已执行/作废）印	盖（合格/不合格）印	检查人	

样票 B-9：

电力线路第二种工作票

编号：______________

附页：______张

1. 工作班组：__________ 工作负责人（监护人）：__________

2. 工作班成员：____

____共______人

3. 工作的线路或设备名称：____

4. 工作范围：____

5. 工作任务：____

____

6. 计划工作时间：自______年___月___日___时___分

至______年___月___日___时___分

7. 安全措施：____

____

____

____

____

8. 工作票签发人：______ ______年___月___日___时___分

9. 许可工作开始时间：______年___月___日___时___分

工作许可人：__________ 工作负责人：__________

10. 工作结束：工作人员已全部撤离，现场已清理完毕，临时安全措施已恢复。______年___月___日___时___分，工作负责人：__________

工作人员已全部撤离，现场清理完毕，常设安全措施已恢复。

全部工作于______年___月___日___时___分结束。工作许可人：__________

11. 工作终结向值班员交底：____

____

____

____

12. 工作票终结时间：______年___月___日___时___分

工作负责人：__________ 工作许可人：__________

13. 备注：____

盖（已执行/作废）印	盖（合格/不合格）印	检查人	

样票 B-10：

一级动火工作票

编号：____________

<table>
<tr><td>动火部门</td><td></td><td>班组</td><td></td><td>动火工作负责人</td><td></td></tr>
<tr><td>动火地点及设备名称</td><td colspan="5"></td></tr>
<tr><td>动火工作内容</td><td colspan="5"></td></tr>
<tr><td>申请动火时间</td><td colspan="5">自______年___月___日___时___分开始
至______年___月___日___时___分结束</td></tr>
<tr><td rowspan="4">运行应采取的安全措施</td><td colspan="5"></td></tr>
<tr><td colspan="5"></td></tr>
<tr><td colspan="5"></td></tr>
<tr><td colspan="5"></td></tr>
<tr><td rowspan="4">检修应采取的安全措施</td><td colspan="5"></td></tr>
<tr><td colspan="5"></td></tr>
<tr><td colspan="5"></td></tr>
<tr><td colspan="5"></td></tr>
<tr><td>危险点</td><td colspan="3">危险因素控制措施</td><td colspan="2">措施落实人</td></tr>
<tr><td></td><td colspan="3"></td><td colspan="2"></td></tr>
<tr><td></td><td colspan="3"></td><td colspan="2"></td></tr>
<tr><td></td><td colspan="3"></td><td colspan="2"></td></tr>
<tr><td></td><td colspan="3"></td><td colspan="2"></td></tr>
<tr><td></td><td colspan="3"></td><td colspan="2"></td></tr>
<tr><td rowspan="2">审批人签名</td><td colspan="2">企业负责人</td><td colspan="2">安监负责人</td><td>动火工作票签发人</td></tr>
<tr><td colspan="2"></td><td colspan="2"></td><td></td></tr>
<tr><td colspan="3">运行应采取的安全措施已做完
运行许可人：</td><td colspan="3">检修应采取的安全措施已做完
工作负责人：</td></tr>
<tr><td colspan="6">应配备的消防设施和采取的消防措施已符合要求，可燃性、易爆气体含量或粉尘浓度测定合格。
消防监护人：　　　　　　　　　　　　检测人：__________</td></tr>
<tr><td>允许动火时间</td><td colspan="5">自______年___月___日___时___分开始</td></tr>
<tr><td>企业负责人</td><td>安监部门负责人</td><td>动火部门负责人</td><td colspan="2">动火工作负责人</td><td>动火执行人</td></tr>
<tr><td></td><td></td><td></td><td colspan="2"></td><td></td></tr>
<tr><td>结束动火时间</td><td colspan="5">至______年___月___日___时___分结束</td></tr>
<tr><td>动火执行人</td><td></td><td>动火工作负责人</td><td></td><td>消防监护人</td><td></td></tr>
<tr><td>备注</td><td colspan="5"></td></tr>
</table>

样票 B－11：

二级动火工作票

编号：＿＿＿＿＿＿＿＿

<table>
<tr><td>动火部门</td><td></td><td>班组</td><td></td><td>动火工作负责人</td><td></td></tr>
<tr><td>动火地点及设备名称</td><td colspan="5"></td></tr>
<tr><td>动火工作内容</td><td colspan="5"></td></tr>
<tr><td>申请动火时间</td><td colspan="5">自＿＿＿年＿＿月＿＿日＿＿时＿＿分开始
至＿＿＿年＿＿月＿＿日＿＿时＿＿分结束</td></tr>
<tr><td rowspan="4">运行应采取的安全措施</td><td colspan="5"></td></tr>
<tr><td colspan="5"></td></tr>
<tr><td colspan="5"></td></tr>
<tr><td colspan="5"></td></tr>
<tr><td rowspan="4">检修应采取的安全措施</td><td colspan="5"></td></tr>
<tr><td colspan="5"></td></tr>
<tr><td colspan="5"></td></tr>
<tr><td colspan="5"></td></tr>
<tr><td>危险点</td><td colspan="4">危险因素控制措施</td><td>措施落实人</td></tr>
<tr><td></td><td colspan="4"></td><td></td></tr>
<tr><td></td><td colspan="4"></td><td></td></tr>
<tr><td></td><td colspan="4"></td><td></td></tr>
<tr><td></td><td colspan="4"></td><td></td></tr>
<tr><td rowspan="2">审批人签名</td><td colspan="2">动火部门负责人</td><td colspan="2">安监人员</td><td>动火工作票签发人</td></tr>
<tr><td colspan="2"></td><td colspan="2"></td><td></td></tr>
<tr><td colspan="3">运行应采取的安全措施已做完
运行许可人：</td><td colspan="3">检修应采取的安全措施已做完
工作负责人：</td></tr>
<tr><td colspan="6">应配备的消防设施和采取的消防措施已符合要求，可燃性、易爆气体含量或粉尘浓度测定合格。
消防监护人：　　　　　　　检测人：</td></tr>
<tr><td>允许动火时间</td><td colspan="5">自＿＿＿年＿＿月＿＿日＿＿时＿＿分开始</td></tr>
<tr><td>安监人员</td><td colspan="2">动火部门</td><td colspan="2">动火工作负责人</td><td>动火执行人</td></tr>
<tr><td></td><td colspan="2"></td><td colspan="2"></td><td></td></tr>
<tr><td>结束动火时间</td><td colspan="5">至＿＿＿年＿＿月＿＿日＿＿时＿＿分结束</td></tr>
<tr><td>动火执行人</td><td></td><td>动火工作负责人</td><td></td><td>消防监护人</td><td></td></tr>
<tr><td>备注</td><td colspan="5"></td></tr>
</table>

样票 B－12：

继电保护安全措施票

对应工作票编号：____________________

<table>
<tr><td colspan="2">补试设备及保护名称</td><td colspan="4"></td></tr>
<tr><td>工作负责人</td><td></td><td>工作时间</td><td>____年____月____日____时____分</td><td>签发人</td><td></td></tr>
<tr><td colspan="6">工作内容：</td></tr>
<tr><td colspan="6">工作条件：
1. 一次设备运行情况：
2. 被试保护作用的断路器：
3. 被试保护屏上的运行设备：
4. 被试保护屏、端子箱与其他保护连接线：</td></tr>
<tr><td colspan="6">安全措施：包括应断开及恢复压板、直流线、交流线、信号线、联锁线和联锁开关等，按工作顺序填写安全措施。已执行，在执行栏打“√”，已恢复，在恢复栏打“√”</td></tr>
</table>

序号	执行	安全措施内容	恢复

<table>
<tr><td>填票人</td><td></td><td>操作人</td><td></td><td>监护人</td><td></td><td>审批人</td><td></td></tr>
<tr><td>备注</td><td colspan="7">1. 此票不能代替工作票；
2. 此票与工作票同步使用</td></tr>
</table>

样票 B－13：

施工作业工作票

编号：______________

附页：______张

1．施工单位：______________ 工作负责人（监护人）：______________

2．工作班成员：____

____共______人

3．工作地点：____

4．施工内容：____

5．计划工作时间：自______年____月____日____时____分

至______年____月____日____时____分

6．安全措施：

安全措施	已执行（√）

7．工作票签发人：__________ ______年____月____日____时____分

8．许可工作开始时间：______年____月____日____时____分

工作许可人：__________ 工作负责人：__________

9．工作结束：工作人员已全部撤离，现场已清理完毕。

全部工作于______年____月____日____时____分结束。工作负责人：__________

10．工作终结向值班员交底：____

____

____

11．工作票终结时间：______年____月____日____时____分

工作负责人：__________ 工作许可人：__________

12．备注：____

盖（已执行/作废）印	盖（合格/不合格）印	检查人	

样票 B-14:

危险点控制措施票

对应工作票编号：____________________

	危险点	危险因素控制措施	措施落实人
高处坠落			
触电			
物体打击			
机械伤害			
起重伤害			
其他			
人员签名	（工作班所有成员亲自签字确认，不得代签）		

样票 **B-15**：

工作票安全措施附页

对应工作票编号：________________

序号	安全措施内容	完成（√）	解除（√）
1			
2			
3			
4			
5			
6			
7			
8			
9			
10			
11			
12			
13			
14			
15			
16			
17			
18			
19			
20			

样票 B-16:

安全互保协议书

对应工作票编号：________________

序号	项 目	安全互保及措施完善
1	工作任务	
2	工作地点	
3	精神状态	
4	安全防范	
5	安全工器具	
6	四不伤害	
7	备注补充	
互保人员签字	（工作班所有成员亲自签字确认，不得代签）	

参　考　文　献

[1] 中国安全生产协会注册安全工程师工作委员会．安全生产管理知识．北京：中国大百科全书出版社，2008.

[2] 河南省电力公司组．电力安全培训教材．北京：中国电力出版社，2013.

[3] 田雨平，周凤鸣．电力企业现代安全管理．北京：中国电力出版社，2009.

[4] 田雨平，李庆平，田大伟．电力安全生产管理知识读本．北京：中国电力出版社，2010.

[5] 宋守信，武淑平，翁勇南．电力安全管理概论．北京：中国电力出版社，2009.

[6] 姚建刚，肖辉耀，章建．电力安全评估与管理．北京：中国电力出版社，2009.

[7] 杨根山，朱兆华．电工作业安全技术．北京：化学工业出版社，2012.

[8] 孙余凯，吴鸣山，项绮明，等．电气接地·防雷·防爆安全技能．北京：电子工业出版社，2013.